PHP 动态网站开发案例课堂

刘玉红　蒲　娟　编著

清华大学出版社

北　京

内 容 简 介

本书以零基础讲解为宗旨，用实例引导读者深入学习，采取"PHP 基础知识→核心技术→操作数据库→高级应用→项目实战"的讲解模式，深入浅出地讲解 PHP 开发动态网站的各项技术及实战技能。

本书第 1 篇"PHP 基础知识"主要讲解初识 PHP，配置 PHP 服务器环境，PHP 语言基础，流程控制和函数，字符串和正则表达式、PHP 数组及操作等；第 2 篇"核心技术"主要讲解 PHP 与 Web 页面交互、时间和日期、面向对象编程，错误、异常处理与调试，文件系统与操作，图形图像处理技术，Cookie 和会话管理，PHP 加密技术等；第 3 篇"操作数据库"主要讲解 MySQL 数据库基础，使用 MySQL Workbench 管理 MySQL 数据库，PHP 操作 MySQL 数据库等；第 4 篇"高级应用"主要讲解 PDO 数据库抽象类库，JavaScript 编程基础，PHP 与 XML 技术的综合应用，PHP 与 Ajax 的综合应用，MVC 结构与 Smarty 模板，Zend Framework 框架等；第 5 篇"项目实战"主要通过一个综合案例开发论坛来整体讲解 PHP 在动态网站开发中的技术。

本书附带的 DVD 光盘中赠送了丰富的资源，诸如本书实例完整源代码、教学幻灯片、本书精品教学视频、常用 SQL 语句速查手册、PHP 常用函数速查手册、16 个经典项目开发完整源码、PHP 网站开发工程师面试技巧、PHP 网站开发工程师常见面试题、优秀网站开发工程师之路——网站开发经验及技巧大汇总。

本书适合任何想学习 PHP 开发动态网站的人员，无论您是否从事计算机相关行业，无论您是否接触过 PHP，通过学习均可快速掌握 PHP 开发动态网站的方法和技巧。

图书在版编目(CIP)数据

PHP 动态网站开发案例课堂/刘玉红，蒲娟编著. --北京：清华大学出版社，2016（2020.7重印）
(网站开发案例课堂)
ISBN 978-7-302-42886-2

Ⅰ. ①P…　Ⅱ. ①刘…　②蒲…　Ⅲ. ①网页制作工具—PHP 语言—程序设计　Ⅳ. ①TP393.092 ②TP312

中国版本图书馆 CIP 数据核字(2016)第 030599 号

责任编辑：张彦青　李玉萍
装帧设计：杨玉兰
责任校对：吴春华
责任印制：沈　露
出版发行：清华大学出版社
　　　　网　　址：http://www.tup.com.cn, http://www.wqbook.com
　　　　地　　址：北京清华大学学研大厦 A 座　　　　邮　　编：100084
　　　　社 总 机：010-62770175　　　　　　　　　　邮　　购：010-62786544
　　　　投稿与读者服务：010-62776969, c-service@tup.tsinghua.edu.cn
　　　　质量反馈：010-62772015, zhiliang@tup.tsinghua.edu.cn
印 装 者：北京九州迅驰传媒文化有限公司
经　　销：全国新华书店
开　　本：190mm×260mm　　　印　张：32　　　字　数：775 千字
　　　　　(附 DVD 1 张)
版　　次：2016 年 3 月第 1 版　　　　　　印　次：2020 年 7 月第 4 次印刷
定　　价：68.00 元

产品编号：066570-01

前　　言

PHP 是目前世界上最为流行的 Web 开发语言之一。目前学习和关注 PHP 的人越来越多，而很多 PHP 的初学者都苦于找不到一本通俗易懂、容易入门和案例实用的参考书。本书正是基于此编写而成。本书对 PHP 的相关知识和实践应用做了全面的介绍。特别是 PHP 和 MySQL 的完美结合，在开发动态网站方面优势非常明显。通过本书的案例实训，学生可以很快地上手开发动态网站，提高职业化能力，从而帮助解决公司与学生的双重需求问题。

本书特色

1. 零基础、入门级的讲解

无论您是否从事计算机相关行业，无论您是否接触过 PHP 动态网站开发，都能从本书中找到最佳起点。

2. 超多、实用、专业的范例和项目

本书在编排上紧密结合深入学习 PHP 开发动态网站技术的先后过程，从 PHP 的基本语法开始，逐步带领大家深入地学习各种应用技巧，侧重实战技能，使用简单易懂的实际案例进行分析和操作指导，让读者读起来简明轻松，操作起来有章可循。

3. 随时检测自己的学习成果

每个章首页中，均提供了本章要点，以指导读者重点学习及学后检查。

每章最后的"跟我练练手"板块，均根据本章内容精选而成，读者可以随时检测自己的学习成果和实战能力，做到融会贯通。

4. 细致入微、贴心提示

本书在讲解过程中，在各章中使用了"注意""提示""技巧"等小栏目，使读者在学习过程中更清楚地了解相关操作、理解相关概念，并轻松掌握各种操作技巧。

5. 专业创作团队和技术支持

本书由千谷网络科技实训中心编著并提供技术支持。

您在学习过程中遇到任何问题，可加入 QQ 群 221376441 进行提问，专家人员会在线答疑。

"PHP 开发动态网站"学习最佳途径

本书以学习"PHP 开发动态网站"的最佳制作流程来分配章节，从最初的 PHP 基本语法开始，然后讲解了核心技术、高级应用等。同时在最后的项目实战环节特意补充了一个常见综合动态网站开发过程，以便更进一步提高读者的实战技能。

超值光盘

1. 全程同步教学录像

涵盖本书所有知识点，详细讲解每个实例及项目的过程及技术关键点。比看书更轻松地掌握书中所有的 PHP 开发动态网站知识，而且扩展的讲解部分使您得到比书中更多的收获。

2. 超多容量王牌资源大放送

赠送大量王牌资源，包括本书实例完整源代码、教学幻灯片、本书精品教学视频、常用 SQL 语句速查手册、PHP 常用函数速查手册、16 个经典项目开发完整源码、PHP 网站开发工程师面试技巧、PHP 网站开发工程师常见面试题、优秀网站开发工程师之路——网站开发经验及技巧大汇总。

读者对象

- 没有任何 PHP 基础的初学者
- 有一定的 PHP 基础，想精通动态网站开发的人员
- 有一定的动态网站开发基础，没有项目经验的人员
- 正在进行毕业设计的学生
- 大专院校及培训学校的老师和学生

创作团队

本书由刘玉红策划，千谷网络科技实训中心高级讲师蒲娟编著，参加编写的人员还有付红、李园、王攀登、郭广新、侯永岗、蒲娟、刘海松、孙若淞、王月娇、包慧利、陈伟光、胡同夫、梁云梁和周浩浩。

在编写过程中，我们尽可能地将最好的讲解呈现给读者，但也难免有疏漏和不妥之处，敬请不吝指正。若您在学习中遇到困难或疑问，或有何建议，可写信至信箱357975357@qq.com。

编　者

目　　录

第 1 篇　PHP 基础知识

第 2 篇　核 心 技 术

第3篇　数据库操作

第4篇 高 级 应 用

第 5 篇 项 目 实 战

第 1 篇

PHP 基础知识

第 1 章

初识 PHP

在学习 PHP 之前，读者需要了解 PHP 的基本概念、PHP 的特点、PHP 开发常用工具等知识，通过本章的学习，读者将对 PHP 大致上有一个初步的了解。本章将主要讲述关于 PHP 的基础知识。

本章要点(已掌握的在方框中打钩)

☐ 熟悉 PHP 语言的相关概念

☐ 熟悉 PHP 的应用领域

☐ 了解 PHP 5.5 的新特点

☐ 了解 PHP 常用开发工具

☐ 掌握网站建设的基本流程

1.1 了解 PHP

PHP 语言和其他语言有什么不同？读者首先需要理解 PHP 的概念和发展历程。

1.1.1 PHP 的概念

PHP 全名为 Personal Home Page，是英文 Hypertext Preprocessor(超级文本预处理语言)的缩写。PHP 是一种 HTML 内嵌式的脚本语言，在服务器端执行的嵌入 HTML 文档的脚本语言，语言风格类似于 C 语言，被广泛运用于动态网站的制作中。PHP 语言借鉴了 C 和 Java 等语言的部分语法，并有自己的特性，使 Web 开发者能够快速地编写动态生成页面的脚本。对于初学者而言，PHP 的优势是可以快速入门。

与其他的编程语言相比，PHP 是将程序嵌入到 HTML 文档中去执行，执行效率比完全生成 HTML 标记的方式要高许多。PHP 还可以执行编译后的代码，编译可以达到加密和优化代码运行的作用，使代码运行得更快。另外，PHP 具有非常强大的功能，所有的 CGI 的功能 PHP 都能实现，而且支持几乎所有流行的数据库以及操作系统。最重要的是 PHP 还可以用 C、C++进行程序的扩展。

1.1.2 PHP 的发展历程

目前，有很多种 Web 开发语言，其中 PHP 是比较出众的一种。与其他脚本语言不同，PHP 是基于全世界免费代码开发者共同的努力才发展到今天的规模。要想了解 PHP，首先要从它的发展历程开始。

在 1994 年，Rasmus Lerdorf 首次设计出了 PHP 程序设计语言。1995 年 6 月，Rasmus Lerdorf 在 Usenet 新闻组 comp.infosystems.www.authoring.cgi 上发布了 PHP 1.0 声明。在这个早期版本中，提供了访客留言本、访客计数器等简单的功能。

1995 年，第二版的 PHP 问世，定名为 PHP/FI(Form Interpreter)。在这一版本中加入了可以处理更复杂的嵌入式标签语言的解析程序，同时加入了对数据库 MySQL 的支持。自此奠定了 PHP 在动态网页开发上的影响力。自从 PHP 加入了这些强大的功能，其使用量猛增。据初步统计，在 1996 年年底，有 1.5 万个 Web 网站使用了 PHP/FI；而在 1997 年中期，这一数据超过了 5 万。

前两个版本的成功，让 PHP 的设计者和使用者对 PHP 的未来充满了信心。在 1997 年，PHP 开发小组又加入了 Zeev Suraski 及 Andi Gutmans，他们自愿重新编写了底层的解析引擎，也有很多人自愿加入了 PHP 的其他部分的编写工作，从此 PHP 成了真正意义上的开源项目。

在 1998 年 6 月，发布了 PHP 3.0 声明。在这一版本中 PHP 可以跟 Apache 服务器紧密地结合；再加上它不断地更新及加入新的功能；并且它几乎支持所有主流与非主流数据库；而且拥有非常高的执行效率，这些优势使 1999 年使用 PHP 的网站超过了 15 万。

PHP 经过了 3 个版本的演化，已经变成了一个非常强大的 Web 开发语言。这种语言非常易用，而且它拥有一个强大的类库，其类库的命名规则也十分规范，就算对一些函数的功能不太了解，也可以通过函数名猜测出来。这使得 PHP 非常容易学习，而且 PHP 程序可以直接使用 HTML 编辑器来处理，因此，PHP 变得非常流行，有很多大的门户网站都使用了 PHP 作为自己的 Web 开发语言，例如门户网站新浪网等。

PHP 在 2000 年 5 月推出了划时代的版本——PHP 4。使用了一种"编译-执行"模式，核心引擎更加优越，提供了更高的性能，而且还包含了其他一些关键功能，比如支持更多的 Web 服务器、HTTP Sessions 支持、输出缓存、更安全的处理用户输入的方法以及一些新的语言结构。

PHP 目前的最新版本是 PHP 5，在 PHP 4 基础上做了进一步的改进，功能更强大，执行效率更高。本书将以 PHP 5 版本对 PHP 的实用技能进行讲解。

1.1.3　PHP 语言的优势

PHP 能够迅速发展，并得到广大使用者的喜爱，主要原因是 PHP 不仅有一般脚本所具有的功能，而且有它自身的优势。具体特点如下。

(1) 源代码完全开放：所有的 PHP 源代码事实上都可以得到。读者可以通过 Internet 获得需要的源代码，快速修改利用。

(2) 完全免费：与其他技术相比，PHP 本身是免费的。读者使用 PHP 进行 Web 开发无须支付任何费用。

(3) 语法结构简单：因为 PHP 结合了 C 语言和 Perl 语言的特色，编写简单，方便易懂。可以被嵌入 HTML 语言，它相对于其他语言，编辑简单，实用性强，更适合初学者。

(4) 跨平台性强：由于 PHP 是运行在服务器端的脚本，可以运行在 UNIX、Linux、Windows 下。

(5) 效率高：PHP 仅使用相当少的系统资源，并且程序开发快、运行快。

(6) 强大的数据库支持：支持目前所有的主流和非主流数据库，使 PHP 的应用对象非常广泛。

(7) 面向对象：在 PHP 5.5 中，面向对象方面都有了很大的改进，现在 PHP 完全可以用来开发大型商业程序。

1.2　PHP 的应用领域

初学者也许会有疑问，PHP 到底能干什么呢？下面就来介绍 PHP 的应用领域。

PHP 在 Web 开发方面的功能非常强大，可以完成一款服务器所能完成的一切工作。有了 PHP，用户可以轻松地进行 Web 开发，例如生成动态网页、收集表单数据和发送或接收 Cookies 等。

PHP 主要应用于以下 3 个领域。

1. 服务器端脚本

PHP 最主要的应用领域是服务器端脚本。服务器端脚本运行需要具备 3 项配置：PHP 解析器、Web 浏览器和 Web 服务器。在 Web 服务器运行时，安装并配置 PHP，然后用 Web 浏览器访问 PHP 程序输出。在学习的过程中，读者主要在本机上配置 Web 服务器，即可浏览或制作 PHP 页面。

2. 命令行脚本

命令行脚本和服务器端脚本不同，编写的命令行脚本并不需要任何服务器或浏览器运行，在命令行脚本模式下，只需要 PHP 解析器执行即可。这些脚本被用在 Windows 和 Linux 平台下做日常运行脚本，也可以用来处理简单的文本。

3. 编写桌面应用程序

PHP 在桌面应用程序的开发中并不常用，但是如果用户希望在客户端应用程序中使用 PHP 编写图形界面应用程序，可以通过 PHP-GTK 来编写这些程序。PHP-GTK 是 PHP 的扩展，并不包含在标准的开发包中，开发用户需要单独编译它。

1.3　PHP 5.5 的新特点

和早期版本相比，PHP 5.5 有以下新的特点。

1. 放弃对 Windows XP 和 2003 的支持

PHP 5.5 将不再支持 Windows XP 和 2003，这些系统已经有 10 年的历史，所以 PHP 将不再提供支持。构建 Windows 版本的 PHP 需要 Windows Vista 或更新的系统。

2. 弃用 e 修饰符

e 修饰符是指示 preg_replace 函数用来评估替换字符串作为 PHP 代码，而不只是仅仅做一个简单的字符串替换。这种方式会源源不断地出现安全问题，这就是为什么在 PHP 5.5 中使用这个修饰符将抛出一个弃用警告。作为替代，可以使用 preg_replace_callback 函数。

3. 生成器 yield 关键字

yield 的一个功能就是能有效地降低迭代的内存开销。

如果使用 range 函数的话，那么函数内部实现会储存每个迭代的中间过程，即每个中间变量都有个内存空间，这样首先程序使用的内存空间就大了，而且分配内存、回收内存都会导致程序的运行时间加长。但是如果使用 yield 实现的 xrange 函数的话，里面所有的中间变量都只使用一个内存$i，这样节省的时间和空间都会变小。

例如下面的代码片段就是使用了 yield 关键字。

```php
<?php
function xrange($start, $limit, $step = 1) {
    for ($i = $start; $i <= $limit; $i += $step) {
        yield $i;
    }
}
echo 'Single digit odd numbers: ';
```

```
foreach (xrange(1, 9, 2) as $number) {
    echo "$number ";
}
echo "\n";
?>
```

4. finally 关键字

这个和 Java 中的 finally 一样，在 try…catch…finally 三段式异常处理中使用。

5. foreach 支持 list()

对于"数组的数组"进行迭代，之前需要使用两个 foreach，现在只需要使用 foreach + list，但是这个数组的数组中的每个数组的个数需要一样。

例如以下代码片段：

```
<?php
$array = [
    [1, 2],
    [3, 4],
];
foreach ($array as list($a, $b)) {
    echo "A: $a; B: $b\n";
}
?>
```

6. empty()支持自定义函数

在 PHP 5.5 之前，empty()中的参数是不能为函数的，而 PHP 5.5 中则可以。例如以下代码片段：

```
<?php
function foo(){
    return false;
}
if(empty(foo())){
    echo 11;
} else {
    echo 12;
}
```

7. 通过::class 可以获取类名

PHP 5.5 支持通过::class 获取类名。例如以下代码片段：

```
<?php
namespace Name\Space;
class ClassName {}
echo ClassName::class;
echo "\n";
?>
```

8. 增加了 opcache 扩展

使用 opcache 会提高 PHP 的性能，可以和其他扩展一样静态编译或者动态扩展加入这个优化项。

1.4   PHP 常用开发工具

可以编写 PHP 代码的工具很多，目前常见的有 Dreamweaver、PHPEdit、PHPed 和 FrontPage 等，甚至用 Word 和记事本等常用工具也可以书写源代码。

1.4.1   PHP 代码开发工具

常见的 PHP 代码开发工具如下。

1. PHPEdit

PHPEdit 是一款 Windows 下优秀的 PHP 脚本 IDE(集成开发环境)。该软件为快速、便捷地开发 PHP 脚本提供了多种工具，其功能包括：语法关键词反白显示；代码提示、浏览；集成 PHP 调试工具；帮助生成器；自定义快捷方式；150 多个脚本命令；键盘模板；报告生成器；快速标记和插件，等等。

2. GPHPedit

GPHPedit 是在 Linux 下十分流行的免费的 PHP 编辑器，其小巧而功能强大。它是以 Linux 下的 gedit 文本编辑器为基础，专门设计用于编辑 PHP 和 HTML 的编辑器。它可以显著表示 PHP 和 HTML、CSS 以及 SQL 语句。在编写过程中提供函数列表参考、函数参数参考。搜索和检测编程语法等。总之是一款完全免费的优秀 PHP 编辑器。

3. phpDesigner

phpDesigner 是一款功能强大的、运行高效的、优秀的 PHP 编辑平台。它是集合了 PHP、XHTML、JavaScript、CSS 等基于 Web 开发的综合 Web 应用开发平台。它能够自动捕获代码文件中的 class、function、varibles 等编程元素，并加以整理，在编程过程中给予提示。除此以外它还兼容了各种流行的类库和框架的协同工作，比如 JavaScript 的 jQuery 库、YUI 库、prototype 库等，又比如 PHP 流行的 Zend Framework 框架、Symfony 框架、CakePHP 框架、YII 框架等。此外，它还拥有 xdebug 工具、SVN 版本管理等工具。可以说它是独立于 Eclipse 之外的，集合了 PHP 开发需求之大成的又一款优秀的平台。

4. Zend Studio

Zend Studio 是由 Zend 科技开发的一个针对 PHP 的全面的开发平台。这个 IDE 融合了 Zend Server 和 Zend Framework，并且融合了 Eclipse 开发环境。Eclipse 是最早适用于 Java 的 IDE 环境，由于其优良的特性和对 PHP 的支持，成了很有影响力的 PHP 开发工具。现在最新的 Eclipse PHP 开发环境为 Eclipse PDT 2.2.0 版本。它拥有支持 Windows、Linux 和 Mac OS

X 系统的软件包。可以说是十分全面的，拥有比较完备的一个体系。它是一个收费的工具。

1.4.2　网页设计工具

下面介绍几种常见的网页设计工具。

1. Dreamweaver

Dreamweaver 是网页制作三剑客之一，功能主要是体现在对 Web 页面的 HTML 的设计上。随着 Web 语言的发展，Dreamweaver 早已不再是仅仅局限于网页设计的方面，它更多地着重支持各种 Web 应用流行的前后台技术的综合运用。Dreamweaver 对 PHP 的支持十分到位。不但对 PHP 的不同方面进行清晰的表示，并且给予足够的编程提示，使编程过程相当流畅。

2. FrontPage

FrontPage 是微软公司出品的一款网页制作入门级软件。FrontPage 使用方便简单，会用 Word 就能做网页，所见即所得是其特点，该软件结合了设计、拆分、代码和预览 4 种模式。

1.4.3　文本编辑工具

常见的文本编辑工具有很多，包括 UltraEdit 和记事本等。

1. UltraEdit

UltraEdit 是一套功能强大的文本编辑器，可以编辑文本、十六进制、ASCII 码，完全可以取代记事本(如果计算机配置足够强大)，内建英文单词检查、C++ 及 VB 指令突显，可同时编辑多个文件，而且即使开启很大的文件，速度也不会慢。软件附有 HTML 标签颜色显示、搜寻替换以及无限制的还原功能，一般用其来修改 EXE 或 DLL 文件，是一款能够满足用户一切编辑需要的编辑器。

2. 记事本

记事本是 Windows 系统自带的文本编辑工具，具备最基本的文本编辑功能，体积小巧，启动快，占用内存低，容易使用。记事本主窗口如图 1-1 所示。

图 1-1　记事本主窗口

在使用记事本编辑 PHP 文档的过程中，需要注意保存方法和技巧。在【另存为】对话框的【文件名】下拉列表框中输入文件名称，设置扩展名为.php，另外，在【保存类型】下拉列表框中选择【所有文件(*.*)】选项即可，如图 1-2 所示。

图 1-2　【另存为】对话框

1.5　网站建设的基本流程

对于一个网站来说，除了网页内容外，还要对网站进行整体规划设计。格局凌乱的网站的内容再精彩，也不能说是一个好网站。要设计出一个精美的网站，前期的规划是必不可少的。

1.5.1　网站规划

规划站点就像设计师设计大楼一样，图纸设计好了，才能建成一座漂亮的楼房。规划站点就是对站点中所使用的素材和资料进行管理和规划，对网站中栏目的设置、颜色的搭配、版面的设计、文字图片的运用等进行规划。

一般情况下，将站点中所用的图片和按钮等图形元素放在 Images 文件夹中，HTML 文件放在根目录下，而动画和视频等放在 Flash 文件夹中。对站点中的素材进行详细的规划，便于日后管理。

1.5.2　搜集资料

确定了网站风格和布局后，就要开始搜集素材了。常言道"巧妇难为无米之炊"，要让自己的网站有声有色、能吸引人，就要尽量搜集素材，包括文字、图片、音频、动画及视频等，搜集到的素材越充分，制作网站就越容易。素材既可以从图书、报刊、光盘及多媒体上得来，也可以从网上搜集，还可以自己制作，然后把搜集到的素材去粗取精，选出制作网页所需的素材，如图 1-3 所示。

图1-3 搜索网站素材图片

不过，在搜集图片素材时，一定要注意图片的大小，因为在网络中传输时，图片的容量越小，传输的速度就越快，所以应尽量搜集容量小、画面精美的图片。

1.5.3 制作网页

制作网页是一个复杂而细致的过程，一定要按照先大后小、先简单后复杂的顺序来制作。所谓先大后小，就是在制作网页时，先把大的结构设计好，然后再逐步完善小的结构设计。所谓先简单后复杂，就是先设计出简单的内容，然后再设计复杂的内容，以便出现问题能及时修改。

在网页排版时，要尽量保持网页风格的一致性，使在网页跳转时不致产生不协调的感觉。在制作网页时灵活地运用模板，可以大大地提高制作的效率。将相同版面的网页做成模板，基于此模板创建网页，以后想改变网页时，只需修改模板就可以了。如图 1-4 所示就是一个主题鲜明的网页，全网页围绕着旅游这个主题进行。

图1-4 网站的首页

1.5.4　网站测试

网页制作完毕后，上传网站之前，要在浏览器中打开网站，逐一对站点中的网页进行测试，发现问题要及时修改，然后再上传。

1.5.5　申请域名

网站建设好之后，就要在网上给网站注册一个标识，即域名。申请域名的方法很多，用户可以登录域名服务商的网站，根据提示申请域名。域名有免费域名和收费域名两种，用户可以根据实际的需要进行选择。

1.5.6　申请空间

域名注册成功之后，就需要申请网站空间。应根据不同的网站类型选择不同的空间。

网站空间有免费空间和收费空间两种，对于个人网站的用户来说，可以先申请免费空间使用。免费空间只需向空间的提供服务器提出申请，在得到答复后，按照说明上传主页即可，主页的域名和空间都不用操心。使用免费空间美中不足的是：网站的空间有限，提供的服务一般，空间不是非常稳定，域名不能随心所欲。

对于商业网站而言，用户需要考虑空间和安全性等因素，因此可以选择收费网站。

1.5.7　网站备案

网站备案的目的是防止不法用户在网上从事非法的网站经营活动，打击不良互联网信息的传播。

不管是经营性还是非经营性的网站均需备案且备案基本流程大体一致，如图1-5所示。

图1-5　网站备案

网站备案的流程如下。

step 01 选择网站备案的方式。网站备案的途径有两种。一种是网站主办者自己登录到
网站备案系统进行备案；另一种是通过接入商代为备案，如图 1-6 所示。

图 1-6　网站备案的方式

 提示　网站接入商也称服务器提供商，就是提供网站空间的服务商。

step 02 通过上述两种途径，将网站和网站主办者的信息提交给提供网站接入服务的服
务器提供商，如图 1-7 所示。

图 1-7　接入服务单位

step 03 服务器提供商对网站主办者提供的信息的真实性进行查验，如图 1-8 所示。

图1-8　验证网站备案资料

step 04　如果信息有误则退回，如果数据初审正确完整，服务器提供商将信息提交到省局的信息审核系统继续审核，如图1-9所示。

图1-9　审核网站的备案信息

step 05　信息在省局系统中等待审核，如图1-10所示。

图 1-10　等待审核

step 06　如果备案信息在省局的审核中通过将发放网站的备案号，如图 1-11 所示。

图 1-11　审核通过返回备案号

step 07　在省局的信息审核中如果没有通过则返回到企业系统(服务器提供商)并退回网站主办者，需要重新提交和审核网站备案数据。如果通过审核则省局的备案系统将网站的备案信息提交到部级的网站备案系统中保存。同时网站的 CPI 备案过程完成，如图 1-12 所示。

图 1-12　网站备案完成

1.5.8　发布网页

在一切前期的准备工作都做好后，再经过网站的测试，下面就可以发布网页了，发布网页也被称为上传网站，一般使用 FTP 协议来上传，即以远程文件传输方式上传到服务器中申请的域名之下。

不过，现在最常用的还是上传工具，如 FTP 上传工具 GuteFTP 和 LeapFTP，另外，还可以直接使用网页制作工具 Dreamweaver CS6 提供的上传和下载功能来发布网页。

1.5.9　网站推广和维护

1. 网站推广

网页制作好之后，还要不断地对其进行宣传，这样才能让更多的朋友认识它，以提高网站的访问率和知名度。推广的方法很多，例如到搜索引擎上注册、与别的网站交换链接或加入广告链接等。

网站推广是企业网站获得有效访问的重要步骤，合理而科学的推广计划能令企业网站收到接近期望值的效果。网站推广作为电子商务服务的一个独立分支正显示出其巨大的魅力，并越来越引起企业的高度重视和关注。

2. 网站维护与更新

网站要注意经常维护和更新内容，保持内容的新颖，不要做好就放在那儿不变了，只有不断地给它补充新的内容，才能够吸引住浏览者，并给访问者留下良好的印象。只有不断地更新内容，才能使网站有生命力。否则网站不仅不能起到应有的作用，反而会对网站自身的形象造成不良影响。

网站维护包括网页内容的更新，通过软件进行网页内容的上传、目录的管理、计算器文件的管理及网站的定期推广服务等。更新是指在不改变网站结构和页面形式的情况下，为网站的固定栏目增加或修改内容。

1.6 高手甜点

甜点 1：如何快速了解 PHP 的应用技术？

在学习的过程中，用户可以随时查阅 PHP 的应用情况。启动 IE 浏览器，在地址栏中输入"http://www.baidu.com"，打开搜索引擎，输入相应关键词搜索相关内容以了解相关技术。

在学习 PHP 语言的过程中，读者还需要配备一个 PHP 参考手册。在 http://www.php.net/docs.php 网站上，提供了 PHP 的各种语言、格式和版本的 PHP 参考手册，读者可以在线阅读学习，也可以下载。PHP 参考手册不但对 PHP 的函数进行了解释和说明，而且还提供了快速查找的方法。

甜点 2：如何选择 PHP 开发软件？

不管是哪个开发工具，在 PHP 的开发过程中，都要有对 PHP 的语法和数据以不同颜色显示的能力，以方便开发者编写程序。进一步的功能是要有对代码编写进行提示的能力。对于 PHP 的数据类型、运算符、标识、名称等都有提示能力。

那么多的开发工具，选择一款比较适合自己的即可。就初学者而言，使用 PHPDesigner 比较好，它集合了 PHP、XHTML、JavaScript、CSS 等基于 Web 开发的综合 Web 应用开发技术，对于学习 Web 开发的初学者，随时可以学习相关的 Web 技术。

1.7 跟我练练手

上机 1：上网查询 PHP 都能干什么。

上机 2：上网了解 PHP 5.5 的新功能和应用。

上机 3：对比常见的 PHP 常用开发工具的优劣。

第 2 章

配置 PHP 服务器环境

在编写 PHP 文件之前，读者需要配置 PHP 服务器，包括软硬件环境的检查，如何获得 PHP 安装资源包等，详细讲解目前常见的主流 PHP 服务器搭配方案：PHP+IIS 和 PHP+Apache。另外讲述了在 Windows 下如何使用 WampServer 组合包，最后通过一个测试案例，读者可以检查 Web 服务器建构是否成功。

本章要点(已掌握的在方框中打钩)

☐ 了解 PHP 服务器的概念

☐ 熟悉安装 PHP 前的准备工作

☐ 掌握 PHP+IIS 服务器的安装配置方法

☐ 掌握 PHP+Apache 服务器的环境搭建方法

☐ Windows 下使用 WampServer 组合包

☐ 测试第一个 PHP 程序

2.1　PHP 服务器概述

在学习 PHP 服务器之前，读者需要了解 HTML 网页的运行原理。网页浏览者在客户端通过浏览器向服务器发出页面请求，服务器接收到请求后将页面返回到客户端的浏览器，这样网页浏览者即可看到页面显示效果。

PHP 语言在 Web 开发中作为嵌入式语言，需要嵌入 HTML 代码中执行。要想运行 PHP 网站，需要搭建 PHP 服务器。PHP 网站的运行原理如图 2-1 所示。

图 2-1　PHP 网站运行原理

从图 2-1 可以看出，PHP 程序运行的基本流程如下。

(1)　网页浏览者首先在浏览器的地址栏中输入要访问的主页地址，按 Enter 键触发该申请。

(2)　浏览器将申请发送到 PHP 网站服务器。网站服务器根据申请读取数据库中的页面。

(3)　通过 Web 服务器向客户端发送处理结果，客户端的浏览器显示最终页面。

　　　由于在客户端显示的只是服务器端处理过的 HTML 代码页面，所以网页浏览者看不到 PHP 代码，这样可以提高代码的安全性。同时在客户端不需要配置 PHP 环境，只要安装浏览器即可。

2.2　安装 PHP 前的准备工作

在安装 PHP 之前，读者需要了解安装所需要的软硬件环境和获取 PHP 安装资源包的途径。

2.2.1　软硬件环境

大部分软件在安装的过程中都需要软硬件环境的支持，当然 PHP 也不例外。在硬件方面，如果只是为了学习上的需求，PHP 只需要一台普通的计算机即可。在软件方面需要根据实际工作的需求选择不同的 Web 服务器软件。

PHP 具有跨平台特性，所以 PHP 开发用什么样的系统不太重要，开发出来的程序能够很轻松地移植到其他操作系统中。另外，PHP 开发平台支持目前主流的操作系统，包括 Windows 系列、Linux、UNIX 和 Mac OS X 等。本书以 Windows 平台为例进行讲解。

另外，用户还需要安装 Web 服务器软件。目前，PHP 支持大多数 Web 服务器软件，常见的有 IIS、Apache、PWS 和 Netscape 等。比较流行的是 IIS 和 Apache，下面将详细讲述这两种 Web 服务器的安装和配置方法。

2.2.2　实例 1——获取 PHP 5.5 安装资源包

PHP 安装资源包中包括了安装和配置 PHP 服务器的所需文件和 PHP 扩展函数库。获取 PHP 安装资源包的方法比较多，很多网站都提供 PHP 安装包，但是建议读者从官方网站下载，具体操作步骤如下。

`step 01` 打开 IE 浏览器，在地址栏中输入下载地址"http://windows.php.net/download"，按 Enter 键确认，登录到 PHP 下载网站，如图 2-2 所示。

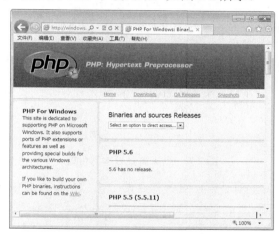

图 2-2　PHP 网站下载页面

`step 02` 进入下载页面，单击 Binaries and sources Releases 下拉列表框右侧的下三角按钮，在打开的下拉列表中选择合适的版本，这里选择 PHP 5.5 版本，如图 2-3 所示。

图 2-3　选择需要的版本

图 2-3 中，下拉列表中 VC11 代表的是 the Visual Studio 2012 compiler 编译器编译，通常用于 PHP+IIS 服务器下。要求用户安装 Visual C++ Redistributable for Visual Studio 2012。

step 03 显示所选版本号中 PHP 安装包的各种格式。这里选择 Zip 压缩格式，单击 Zip 文字链接，如图 2-4 所示。

图 2-4　选择需要版本的格式

step 04 打开【另存为】对话框，选择保存路径，然后保存文件即可，如图 2-5 所示。

图 2-5　【另存为】对话框

2.3　PHP +IIS 服务器的安装配置

下面介绍 PHP +IIS 服务器架构的配置方法和技巧。

2.3.1 实例 2——IIS 简介及其安装

IIS 是 Internet Information Services(互联网信息服务)的简称，是微软公司提供的基于 Microsoft Windows 的互联网基本服务。由于它功能强大、操作简单和使用方便，所以是目前较为流行的 Web 服务器之一。

目前 IIS 只能运行在 Windows 系列的操作系统上。针对不同的操作系统，IIS 也有不同的版本。下面以 Windows 7 为例进行讲解，默认情况下此操作系统没有安装 IIS。

安装 IIS 组件的具体步骤如下。

step 01 单击【开始】按钮，在弹出的【开始】菜单中选择【控制面板】命令，如图 2-6 所示。

step 02 打开【控制面板】窗口，双击【程序】选项，如图 2-7 所示。

图 2-6　选择【控制面板】命令　　　　　　　图 2-7　【控制面板】窗口

step 03 打开【程序】窗口，从中单击【打开或关闭 Windows 功能】文字链接，如图 2-8 所示。

step 04 在打开的【Windows 功能】对话框中，选中【Internet 信息服务】复选框，然后单击【确定】按钮，如图 2-9 所示。

图 2-8　【程序】窗口　　　　　　　图 2-9　【Windows 功能】对话框

step 05 安装完成后，即可测试是否成功。在 IE 浏览器的地址栏中输入"http://localhost/"，
打开 IIS 的欢迎画面页面，如图 2-10 所示。

图 2-10　IIS 的欢迎画面页面

2.3.2　实例 3——PHP 的安装

IIS 安装完成后，即可开始安装 PHP。PHP 的安装过程大致分成 3 个步骤。

1. 解压和设置安装路径

将 2.2.2 小节中获取到的安装资源包解压缩，解压缩后得到的文件夹中放着 PHP 所需要
的文件。将文件夹复制到 PHP 的安装目录中。PHP 的安装路径可以根据需要进行设置，例如
本书设置为"D:\PHP5\"，文件夹复制后的效果如图 2-11 所示。

图 2-11　PHP 的安装目录

2. 配置 PHP

在安装目录中，找到 php.ini-development 文件，此文件正是 PHP 5.5 的配置文件。将这个

文件的扩展名.ini-development 修改为.ini，然后用记事本打开。文件中参数很多，所以建议读者使用记事本的查找功能，快速查找需要的参数。

查找并修改相应的参数值：extension_dir="D:\PHP5\ext"，此参数为 PHP 扩展函数的查找路径，其中"D:\PHP5\"为 PHP 的安装路径，读者可以根据自己的安装路径进行修改。采用同样的方法，修改参数：cgi.force_redirect =0。

另外，去除下面的参数值扩展前的引号，最终结果如图 2-12 所示。

```
;extension=php_curl.dll
;extension=php_gd2.dll
;extension=php_mbstring.dll
;extension=php_mysql.dll
;extension=php_pdo_mysql.dll
;extension=php_pdo_odbc.dll
;extension=php_xmlrpc.dll
;extension=php_xsl.dll
;extension=php_zip.dll
```

图 2-12　去除引号

3. 添加系统变量

要想让系统运行 PHP 时找到上面的安装路径，就需要将 PHP 的安装目录添加到系统变量中。具体操作步骤如下。

`step 01` 右击桌面上的【计算机】图标，在弹出的快捷菜单中选择【属性】命令，打开【系统】窗口，如图 2-13 所示。

`step 02` 单击【高级系统设置】文字链接，打开【系统属性】对话框，如图 2-14 所示。

`step 03` 默认显示【高级】选项卡，在该选项卡中单击【环境变量】按钮，打开【环境变量】对话框。在【系统变量】列表框中选择变量 Path，然后单击【编辑】按钮，如图 2-15 所示。

`step 04` 弹出【编辑系统变量】对话框，在【变量值】文本框的末尾输入";d:\PHP5"，如图 2-16 所示。

`step 05` 单击【确定】按钮，返回到【环境变量】对话框，依次单击【确定】按钮即可关闭对话框，然后重新启动计算机。这样设置的环境变量即可生效。

图 2-13　【系统】窗口

图 2-14　【系统属性】对话框

图 2-15　【环境变量】对话框

图 2-16　【编辑系统变量】对话框

2.3.3　实例 4——设置虚拟目录

如果用户是按照前述的方式来启动 IIS 网站服务器，那么整个网站服务器的根目录就位于"(系统盘符):\Inetpub\wwwroot"中，也就是如果要添加网页到网站中显示，都必须放置在这个目录之下。但是会发现这个路径不仅太长，也不好记，使用起来相当不方便。

这些问题都可以通过修改虚拟目录来解决，具体操作步骤如下。

step 01　在桌面上右击【计算机】图标，在弹出的快捷菜单中选择【管理】命令，打开

【计算机管理】窗口，在左侧的列表框中展开【服务和应用程序】选项，选择
【Internet 信息服务(IIS)管理器】选项，在右侧选择 Default Web Site 选项后，右击
并在弹出的快捷菜单中选择【添加虚拟目录】命令，如图 2-17 所示。

图 2-17　【计算机管理】窗口

step 02 打开【添加虚拟目录】对话框，在【别名】文本框中输入虚拟网站的名称，这
里输入"php5.5"，然后设置物理路径为 D:\php(该文件夹需已存在)，单击【确定】
按钮，如图 2-18 所示。

图 2-18　【添加虚拟目录】对话框

至此，已完成了 IIS 网站服务器设置的更改，IIS 网站服务器的网站虚拟目录已经更改
为"D:\php"了。

2.4　PHP+Apache 服务器的环境搭建

Apache 支持大部分操作系统，搭配 PHP 程序的应用，即可开发出功能强大的互动网站。
本节主要讲述 PHP+Apache 服务器的搭建方法。

2.4.1 Apache 简介

Apache 可以运行在几乎所有的计算机平台上，由于其跨平台和安全性被广泛使用，是目前最流行的 Web 服务器端软件之一。

和一般的 Web 服务器相比，Apache 主要特点如下。

(1) 跨平台应用：几乎可以在所有的计算机平台上运行。

(2) 开放源代码：Apache 服务程序由全世界的众多开发者共同维护，并且任何人都可以自由使用，充分体现了开源软件的精神。

(3) 支持 HTTP 1.1 协议：Apache 是最先使用 HTTP 1.1 协议的 Web 服务器之一，它完全兼容 HTTP 1.1 协议并与 HTTP 1.0 协议向后兼容。Apache 已为新协议所提供的全部内容做好了必要的准备。

(4) 支持通用网关接口(CGI)：Apache 遵守 CGI 1.1 标准并且提供了扩充的特征，如定制环境变量和很难在其他 Web 服务器中找到的调试支持功能。

(5) 支持常见的网页编程语言：可支持的网页编程语言包括 PERL、PHP、Python 和 Java 等，支持各种常用的 Web 编程语言使 Apache 具有更广泛的应用领域。

(6) 模块化设计：通过标准的模块实现专有的功能，提高了项目完成的效率。

(7) 运行非常稳定，同时具备效率高、成本低的特点，而且具有良好的安全性。

2.4.2 实例 5——关闭原有的网站服务器

在安装 Apache 网站服务器之前，如果所使用的操作系统已经安装了网站服务器，如 IIS 网站服务器等，用户必须要先停止这些服务器，才能正确安装 Apache 网站服务器。

以 Windows 7 操作系统为例，请在桌面上右击【计算机】图标，在弹出的快捷菜单中选择【管理】命令，打开【计算机管理】窗口，在左侧的列表框中展开【服务和应用程序】选项，然后选择【Internet 信息服务(IIS)管理器】选项，在右侧的列表框中单击【停止】文字链接即可停止 IIS 服务器，如图 2-19 所示。

图 2-19 停止 IIS 服务器

如此一来，原来的服务器软件即失效不再工作，也不会与即将安装的 Apache 网站服务器产生冲突。当然如果用户的系统原来就没有安装 IIS 等服务器软件，则可略过这一小节的步骤直接进行服务器的安装。

2.4.3　实例 6——安装 Apache

Apache 是免费软件，用户可以从官方网站直接下载。Apache 的官方网站为 http://www.apache.org。

下面以 Apache 2.2 为例，讲解如何安装 Apache。具体操作步骤如下。

step 01 双击 Apache 安装程序，打开安装向导欢迎界面，单击 Next 按钮，如图 2-20 所示。

step 02 弹出 Apache 许可协议界面，阅读完后，选中 I accept the terms in the license agreement 单选按钮，单击 Next 按钮，如图 2-21 所示。

图 2-20　欢迎界面　　　　　　　　图 2-21　Apache 许可协议界面

step 03 弹出 Apache 服务器注意事项界面，阅读完成后，单击 Next 按钮，如图 2-22 所示。

step 04 弹出服务器信息设置界面，输入服务器的一些基本信息，分别为 Network Domain(网络域名)、Server Name(服务器名)、Administrator's Email Address(管理员信箱)和 Apache 的工作方式。如果只是在本地计算机上使用 Apache，前两项可以输入 "localhost"。工作方式建议选择第一项：针对所有用户，工作端口为 80，当机器启动时自动启动 Apache。单击 Next 按钮，如图 2-23 所示。

step 05 弹出安装类型界面，其中 Typical 为典型安装，Custom 为自定义安装。默认情况下，选择典型安装即可，单击 Next 按钮，如图 2-24 所示。

step 06 弹出安装路径选择界面，单击 Change 按钮，可以重新设置安装路径，本实例采用默认安装路径，单击 Next 按钮，如图 2-25 所示。

step 07 弹出安装准备就绪界面，单击 Install 按钮，如图 2-26 所示。

step 08 系统开始自动安装 Apache 主程序，安装完成后，弹出提示信息对话框，单击 Finish 按钮关闭对话框，如图 2-27 所示。

图 2-22　Apache 服务器注意事项界面

图 2-23　服务器信息设置界面

图 2-24　安装类型界面

图 2-25　安装路径选择界面

图 2-26　安装准备就绪界面

图 2-27　Apache 安装完成

2.4.4　实例 7——将 PHP 与 Apache 建立关联

Apache 安装完成后，还不能运行 PHP 网页，需要将 PHP 与 Apache 建立关联。

Apache 的配置文件名称为 httpd.conf，此为纯文本文件，用记事本即可打开编辑。此文件存放在 Apache 安装目录的 Apache2\config\目录下。另外，也可以通过单击【开始】按钮，在

打开的菜单中选择【所有程序】|Apache HTTP Server 2.2|Configure Apache Server|Edit the Apache httpd.conf Configuration File 命令，如图 2-28 所示。

　　打开 Apache 的配置文件后，首先设置网站的主目录。本书将案例的源文件放在 D 盘的 php5book 文件夹下，所以设置主目录为 d:/php5book/。在 httpd.conf 配置文件中找到 DocumentRoot 参数，将其值修改为"d:/php5book/"，如图 2-29 所示。

图 2-28　选择 Apache 配置文件

图 2-29　设置网站的主目录

　　下面指定 php.ini 文件的存放位置。由于 PHP 安装在 d:\php5，所以 php.ini 位于 d:\php5\php.ini。在 httpd.conf 配置文件中的任意位置输入语句：PHPIniDir"d:\php5\php.ini"，如图 2-30 所示。

　　最后向 Apache 中加入 PHP 模块。在 httpd.conf 配置文件中的任意位置加入 3 行语句：

```
LoadModule php5_module"d:/php5/php5apache2_2.dll"
AddType application/x-httpd-php .php
AddType application/x-httpd-php .html
```

　　输入效果如图 2-31 所示。完成上述操作后，保存 httpd.conf 文件即可。然后重启 Apache，即可使设置生效。

图 2-30　指定 php.ini 文件的存放位置

图 2-31　向 Apache 中加入 PHP 模板

2.5 实例 8——Windows 下使用 WampServer 组合包

对于刚开始学习 PHP 的程序员，往往为了配置环境而不知所措，为此本节讲述使用 WampServer 组合包的使用方法。WampServer 组合包是将 Apache、PHP、MySQL 等服务器软件安装配置完成后打包处理。因为其安装简单、速度较快、运行稳定，所以受到广大初学者的青睐。

 　　在安装 WampServer 组合包之前，需要确保系统中没有安装 Apache、PHP 和 MySQL。否则，需要先将这些软件卸载，然后才能安装 WampServer 组合包。

安装 WampServer 组合包的具体操作步骤如下。

step 01 到 WampServer 官方网站 http://www.wampserver.com/en/下载 WampServer 的最新安装包 WampServer2.5-x32.exe 文件。

step 02 直接双击安装文件，打开欢迎界面，如图 2-32 所示。

step 03 单击 Next 按钮，在弹出的对话框中选中 I accept the agreement 单选按钮，如图 2-33 所示。

图 2-32　欢迎界面　　　　　　　　　　　　图 2-33　接受许可证协议

step 04 单击 Next 按钮，在弹出的对话框中单击 Browse 按钮，设置安装路径。这里采用默认路径 "c:\wamp"，如图 2-34 所示。

step 05 单击 Next 按钮，在弹出的对话框中采用默认设置，如图 2-35 所示。

step 06 单击 Next 按钮，在弹出的对话框中确认安装的参数后，单击 Install 按钮，如图 2-36 所示。

step 07 程序开始自动安装，并显示安装进度，如图 2-37 所示。

step 08 程序安装过程完毕后，需要确定 SMTP 邮件服务器和本地 Email，这里采用默认设置，如图 2-38 所示。

step 09 单击 Next 按钮，进入安装完成界面，单击 Finish 按钮，完成 WampServer 的安装操作，如图 2-39 所示。

图 2-34 设置安装路径

图 2-35 设置附加内容

图 2-36 确认安装

图 2-37 开始安装程序

图 2-38 确定 SMTP 邮件服务器和本地 Email

图 2-39 完成安装界面

step 10 ▶ 单击桌面右侧的 WampServer 服务按钮█，在弹出的下拉菜单中选择 Localhost 命令，如图 2-40 所示。

step 11 ▶ 系统自动打开浏览器，显示 PHP 配置环境的相关信息，如图 2-41 所示。

图 2-40　WampServer 服务列表

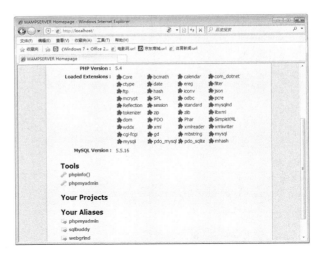

图 2-41　PHP 配置环境的相关信息

2.6　实例 9——测试第一个 PHP 程序

上面讲述了两种服务器环境的搭建方法，读者可以根据自己的需求进行选择安装即可。

下面通过一个实例讲解编写 PHP 程序并运行查看效果。下面以 IIS 服务器环境为例进行讲解。读者可以使用任意文本编辑软件，如记事本，新建名称为"hello world"的文件，输入以下代码：

```
<HTML>
<HEAD>
</HEAD>
<BODY>
<h2>PHP Hello World - 来自 PHP 的问候。</h2>
<?php
  echo "Hello, World.";
  echo "你好世界。";
?>
</BODY>
</HTML>
```

将文件保存在主目录或虚拟目录下，保存格式为.php。在浏览器的地址栏中输入"http://localhost/helloworld.php"，并按 Enter 键确认，运行结果如图 2-42 所示。

图 2-42　程序运行效果

【代码详解】

(1) "PHP Hello World - 来自 PHP 的问候。"是 HTML 中的<HEAD><h2>PHP Hello World - 来自 PHP 的问候。</h2></HEAD>所生成的。

(2) "Hello, World.你好世界。"则是由<?php echo "Hello, World."; echo "你好世界。"; ?>生成的。

(3) 在 HTML 中嵌入 PHP 代码的方法即是在<?php ?>标识符中间输入 PHP 语句，语句要以";"号结束。

(4) <?php ?>标识符的作用就是告诉 Web 服务器，PHP 代码从什么地方开始，到什么地方结束。<?php ?>标识符内的所有文本都要按照 PHP 语言进行解释，以区别于 HTML 代码。

2.7 高手甜点

甜点 1：如何设置网站的主目录？

在 Windows 7 操作系统中，设置网站主目录的方法如下。

利用本章的方法打开【计算机管理】窗口，选择 Default Web Site 选项，如图 2-43 所示。

在右侧窗格中单击【基本设置】文字链接，打开【编辑网站】对话框，单击【物理路径】文本框右侧的按钮，即可在打开的对话框中重新设置网站的主目录，如图 2-44 所示。

图 2-43 【计算机管理】窗口

图 2-44 【编辑网站】对话框

甜点 2：如何卸载 IIS？

读者经常会遇到 IIS 不能正常使用的情况，所以需要首先卸载 IIS，然后再次安装即可。

利用本章的方法打开【Windows 功能】对话框，取消选中【Internet 信息服务】复选框，单击【确定】按钮，系统将自动完成 IIS 的卸载，如图 2-45 所示。

图 2-45 【Windows 功能】对话框

2.8 跟我练练手

上机 1：下载 PHP 5.5 安装资源包。

上机 2：安装配置 PHP+IIS 服务器。

上机 3：安装配置 PHP+Apache 服务器。

上机 4：安装 WampServer 组合包，并测试是否安装成功。

上机 5：做一个测试 PHP 程序，显示内容为：锄禾日当午，汗滴禾下土。

第 3 章

PHP 语言基础

第 2 章讲述了 PHP 环境搭建的方法，本章将开始学习 PHP 的基本语法。主要内容包括 PHP 的标识符、编码规范、常量、变量、数据类型、运算符和表达式等。通过本章的学习，读者可以掌握PHP 的基本语法知识和技能。

本章要点(已掌握的在方框中打钩)

- ☐ 了解 PHP 标识
- ☐ 熟悉 PHP 的编码规范
- ☐ 掌握常量的使用方法
- ☐ 掌握变量的使用方法
- ☐ 掌握变量的类型
- ☐ 掌握运算符的使用方法
- ☐ 掌握 PHP 表达式的使用方法
- ☐ 掌握创建多维数组的方法

3.1 PHP 标识

默认情况下 PHP 是以<?php ?>标识符为开始和结束标记的。但是，PHP 代码有不同的表示风格。最常用的风格就是这种默认方法。也有人把这种默认风格称为 PHP 的 XML 风格。下面将学习其他类型的标识(tag)风格。

3.1.1 短风格

有的时候，读者会看到一些代码中出现用<? ?>标识符表示 PHP 代码的情况。这就是所谓的"短风格"(short style)表示法。例如：

```
<? echo "这是 PHP 短风格的表示方式。"?>
```

这种表示方法在正常情况下并不推荐使用。并且在 php.ini 文件中，short_open_tags 设置是默认关闭的。另外，以后提到的一些功能设置会与这种表示方法相冲突。比如与 XML 的默认标识符相冲突。

3.1.2 Script 风格

有的编辑器由于跟以前程序的定义表示要区分开，因此对 PHP 代码的表示完全采用另外一种表示方式，即<script></script>的表示方式。例如：

```
<script language="php">
    echo "这是 PHP 的 script 表示方式。";
</script>
```

这种表示方式十分类似 HTML 页面中 JavaScript 的表示方式。

3.1.3 ASP 风格

由于 ASP 的影响，为了照顾 ASP 使用者对 PHP 的使用，PHP 提供了 ASP 的标志风格。例如：

```
<%
    echo "这是 PHP 的 ASP 的表示方式。";
%>
```

这种表示是在特殊情况下使用的，并不推荐正常使用。

3.2 编 码 规 范

由于现在的 Web 开发往往是多人一起合作完成的，所以使用相同的编码规范显得非常重要，特别是新的开发人员参与时，往往需要知道前面开发代码中变量或函数的作用等，这就需要统一的编码规范。

3.2.1 什么是编码规范

编码规范是一套编程语言的导引手册，这种导引手册规定了一系列该语言的默认编程风格，以用来增强这种语言的可读性、规范性和可维护性。通常一种语言的编码规范主要包括此语言下的文件组织、缩进、注释、声明、空格处理、命名规则等。

遵守 PHP 编码规范有以下好处。

(1) 编码规范是团队开发中对每个成员的基本要求。编码规范的好坏是一个程序员熟练程度的表现。

(2) 可以提高程序的可读性，利于开发人员互相交流。

(3) 良好一致的编程风格，在团队开发中可以达到事半功倍的效果。

(4) 有助于程序的维护，降低软件成本。

3.2.2 PHP 的一些编码规范

PHP 作为高级语言的一种，特别强调编码规范。以下是此规范在 3 个方面的体现。

1. 表述

比如在 PHP 的正常表述中，每一句 PHP 语句都是以 ";" 结尾，这个规范就告诉 PHP 要执行此语句。例如：

```php
<?php
    echo "php以分号表示语句的结束和执行。";
?>
```

2. 空白

PHP 对空格、回车造成的新行、Tab 等留下的空白的处理也遵循编码规范。PHP 对它们都进行忽略。这跟浏览器对 HTML 语言中的空白处理是一样的。

3. 注释

为了增强可读性，在多数情况下，程序员都需要在程序语句的后面添加文字说明。而 PHP 要把它们与程序语句区分开，就需要让这些文字注释符合编码规范。

这些注释的风格有几种，分别是 C 语言风格、C++风格和 shell 风格。

C 语言风格如下：

```
/*这是C语言风格的注释内容*/
```

这种方法还可以多行使用：

```
/*这是
  C语言风格
  的注释内容
*/
```

C++风格如下：

```
//这是 C++风格的注释内容行一
//这是 C++风格的注释内容行二
```

这种方法只能一句注释占用一行。使用时可单独一行，也可以使用在 PHP 语句之后的同一行。

shell 风格如下：

```
#这是 shell 风格的注释内容
```

这种方法只能一句注释占用一行。使用时可单独一行，也可以使用在 PHP 语句之后的同一行。

3.3　常　　量

在 PHP 中，常量是一旦声明就无法改变的值。本节来讲述如何声明和使用常量。

3.3.1　实例 1——声明和使用常量

PHP 通过 define()函数来声明常量。格式如下：

```
define("常量名", 常量值);
```

常量名是一个字符串，通常在 PHP 编码规范的指导下使用大写的英文字符表示。比如：CLASS_NAME、MYAGE 等。

常量值可以是很多种 PHP 的数据类型，可以是数组，也可以是对象，当然还可以是字符和数字。

常量就像变量一样储存数值，但是与变量不同的是：常量的值只能设定一次，并且无论在代码的任何位置，它都不能被改变。常量声明后具有全局性，函数内外都可以访问。

【例 3.1】(实例文件：ch03\3.1.php)

```
<HTML>
<HEAD>
    <TITLE>自定义变量</TITLE>
</HEAD>
<BODY>
<?php
    define("HUANY","花间一壶酒，独酌无相亲。 举杯邀明月，对影成三人。 月既不解饮，影徒随
我身。 暂伴月将影，行乐须及春。 我歌月徘徊，我舞影零乱。 醒时同交欢，醉后各分散。 永结无情
游，相期邈云汉。");
    echo HUANY;
?>
</BODY>
</HTML>
```

本程序运行结果如图 3-1 所示。

图 3-1 程序运行结果

【代码详解】

(1) 用 define()函数声明一个常量。而常量的全局性体现在可在函数内外进行访问。

(2) 常量只能储存布尔型、整型、浮点型和字符串数据。

3.3.2 实例 2——内置常量

PHP 的内置常量是指 PHP 在系统建立之初就定义好的一些量。PHP 中预定了很多系统内置常量，这些常量可以被随时调用。例如下面一些常见的内置常量。

1. __FILE__

这个默认常量是 PHP 程序文件名。若引用文件(include 或 require)则在引用文件内的该常量为引用文件名，而不是引用它的文件名。

2. __LINE__

这个默认常量是 PHP 程序行数。若引用文件(include 或 require)则在引用文件内的该常量为引用文件的行，而不是引用它的文件行。

3. PHP_VERSION

这个内置常量是 PHP 程序的版本，如'3.0.8-dev'。

4. PHP_OS

这个内置常量指执行 PHP 解析器的操作系统名称，如'Linux'。

5. TRUE

这个常量就是真值(true)。

6. FALSE

这个常量就是伪值(false)。

7. E_ERROR

这个常量指到最近的错误处。

8. E_WARNING

这个常量指到最近的警告处。

9. E_PARSE

本常量为解析语法有潜在问题处。

10. E_NOTICE

这个常量为发生不寻常但不一定是错误处。例如存取一个不存在的变量。

下面举例说明系统常量的使用方法。

【例 3.2】(实例文件：ch03\3.2.php)

```
<HTML>
<HEAD>
    <TITLE>系统变量</TITLE>
</HEAD>
<BODY>
<?php
  echo(__FILE__);
  echo"<p>";
  echo(__LINE__);
  echo"<p>";
  echo(PHP_VERSION);
  echo"<p>";
  echo(PHP_OS);
?>
</BODY>
</HTML>
```

本程序运行结果如图 3-2 所示。

图 3-2　程序运行结果

【代码详解】

(1)　echo"<p>"语句表示为输出换行。

(2)　echo(__FILE__)语句输出文件的文件名，包括详细的文件路径。

(3)　echo(__LINE__)语句输出该语句所在的行数。

(4)　echo(PHP_VERSION)语句输出 PHP 程序的版本。

(5)　echo(PHP_OS)语句输出执行 PHP 解析器的操作系统名称。

3.4 变　　量

变量像是一个贴有名字标签的空盒子。不同的变量类型对应不同种类的数据，就像不同种类的东西要放入不同种类的盒子。

3.4.1　PHP 中的变量声明

PHP 中的变量不同于 C 或 Java 语言，因为它是弱类型的。在 C 或 Java 中，需要对每一个变量声明类型，但是在 PHP 中不需要这样做，这是极其方便的。

PHP 中的变量一般以"$"作为前缀，然后以字母 a～z 的大小写或者"_"下划线开头。这是变量的一般表示。

合法的变量名可以是：

```
$hello
$Aform1
$_formhandler  (类似我们见过的$_POST 等)
```

非法的变量名如：
```
$168
$!like
```

3.4.2　实例 3——可变变量与变量的引用

一般的变量表示很容易理解，但是有两个变量表示概念则容易混淆，这就是可变变量和变量的引用。下面通过例子对它们进行学习。

【例 3.3】(实例文件：ch03\3.3.php)

```
<HTML>
<HEAD>
    <TITLE>系统变量</TITLE>
</HEAD>
<BODY>
<?php
  $value0 = "guest";
  $$value0 = "customer";
  echo $guest."<br />";
  $guest = "feifei";
  echo $guest."\t".$$value0."<br />";
  $value1 = "xiaoming";
  $value2 = &$value1;
  echo $value1."\t".$value2."<br />";
  $value2 = "lili";
  echo $value1."\t".$value2;
?>
</BODY>
</HTML>
```

本程序运行结果如图 3-3 所示。

图 3-3　程序运行结果

【代码详解】

(1)　在代码的第一部分，$value0 被赋值为 guest。而$value0 相当于 guest，则$$value0 相当于$guest。所以当$$value0 被赋值为 customer 时，打印$guest 就得到 customer。反之，当$guest 变量被赋值为 feifei 时，打印$$value0 同样得到 feifei。这就是可变变量。

(2)　在代码的第二部分，$value1 被赋值为 xiaoming，然后通过 "&" 引用变量$value1 并赋值给$value2。而这一步的实质是，给变量$value1 添加了一个别名$value2。所以打印时，大家都得出原始赋值 xiaoming。由于$value2 是别名，和$value1 指的是同一个变量，所以当$value2 被赋值为 lili 后，$value1 和$value2 都得到新值 lili。

(3)　可变变量，其实是允许改变一个变量的变量名。允许使用一个变量的值作为另外一个变量的名。

(4)　变量引用，相当于给变量添加了一个别名。用 "&" 来引用变量。其实两个变量名指的都是同一个变量。就像是给同一个盒子贴了两个名字标签，两个名字标签指的都是同一个盒子。

3.4.3　实例 4——变量作用域

所谓变量作用域(variable scope)，是指特定变量在代码中可以被访问到的位置。在 PHP 中有 6 种基本的变量作用域法则。

(1)　内置超全局变量(Built-in superglobal variables)，在代码中的任意位置都可以访问得到。

(2)　常数(constants)，一旦声明，它就是全局性的。可以在函数内外使用。

(3)　全局变量(global variables)，在代码间声明，可在代码间访问，但是不能在函数内访问。

(4)　在函数中声明为全局变量的变量，就是同名的全局变量。

(5)　在函数中创建和声明为静态变量的变量，在函数外是无法访问的。但是这个静态变量的值是可以保留的。

(6) 在函数中创建和声明的局部变量，在函数外是无法访问的。并且在本函数终止时退出。

1. 超全局变量

Supergloal 或者 autoglobal 可以称为"超全局变量"或者"自动全局变量"。这种变量的特性就是，不管在程序的任何地方都可以访问得到，即不管是函数内或是函数外都可以访问得到。而这些"超全局变量"就是由 PHP 预先定义好以方便使用的。

那么这些"超全局变量"或"自动全局变量"又有哪些呢？

- $GLOBALS：包含全局变量的数组。
- $_GET：包含所有通过 GET 方法传递给代码的变量的数组。
- $_POST：包含所有通过 POST 方法传递给代码的变量的数组。
- $_FILES：包含文件上传变量的数组。
- $_COOKIE：包含 cookie 变量的数组。
- $_SERVER：包含服务器环境变量的数组。
- $_ENV：包含环境变量的数组。
- $_REQUEST：包含用户所有输入内容的数组(包括$_GET、$_POST 和$_COOKIE)。
- $_SESSION：包含会话变量的数组。

2. 全局变量

全局变量，其实就是在函数外声明的变量，在代码间都可以访问。但是在函数内是不能访问的。这是因为函数默认就不能访问在其外部的全局变量。

以下案例介绍全局变量的使用方法和技巧。

【例 3.4】(实例文件：ch03\3.4.php)

```
<HTML>
<HEAD>
    <TITLE> </TITLE>
</HEAD>
<BODY>
<?php
  $room = 20;
  function showrooms(){
      echo $room;
  }
  showrooms();
  echo $room.'间房间。';
?>
</BODY>
</HTML>
```

本程序运行结果如图 3-4 所示。

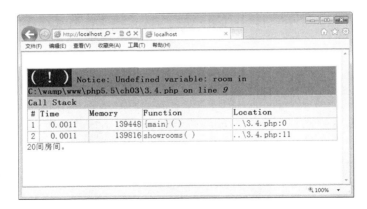

图 3-4　程序运行结果

出现上述结果，是因为函数无法访问到外部全局变量，但是在代码间却可以访问全局变量。

如果想让函数访问某个全局变量，可以在函数中通过 global 关键字来声明。就是说要告诉函数，它要调用的变量是一个已经存在或者即将创建的同名全局变量，而不是默认的本地变量。

以下实例介绍 global 关键字的方法和技巧。

【例 3.5】(实例文件：ch03\3.5.php)

```
<HTML>
<HEAD>
    <TITLE> </TITLE>
</HEAD>
<BODY>
<?php
  $room = 20;
  function showrooms(){
     global $room;
     echo $room.'间新房间。<br />';
  }
  showrooms();
  echo $room.'间房间。';
?>
</BODY>
</HTML>
```

本程序运行结果如图 3-5 所示。

图 3-5　程序运行结果

另外，读者还可以通过"超全局变量"中的$GLOBALS 数组进行访问。

以下实例介绍$GLOBALS 数组。

【例 3.6】(实例文件：ch03\3.6.php)

```
<HTML>
<HEAD>
    <TITLE> </TITLE>
</HEAD>
<BODY>
<?php
  $room = 20;
  function showrooms(){
      $room = $GLOBALS['room'];
      echo $room.'间新房间。<br />';
  }
  showrooms();
  echo $room.'间房间。';
?>
</BODY>
</HTML>
```

本程序运行结果如图 3-6 所示。

图 3-6　程序运行结果

结果与上面的例子完全相同，可见两种方法都可以实现同一个效果。

3. 静态变量

静态变量只是在函数内存在，函数外无法访问。但是执行后，其值保留。也就是说这一次执行完毕后，这个静态变量的值保留，下一次再执行此函数，这个值还可以调用。

通过下面的实例介绍静态变量的使用方法和技巧。

【例 3.7】(实例文件：ch03\3.7.php)

```
<HTML>
<HEAD>
    <TITLE>静态变量</TITLE>
</HEAD>
<BODY>
<?php
  $person = 20;
  function showpeople(){
```

```
    static $person = 5;
  $person++;
    echo '此时静态变量的值为: '.$person.' <br />';
}
showpeople();
echo $person.' 为变量的值<br />';
showpeople();
?>
</BODY>
</HTML>
```

本程序运行结果如图 3-7 所示。

图 3-7　程序运行结果

【代码详解】

(1)　函数外 echo 语句无法调用函数内 static $person，它调用的是$person = 20。

(2)　showpeople()函数被执行两次，在这个过程中，static $person 的运算值得以保留，并且通过$person++进行了累加。

3.5　变量的类型

从 PHP 4 开始，PHP 中的变量不再需要事先声明，赋值即声明。声明和使用这些数据类型前，读者需要了解它们的含义和特性。下面将介绍整型、浮点型、布尔型和两个较特殊类型。

3.5.1　什么是类型

不同的数据类型其实就是所储存数据的不同种类。PHP 的不同数据类型主要如下。

(1)　整型(integer)：用来储存整数。

(2)　浮点型(float)：用来储存实数。

(3)　字符串型(string)：用来储存字符串。

(4)　布尔型(boolean)：用来储存真(true)或假(false)。

(5)　数组(array)：用来储存一组数据。

(6)　对象(object)：用来储存一个类的实例。

作为弱类型语言，PHP 也被称为动态类型语言。在强类型语言中，例如 C 语言，一个变量只能储存一种类型的数据，并且这个变量在使用前必须声明变量类型。而在 PHP 中，给变量赋什么类型的值，那么这个变量就是什么类型。例如以下几个变量：

```
$hello = 'hello world';
```

由于'hello world'是字符串，则变量$hello 的数据类型就为字符串类型。

```
$hello = 100;
```

同样，由于 100 为整型，$hello 也就为整型。

```
$wholeprice = 100.0;
```

由于 100.0 为浮点型，则$wholeprice 就是浮点型。

由此可见，对于变量而言，如果没有定义变量的类型，则它的类型由所赋值的类型决定。

3.5.2　整型

整型(integers)是数据类型中最为基本的类型。在现有的 32 位运算器情况下，整型的取值范围为−2147483648～+2147483647。整型可以表示为十进制、八进制和十六进制。

例如：

```
3560           //十进制整数
01223          //八进制整数
0x1223         //十六进制整数
```

3.5.3　浮点型

浮点型(float 或 double)就是表示实数。在大多数运行平台下，这个数据类型的大小为 8 个字节。其近似取值范围为 2.2E−308～1.8E+308(科学计数法)。

例如：

```
-1.432
1E+07
0.0
```

3.5.4　布尔型

布尔型(boolean)只有两个值，就是 true 和 false。布尔型是十分有用的数据类型，通过它，程序实现了逻辑判断的功能。

而对于其他的数据类型，基本都有布尔属性。

(1)　整型：为 0 时，其布尔属性为 false；为非零值时，其布尔属性为 true。

(2)　浮点型：为 0.0 时，其布尔属性为 false；为非零值时，其布尔属性为 true。

(3)　字符串型：空字符串" "，或者零字符串"0"时，为 false；包含除此以外的字符串时为

true。

    (4) 数组型：若不含任何元素，为 false；只要包含元素，则为 true。

    (5) 对象型：资源型，永远为 true。

    (6) 空型：永远为 false。

3.5.5 实例 5——字符串型

字符串型(string)的数据是表示在引号之间的。引号分为" "(双引号)和' '(单引号)。这两种引号都可以表示字符串。

但是这两种表示也有一定的区别。

双引号几乎可以包含所有的字符。但是在其中的变量显示变量的值，而不是变量的变量名。而有些特殊字符加上"\"这个符号就可以了。

单引号内的字符是被直接表示出来的。

下面通过一个案例，来讲述上面几种类型的使用方法和技巧。

【例 3.8】(实例文件：ch03\3.8.php)

```
<HTML>
<HEAD>
    <TITLE>变量的类型</TITLE>
</HEAD>
<BODY>
<?php
  $int1= 2012;
  $int2= 01223;                    //八进制整数
  $int3=0x1223;                    //十六进制整数
  echo "输出整数类型的值: ";
  echo $int1;
  echo "\t";                       //输出一个制表符
  echo $int2;                      //输出 659
  echo "\t";
  echo $int3;                      //输出 4643
  echo "<br>";
  $float1=54.66;
  echo $float1;                    //输出 54.66
  echo "<br>";
  echo "输出布尔型变量: ";
  echo (Boolean)( $int1);          //将 int1 整型转化为布尔变量
  echo "<br>";
  $string1="字符串类型的变量";
  echo $string1;
?>
</BODY>
</HTML>
```

本程序运行结果如图 3-8 所示。

图 3-8　程序运行结果

3.5.6　实例 6——数组型

数组型(array)是 PHP 变量的集合，它是按照"键值"与"值"对应的关系组织数据的。数组的键值可以是整数也可以是字符串。另外，数组在不特意表明键值的默认情况下，数组元素的键值为从 0 开始的整数。

在 PHP 中，使用 list()函数或 array()函数来创建数组，也可以直接进行赋值。

下面使用 array()函数创建数组。

【例 3.9】(实例文件：ch03\3.9.php)

```
<HTML>
<HEAD>
    <TITLE>数组变量</TITLE>
</HEAD>
<BODY>
 <?php
 $arr=array
 (
   0=>15,
   2=>1E+05,
   1=>"秋风吹不尽，总是玉关情。 ",
 );
 for ($i=0;$i<count($arr);$i++)
 {
   $arr1=each($arr);
   echo "$arr1[value]<br>";
 }
?>
</BODY>
</HTML>
```

本程序运行结果如图 3-9 所示。

图 3-9　程序运行结果

【代码详解】

(1) 程序中用=>为数组赋值，数组的下标只是存储的标识，没有任何具体意义，数组元素的排列以加入的先后顺序为准。

(2) 本程序采用 for 循环语句输出整个数组，其中，count()函数返回数组的个数，echo()函数返回当前数组指针的索引/值对，后面章节将详细讲述函数的使用方法。

上面实例的语句可以简化如下。

【例 3.10】(实例文件：ch03\3.10.php)

```html
<HTML>
<HEAD>
    <TITLE>数组变量</TITLE>
</HEAD>
<BODY>
  <?php
    $arr=array(15,1E+05," 秋风吹不尽，总是玉关情。");
    for ($i=0;$i<3;$i++)
      {
        echo $arr[$i]<br>";
      }
?>
</BODY>
</HTML>
```

本程序运行结果如图 3-10 所示。从结果可以看出，两种写法的运行结果一样。

图 3-10　程序运行结果

另外，读者还可以对数组的元素采用一个一个赋值的方法，下面举例说明。上面的语句可以简化如下。

【例 3.11】(实例文件：ch03\3.11.php)

```
<HTML>
<HEAD>
    <TITLE>数组变量</TITLE>
</HEAD>
<BODY>
  <?php
   $arr[0]=15;
   $arr[2]= 1E+05;
   $arr[1]= "秋风吹不尽，总是玉关情。";
 for ($i=0;$i<count($arr);$i++)
 {
   $arr1=each($arr);
 echo "$arr1[value]<br>";
 }
?>
</BODY>
</HTML>
```

本程序运行结果如图 3-11 所示。从结果可以看出，一个一个赋值的方法和上面两种写法的运行结果一样。

图 3-11　程序运行结果

3.5.7　对象型

对象就是类的实例。当一个类被实例化以后，这个生成的对象被传递给一个变量，这个变量就是对象型(object)变量。对象型变量也属于资源型变量。由于本书的第 9 章将讲述对象，这里不再详述。

3.5.8　NULL 型

NULL 类型是仅拥有 null 这一个值的类型。这个类型是用来标记一个变量为空的。一个空字符串与一个 NULL 是不同的。在数据库存储时会把空字符串和 NULL 区分开处理。NULL 型在布尔判断时永远为 false。多数情况下，在声明一个变量的时候可以直接先赋值为

NULL 空型，如$value = null。

3.5.9　资源类型

资源类型 Resources，也是十分特殊的数据类型。它表示了 PHP 的扩展资源，它可以是一个打开的文件，也可以是一个数据库连接，甚至可以是其他的数据类型。但是在编程过程中，资源类型却几乎是永远接触不到的。

3.5.10　实例 7——数据类型之间相互转换

数据从一个类型转换为另外一个类型，就是数据类型转换。在 PHP 语言中，有两种常见的转换方式：自动数据类型转换和强制数据类型转换。

1. 自动数据类型转换

这种转换方法最为常用。直接输入数据的转换类型即可。

例如 float 型转换为整数 int 型，小数点后面的数将被舍弃。如果 float 数超过了整数的取值范围，则结果可能是 0 或者整数的最小负数。

【例 3.12】(实例文件：ch03\3.12.php)

```html
<HTML>
<HEAD>
    <TITLE>自动数据类型转换</TITLE>
</HEAD>
<BODY>
  <?php
    $flo1=1.86;
    echo (int)$flo1."<br>";
    $flo2=4E32; //超过整数取值范围
    echo(int)$flo2;
  ?>
</BODY>
</HTML>
```

本程序运行结果如图 3-12 所示。

图 3-12　程序运行结果

2. 强制数据类型转换

在 PHP 中，可以使用 settype()函数强制转换数据类型。基本语法如下：

```
Bool settype(var,string type)
```

注意 type 的可能值不能包含资源类型数据。

【例 3.13】(实例文件：ch03\3.13.php)

```
<HTML>
<HEAD>
    <TITLE>强制数据类型转换</TITLE>
</HEAD>
<BODY>
  <?php
    $flo1=1.86;
    echo setType($flo1,"int");
    ?>
</BODY>
</HTML>
```

本程序运行结果如图 3-13 所示。

图 3-13   程序运行结果

3.6   运   算   符

PHP 包含三种类型的运算符：一元运算符、二元运算符和三元运算符。一元运算符用在一个操作数之前，二元运算符用在两个操作数之间，三元运算符是作用在三个操作数之间。

3.6.1   实例 8——算术运算符

算术运算符是最简单也是最常用的运算符。常见的算术运算符如表 3-1 所示。

表 3-1   常见的算术运算符

运 算 符	名 称
+	加法运算
−	减法运算
*	乘法运算
/	除法运算
%	取余法运算
++	累加运算
−−	累减运算

【例3.14】(实例文件：ch03\3.14.php)

```
<HTML>
<HEAD>
    <TITLE>算术运算符</TITLE>
</HEAD>
<BODY>
  <?php
    $a=13;
    $b=2;
    echo $a."+".$b."=";
    echo $a+$b."<br>";
    echo $a."-".$b."=";
    echo $a-$b."<br>";
    echo $a."*".$b."=";
    echo $a*$b."<br>";
    echo $a."/".$b."=";
    echo $a/$b."<br>";
    echo $a."%".$b."=";
    echo $a%$b."<br>";
    echo $a."++"."=";
    echo $a++."<br>";
    echo $a."--"."=";
    echo $a--."<br>";
    ?>
</BODY>
</HTML>
```

本程序运行结果如图3-14所示。

图3-14　程序运行结果

　　　除了数值可以进行自增运算外，字符也可以进行自增运算操作。例如 b++，结果将等于 c。

3.6.2　实例9——字符串运算符

字符串运算符是把两个字符串连接起来变成一个字符串的运算符，使用"."来完成。如果变量是整型或浮点型，PHP 会自动把它们转换为字符串输出。

【例 3.15】(实例文件：ch03\3.15.php)

```
<HTML>
<HEAD>
    <TITLE>字符串运算符</TITLE>
</HEAD>
<BODY>
  <?php
  $a = "把两个字符串";
  $b = 10.25;
   echo $a."连接起来，".$b."天。";
  ?>
</BODY>
</HTML>
```

本程序运行结果如图 3-15 所示。

图 3-15 程序运行结果

3.6.3 赋值运算符

赋值运算符的作用是把一定的数据值加载给特定变量。

赋值运算符的具体含义如表 3-2 所示。

表 3-2 赋值运算符的具体含义

运　算　符	具体含义
=	将右边的值赋值给左边的变量
+=	将左边的值加上右边的值赋给左边的变量
−=	将左边的值减去右边的值赋给左边的变量
*=	将左边的值乘以右边的值赋给左边的变量
/=	将左边的值除以右边的值赋给左边的变量
.=	将左边的字符串连接到右边
%=	将左边的值对右边的值取余数赋给左边的变量

例如，$a-=$b 等价于$a=$a-$b，其他赋值运算符与之类似。从表 3-2 可以看出，赋值运算符可以使程序更加简练，从而提高执行效率。

3.6.4 实例 10——比较运算符

比较运算符用来比较其两端数据值的大小。比较运算符如表 3-3 所示。

表 3-3 比较运算符

运 算 符	名 称
==	相等
!=	不相等
>	大于
<	小于
>=	大于等于
<=	小于等于
===	精确等于(类型)
!==	不精确等于

其中，===和!==需要特别注意。$b===$c 表示$b 和$c 不只是数值相等，而且两者的类型也一样；$b!==$c 表示$b 和$c 有可能是数值不等但类型相同，也可能是数值相等但类型不同。

【例 3.16】(实例文件：ch03\3.16.php)

```
<HTML>
<HEAD>
    <TITLE>使用比较运算符</TITLE>
</HEAD>
<BODY>
<?PHP
  $value="15";
  echo "\$value = \"$value\"";
  echo "<br>\$value==15: ";
  var_dump($value==15);         //结果为:bool(true)
  echo "<br>\$value==ture: ";
  var_dump($value==true);        //结果为:bool(true)
  echo "<br>\$value!=null: ";
  var_dump($value!=null);        //结果为:bool(true)
  echo "<br>\$value==false: ";
  var_dump($value==false);       //结果为:bool(false)
  echo "<br>\$value === 100: ";
  var_dump($value===100);        //结果为:bool(false)
  echo "<br>\$value===true: ";
  var_dump($value===true);       //结果为:bool(true)
  echo "<br>(10/2.0 !== 5): ";
  var_dump(10/2.0 !==5);         //结果为:bool(true)
?>
</BODY>
</HTML>
```

本程序运行结果如图 3-16 所示。

图 3-16 程序运行结果

3.6.5 逻辑运算符

一个编程语言最重要的功能之一就是要进行逻辑判断和运算。比如逻辑与、逻辑或、逻辑非都由这些逻辑运算符实现。逻辑运算符如表 3-4 所示。

表 3-4 逻辑运算符

运　算　符	名　　称
&&	逻辑与
AND	逻辑与
‖	逻辑或
OR	逻辑或
!	逻辑非
NOT	逻辑非
XOR	逻辑异或

3.6.6 按位运算符

按位运算符，是通过把整数按照"位"的单位来进行处理。所扮演的角色，是代表它们所代表的参数。按位运算符如表 3-5 所示。

表 3-5　按位运算符

运　算　符	名　称
&	按位与
|	按位或
^	按位异或

3.6.7　否定控制运算符

否定控制运算符用在操作数之前。用于对操作数值的真假进行判断。它包含一个逻辑否定运算符和一个按位否定运算符。否定控制运算符如表 3-6 所示。

表 3-6　否定控制运算符

运　算　符	名　称
!	逻辑否
~	按位否

3.6.8　错误控制运算符

错误控制运算符是用 "@" 来表示。在一个操作数之前使用，用来屏蔽错误信息的生成。

3.6.9　三元运算符

三元运算符是作用在三个操作数之间的。这样的操作符在 PHP 中只有一个，即 "？："。

3.6.10　运算符的优先级和结合规则

运算符的优先级和结合规则其实与正常的数学运算符的规则十分相似。
(1)　加减乘除的先后顺序同数学运算中的完全一致。
(2)　对于括号，则先运行括号内再运行括号外。
(3)　对于赋值，则由右向左运行，也即值依次从右边向左边的变量进行赋值。

3.7　PHP 的表达式

表达式在特定语言中是表达了一个特定的操作或动作的语句。PHP 的表达式也是同样的作用。
一个表达式包含了 "操作数" 和 "操作符"。
操作数可以是变量，也可以是常量。
操作符则体现了要表达的各种操作，如逻辑判断、赋值、运算等。

例如，$a=5 就是表达式，而 "$a=5;" 则为语句。另外，表达式也有值，例如，$a=1 表达式的值为 1。

 提示 　在 PHP 代码中，使用 ";" 来区分表达式，即一个表达式和一个分号，组成了一条 PHP 语句。在编程时，应该特别注意表达式后面的 ";"，不要漏写或写错，否则会提示语法错误。

3.8　实例 11——创建多维数组

前面讲述了如何创建一维数组，本节将讲述如何创建多维数组。多维数组和一维数组的区别是有两个或多个下标，它们的用法基本相似。

下面以创建二维数组为例进行讲解。

【例 3.17】(实例文件：ch03\3.17.php)

```
<HTML>
<HEAD>
    <TITLE>二维数组</TITLE>
</HEAD>
<BODY>
  <?php
    $arr[0][0]=10;
    $arr[0][1]=22;
    $arr[1] [0]= 1E+05;
    $arr[1] [1]= "秋风吹不尽，总是玉关情。";
  for ($i=0;$i<count($arr);$i++)
  {
    for ($k=0;$k<count($arr[$i]);$k++)
    {
      $arr1=each($arr[$i]);
      echo "$arr1[value]<br>";
    }
  }
?>
</BODY>
</HTML>
```

本程序运行结果如图 3-17 所示。

图 3-17　程序运行结果

3.9 高手甜点

甜点1：如何灵活运用命名空间？

命名空间(namespaces)如果作为一个比较宽泛的概念，可以理解为用来封装各个项目的方法。有点像是在文件系统中不同文件夹路径和文件夹中的文件。两个文件的文件名可以完全相同，但是在不同的文件夹路径之下，就是两个完全不同的文件。

PHP 的命名空间也是这样的一个概念。它主要用于在"类的命名""函数命名"及"常量命名"中避免代码冲突和在命名空间下管理变量名和常量名。

命名空间的定义是使用 namespace 关键字在文件头部定义。例如：

```php
<?php
   namespace 2ndbuilding\number24;
   class room{}
   $room = new __NAMESPACE__.room;
?>
```

命名空间还可以拥有子空间，它们组合起来就像文件夹的路径一样。可以使用内置变量 __NAMESPACE__ 来使用命名空间及其子空间。

甜点2：如何快速区分常量与变量？

常量和变量的明显区别如下。
(1) 常量前面没有美元符号($)。
(2) 常量只能用 define() 函数定义，而不能通过赋值语句。
(3) 常量可以不用理会变量范围的规则而在任何地方定义和访问。
(4) 常量一旦定义就不能被重新定义或者取消定义。
(5) 常量的值只能是标量。

3.10 跟我练练手

上机1：了解 PHP 标识。
上机2：做一个例子，包含常量和变量，并分析它们的区别。
上机3：做一个包含整型、浮点型、布尔型、字符串型、数组型的例子。
上机4：做一个包含各种运算符的例子。
上机5：创建一个多维数组。

第 4 章

流程控制和函数

在任何一种语言中，都要有程序结构，常见的程序结构包括顺序结构、分支结构和循环结构等。在学习程序结构后，读者还需要对函数的知识进行学习。本章主要介绍 PHP 语言中的语言结构和函数的使用方法与技巧。

本章要点(已掌握的在方框中打钩)

☐ 掌握条件控制结构

☑ 掌握循环控制结构

☐ 熟悉函数的使用方法

☐ 掌握条件分支结构的综合应用

☐ 掌握循环控制结构的综合应用

4.1 流程控制概述

流程控制，也叫控制结构，是在一个应用中用来定义执行程序流程的程序。它决定了某个程序段是否会被执行和执行多少次。

PHP 中的控制语句分为 3 类：顺序控制语句、条件控制语句和循环控制语句。其中顺序控制语句是从上到下依次执行的，这种结构没有分支和循环，是 PHP 程序中最简单的结构，本书不再讲述。下面主要讲述条件控制语句和循环控制语句。

4.2 条件控制结构

条件控制结构中包含两个主要的语句：一个是 if 语句；另一个是 switch 语句。

4.2.1 实例 1——单一条件分支结构(if 语句)

if 语句是最为常见的条件控制语句。它的格式为：

```
if(条件判断语句){
        命令执行语句;
}
```

这种形式只是对一个条件进行判断。如果条件成立，则执行命令语句，否则不执行。

if 语句的流程控制如图 4-1 所示。

图 4-1 if 流程控制

【例 4.1】 (实例文件：ch04\4.1.php)

```
<HTML>
<HEAD>
<meta http-equiv="Content-Type" content="text/html; charset=gb2312" />
<TITLE>if 语句的使用</TITLE>
</HEAD>
<BODY>
<?php
    $num = rand(1,100);                         //使用 rand()函数生成一个随机数
```

```
    if ($num % 2 != 0){                          //判断变量$num 是否为奇数
        echo "\$num = $num";                     //如果为奇数，输出表达式和说明文字
        echo "<br>$num 是奇数。";
    }
?>
</BODY>
</HTML>
```

运行后刷新页面，结果如图 4-2 所示。

图 4-2   程序运行结果

【代码详解】

(1) 此案例首先使用 rand()函数随机生成一个整数$sum，然后判断这个随机整数是不是奇数，如果是则输出上述结果，如果不是则不输出任何内容，所以如果页面内容显示为空，则刷新页面即可。

(2) rand()函数返回随机整数。语法格式如下：

```
rand(min,max)
```

此函数主要是返回 min 和 max 之间的一个随机整数。如果没有提供可选参数 min 和 max，rand()返回 0 到 RAND_MAX 之间的伪随机整数。

4.2.2   实例 2——双向条件分支结构(if…else 语句)

如果是非此及彼的条件判断，可以使用 if…else 语句。它的格式为：

```
if(条件判断语句){
    命令执行语句A;
}else{
    命令执行语句B;
}
```

这种结构形式首先判断条件是否为真，如果为真，则执行命令语句 A，否则执行命令语句 B。

if…else 语句程序控制流程如图 4-3 所示。

图 4-3　if…else 控制流程

【例 4.2】(实例文件：ch04\4.2.php)

```
<HTML>
<HEAD>
<meta http-equiv="Content-Type" content="text/html; charset=gb2312" />
<TITLE>if…else 语句的使用</TITLE>
</HEAD>
<BODY>
<?php
$d=date("D");
if ($d=="Fri")
  echo "今天是周五哦!";
else
  echo "可惜今天不是周五!";
?>
</BODY>
</HTML>
```

运行后结果如图 4-4 所示。

图 4-4　程序运行结果

4.2.3　实例 3——多向条件分支结构(elseif 语句)

在条件控制结构中，有时会出现多于两种的选择，此时可以使用 elseif 语句。它的语法格式为：

```
if(条件判断语句){
      命令执行语句;
}elseif(条件判断语句){
      命令执行语句;
}…
```

```
    else{
        命令执行语句;
    }…
```

elseif 语句程序控制流程如图 4-5 所示。

图 4-5　elseif 语句控制流程

【例 4.3】(实例文件：ch04\4.3.php)

```
<HTML>
<HEAD>
<meta http-equiv="Content-Type" content="text/html; charset=gb2312" />
<TITLE>elseif 语句的使用</TITLE>
</HEAD>
<BODY>
<?php
    $score = 85;                                //设置成绩变量$score
    if ($score >= 0 and $score <= 60){          //判断成绩变量是否在0~60之间
        echo "您的成绩为差";                      //如果是，说明成绩为差
    }elseif($score > 60 and $score <= 80){      //否则判断成绩变量是否在61~80之间
        echo "您的成绩为中等";                    //如果是，说明成绩为中等
    }else{                                      //如果两个判断都是false，则输出默认值
        echo "您的成绩为优等";                    //说明成绩为优等
    }
?>
</BODY>
</HTML>
```

运行后结果如图 4-6 所示。

图 4-6　程序运行结果

4.2.4　实例4——多向条件分支结构(switch 语句)

switch 语句的结构是给出不同情况下可能执行的程序块，条件满足哪个程序块，就执行哪个。它的语法格式为：

```
switch(条件判断语句){
        case 可能判断结果 a:
            命令执行语句;
        break;
        case 可能判断结果 b:
            命令执行语句;
        break;
        …
        default:
            命令执行语句;
}
```

其中，若"条件判断语句"的结果符合哪个"可能判断结果"，就执行其对应的"命令执行语句"。如果都不符合，则执行 default 对应的默认项"命令执行语句"。

switch 语句的控制流程如图 4-7 所示。

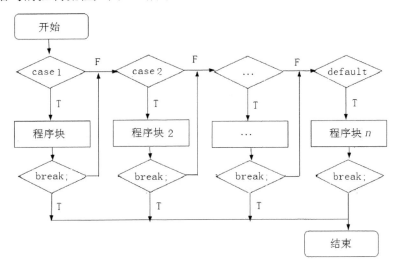

图 4-7　switch 语句控制流程

【**例 4.4**】(实例文件：ch04\4.4.php)

```
<HTML>
<HEAD>
<meta http-equiv="Content-Type" content="text/html; charset=gb2312" />
<TITLE>switch 语句的使用</TITLE>
</HEAD>
<BODY>
<?php
    x=5;
    switch ($x)
```

```
    {
    case 1:
      echo "数值为 1";
      break;
    case 2:
      echo "数值为 2";
      break;
    case 3:
      echo "数值为 3";
      break;
    case 4:
      echo "数值为 4";
      break;
    case 5:
      echo "数值为 5";
      break;
    default:
      echo "数值不在 1 到 5 之间";
    }
?>
</BODY>
</HTML>
```

运行后结果如图 4-8 所示。

图 4-8　程序运行结果

4.3　循环控制结构

循环控制结构中主要包括三个语句：while 循环、do…while 循环和 for 循环。while 循环在代码运行的开始检查表述的真假；而 do…while 循环则是在代码运行的末尾检查表述的真假，因此，do…while 循环至少要运行一遍。

4.3.1　实例 5——while 循环语句

while 循环的结构为：

```
while (条件判断语句){
    命令执行语句；
}
```

其中当"条件判断语句"为 true 时,执行后面的"命令执行语句",然后返回到条件表达式继续进行判断,直到表达式的值为假,才能跳出循环,执行后面的语句。

while 循环语句的控制流程如图 4-9 所示。

图 4-9　while 语句控制流程

【例 4.5】(实例文件：ch04\4.5.php)

```
<HTML>
<HEAD>
<meta http-equiv="Content-Type" content="text/html; charset=gb2312" />
<TITLE>while 语句的使用</TITLE>
</HEAD>
<BODY>
<?php
    $num = 1;
    $str = "20 以内的奇数为: ";
    while($num <=20){
        if($num % 2!= 0){
            $str .= $num." ";
        }
        $num++;
    }
    echo $str;
?>
</BODY>
</HTML>
```

运行后结果如图 4-10 所示。

图 4-10　程序运行结果

本实例主要实现 20 以内的奇数输出。从 1～20 依次判断是否为奇数,如果是,则输出;

如果不是，则继续下一次的循环。

4.3.2　实例6——do…while 循环语句

do…while 循环的结构为：

```
do{
    命令执行语句;
}while(条件判断语句)
```

其中先执行 do 后面的"命令执行语句"，其中的变量会随着命令的执行发生变化。当此变量通过 while 后的"条件判断语句"判断为 false 时，停止执行"命令执行语句"。

do…while 循环语句的控制流程如图 4-11 所示。

图 4-11　do…while 循环语句控制流程

【**例 4.6**】(实例文件：ch04\4.6.php)

```
<HTML>
<HEAD>
<meta http-equiv="Content-Type" content="text/html; charset=gb2312" />
<TITLE>do…while 语句的使用</TITLE>
</HEAD>
<BODY>
<?php
    $aa = 0;                                    //声明一个整数变量$aa
    while($aa != 0){                            //使用 while 循环输出
        echo "不会被执行的内容";                //这句话不会被输出
    }
    do{                                         //使用 do…while 循环输出
        echo "被执行的内容";                    //这句话会被输出
    }while($aa != 0);
?>
</BODY>
</HTML>
```

运行后结果如图 4-12 所示。从结果可以看出，while 语句和 do…while 语句有很大的区别。

图 4-12　程序运行结果

4.3.3　实例 7——for 循环语句

for 循环的结构为：

```
for(expr1;expr2;expr3)
{
执行命令语句;
}
```

其中 expr1 为条件的初始值，expr2 为判断的最终值，通常都是用比较表达式或逻辑表达式充当判断的条件，执行完命令语句后，再执行 expr3。

for 循环语句的控制流程如图 4-13 所示。

图 4-13　for 循环语句控制流程

【例 4.7】(实例文件：ch04\4.7.php)

```
<HTML>
<HEAD><meta http-equiv="Content-Type" content="text/html; charset=
gb2312" /></HEAD>
<BODY>
    <?php
    for($i=0;$i<4;$i++){
       echo "for 语句的功能非常强大<br>";
    }
```

```
    ?>
</BODY>
</HTML>
```

运行结果如图 4-14 所示。从效果图可以看出，语句执行了 4 次。

图 4-14　程序运行结果

4.3.4　实例 8——foreach 循环语句

foreach 语句是常用的一种循环语句，它经常被用来遍历数组元素。它的格式为：

```
foreach(数组 as 数组元素){
        对数组元素的操作命令;
}
```

可以根据数组的情况分为两种：不包含键值的数组和包含键值的数组。格式如下。

不包含键值的数组：

```
foreach(数组 as 数组元素值){
        对数组元素的操作命令;
}
```

包含键值的数组：

```
foreach(数组 as 键值 => 数组元素值){
        对数组元素的操作命令;
}
```

每进行一次循环，当前数组元素的值就会被赋值给数组元素值变量，数组指针会逐一地移动，直到遍历结束为止。

【**例 4.8**】(实例文件：ch04\4.8.php)

```
<HTML>
<BODY>
<?php
$arr=array("one", "two", "three");
foreach ($arr as $value)
{
    echo "数组值: " . $value . "<br />";
}
?>
</BODY>
</HTML>
```

运行结果如图 4-15 所示。从效果图可以看出，语句执行了 3 次。

图 4-15　程序运行结果

4.3.5　实例 9——流程控制的另一种书写格式

在一个含有多条件、多循环的语句中，包含了多个"｛｝"，查看起来比较烦琐。流程控制语言的另外一种书写方式是以"："来代替左边的大括号，使用"endif;""endwhile;""endfor;""endforreach;"和"endswitch;"来替代右边的大括号，这种描述程序结构的可读性比较强。

常见的格式如下。

条件控制语句中的 if 语句：

```
if(条件判断语句):
     命令执行语句;
elseif(条件判断语句):
     命令执行语句;
elseif(条件判断语句):
     命令执行语句;
…
else:
     命令执行语句;
endif;
```

条件控制语句中的 switch 语句：

```
switch(条件判断语句):
    case   可能结果 a:
         命令执行语句;
    case   可能结果 b:
         命令执行语句;
    …
    default:
         命令执行语句;
endswitch;
```

循环控制语句中的 while 循环：

```
while(条件判断语句):
  命令执行语句;
endwhile;
```

循环控制语句中的 do…while 循环：

```
do
    命令执行语句;
while(条件判断语句);
```

循环控制语句中的 for 循环:

```
for(起始表述;为真的布尔表述;增幅表述):
    命令执行语句;
endfor;
```

【例 4.9】(实例文件: ch04\4.9.php)

```
<HTML>
<HEAD>
<meta http-equiv="Content-Type" content="text/html; charset=gb2312" />
<TITLE>杨辉三角</TITLE>
</HEAD>
<BODY>
<?php
    $mixnum = 1;
    $maxnum = 10;
    $tmparr[][] = array();
    $tmparr[0][0] = 1;
    for($i = 1; $i < $maxnum; $i++):
        for($j = 0; $j <= $i; $j++):
            if($j == 0 or $j == $i):
                $tmparr[$i][$j] = 1;
                else:
                $tmparr[$i][$j] = $tmparr[$i - 1][$j - 1] + $tmparr[$i - 1][$j];
            endif;
        endfor;
    endfor;
    foreach($tmparr as $value):
        foreach($value as $vl)
            echo $vl.' ';
        echo '<p>';
    endforeach;
?>
</BODY>
</HTML>
```

运行结果如图 4-16 所示。从效果图可以看出,该代码使用新的书写格式实现了杨辉三角的排列输出。

图 4-16　程序运行结果

4.3.6 实例 10——使用 break/continue 语句跳出循环

使用 break 关键字用来跳出，也就是终止循环控制语句和条件控制语句中的 switch 控制语句的执行。例如：

```php
<?php
$n = 0;
while (++$n) {
    switch ($n) {
    case 1:
        echo "case one";
        break ;
    case 2:
        echo "case two";
        break 2;
    default:
        echo "case three";
        break 1;
    }
}
?>
```

在这段程序中，while 循环控制语句里面包含一个 switch 流程控制语句。在程序执行到 break 语句时，break 会终止执行 switch 语句，或者是 switch 和 while 语句。其中在 "case 1" 下的 break 语句跳出 switch 语句。"case 2" 下的 break 2 语句跳出 switch 语句和包含 switch 的 while 语句。"default" 下的 break 1 语句和 "case 1" 下的 break 语句一样，只是跳出 switch 语句。其中，break 后带的数字参数是指 break 要跳出的控制语句结构的层数。

使用 continue 关键字的作用是，跳开当前的循环迭代项，直接进入到下一个循环迭代项，继续进行程序。下面通过一个实例说明此关键字作用。

【例 4.10】(实例文件：ch04\4.10.php)

```html
<HTML>
<HEAD><meta http-equiv="Content-Type" content="text/html; charset=
gb2312" /></HEAD>
<BODY>
    <?php
    $n = 0;
    while ($n++ < 6) {
       if ($n == 2){
           continue;
       }
        echo $n."<br />";
    }
    ?>
</BODY>
</HTML>
```

运行结果如图 4-17 所示。

图 4-17　程序运行结果

【代码详解】

continue 关键字在当 n 等于 2 的时候，跳开本次循环，并且直接进入到下一个循环迭代项。另外，continue 关键字和 break 关键字一样都可以在后面直接跟一个数字参数，用来表示跳开循环的结构层数。"continue"和"continue 1"相同。"continue 2"表示跳开所在循环和上一级循环的当前迭代项。

4.4　函　　数

函数的英文为 function，这个词也是功能的意思。顾名思义，使用函数就是要在编程过程中实现一定的功能，也即通过一定的代码块来实现一定的功能。比如，通过一定的功能记录下酒店客人的个人信息，每到他生日的时候自动给他发送祝贺 E-mail。并且这个发信功能可以重用，可以改在某个客户的结婚纪念日时给他发送祝福 E-mail。所以函数就是实现一定功能的一段特定的代码。

4.4.1　PHP 函数概述

其实在前面的实例中早已用过函数。define()函数就是定义一个常量。如果现在再写一个程序，则同样可以调用 define()函数。

其实，更多的情况下，程序员面对的是自定义函数。其结构如下：

```
function name_of_function( param1,param2,… ){
      statement
}
```

其中 name_of_function 是函数名，param1、param2 是参数，statement 是函数的具体内容。

4.4.2　实例 11——定义和调用函数

下面以自定和调用函数为例进行讲解。本实例主要实现酒店欢迎页面。

【例 4.11】(实例文件：ch04\4.11.php)

```
<HTML>
<HEAD><meta http-equiv="Content-Type" content="text/html; charset=gb2312" />
</HEAD>
```

```
<BODY>
<?php
 function sayhello($customer){
        return $customer."。乡村四月闲人少，才了蚕桑又插田。";
    }
    echo sayhello('绿遍山原白满川，子规声里雨如烟');
?>
</BODY>
</HTML>
```

本程序运行结果如图 4-18 所示。

图 4-18　程序运行结果

【代码详解】

值得一提的是，此函数的返回值是通过值返回的。也就是说，return 语句返回值时，创建了一个值的拷贝，并把它返回给使用此函数的命令或函数，在这里是 echo 命令。

4.4.3　实例 12——向函数传递参数数值

由于函数是一段封闭的程序。很多时候，程序员都需要向函数内传递一些数据，来进行操作。

```
function 函数名称(参数1,参数2){
        算法描述,其中使用参数1和参数2;
}
```

下面以酒店房间住宿费总价为例进行讲解。

【例 4.12】(实例文件：ch04\4.12.php)

```
<HTML>
<HEAD><meta http-equiv="Content-Type" content="text/html; charset=
gb2312" /></HEAD>
<BODY>
<?php
 function totalneedtopay($days,$roomprice){
        $totalcost = $days*$roomprice;
        "需要支付的总价:$totalcost"."元。";
    }
    $rentdays = 3;
    $roomprice = 168;
    totalneedtopay($rentdays,$roomprice);
```

```
  totalneedtopay(5,198);
?>
</BODY>
</HTML>
```

运行结果如图 4-19 所示。

图 4-19　程序运行结果

【代码详解】

(1)　以这种方式传递参数数值的方法就是向函数传递参数数值。

(2)　function totalneedtopay($days,$roomprice){}定义了函数和参数。

(3)　不管是通过变量 $rentdays 和 $roomprice 向函数内传递参数数值，还是像 totalneedtopay (5,198)这样直接传递参数数值都是一样的。

4.4.4　实例 13——向函数传递参数引用

向函数传递参数引用，其实就是向函数传递变量引用。参数引用一定是变量引用，静态数值是没有引用一说的。由于在变量引用中已经知道，变量引用其实就是对变量名的使用，是对特定的一个变量位置的使用。

下面仍然以酒店服务费总价为例进行讲解。

【例 4.13】(实例文件：ch04\4.13.php)

```
<HTML>
<HEAD><meta http-equiv="Content-Type" content="text/html; charset=
gb2312" /></HEAD>
<BODY>
<?php
  $fee = 300;
  $serviceprice = 50;
  function totalfee(&$fee,$serviceprice){
      $fee = $fee+$serviceprice;
        echo "需要支付的总价:$fee"."元。";
  }
  totalfee($fee,$serviceprice);
  totalfee($fee,$serviceprice);
?>
</BODY>
</HTML>
```

运行结果如图 4-20 所示。

图 4-20　程序运行结果

【代码详解】

(1)　以这种方式传递参数数值的方法就是向函数传递参数引用。使用"&"符号表示参数引用。

(2)　function totalfee(&$fee,$serviceprice){}定义了函数、参数和参数引用。变量$fee 是以参数引用的方式进入函数的。当函数的运行结果改变了变量$fee 引用的时候，在函数外的变量$fee 的值也发生了改变。也就是函数改变了外部变量的值。

4.4.5　实例 14——从函数中返回值

以上的一些例子中，都是把函数运算完成的值直接打印出来。但是，很多情况下，程序并不需要直接把结果打印出来，而是仅仅给出结果，并且把结果传递给调用这个函数的程序，为其所用。

这里需要使用到 return 关键字。下面以综合酒店客房价格和服务价格为例进行讲解。

【例 4.14】(实例文件：ch04\4.14.php)

```
<HTML>
<HEAD><meta http-equiv="Content-Type" content="text/html; charset=gb2312" /></HEAD>
<BODY>
<?php
 function totalneedtopay($days,$roomprice){
        return $days*$roomprice;
 }
 $rentdays = 3;
 $roomprice = 168;
 echo totalneedtopay($rentdays,$roomprice);
?>
</BODY>
</HTML>
```

运行结果如图 4-21 所示。

图 4-21　程序运行结果

【代码详解】

(1)　在函数 function totalneedtopay($days,$roomprice)的算法中，直接使用 return 把运算的值返回给调用此函数的程序。

(2)　echo totalneedtopay($rentdays,$roomprice);语句调用了 totalneedtopay()把运算值返回给了 echo 语句，才有上面的显示。当然这里也可以不用 echo 来处理返回值，也可以对它进行其他处理，比如赋值给变量等。

4.4.6　实例 15——对函数的引用

不管是 PHP 中的内置函数，还是程序员在程序中的自定义函数，都可以直接简单地通过函数名调用。但是在操作过程中也有些不同，大致分为以下 3 种情况。

(1)　如果是 PHP 的内置函数，如 date()，可以直接调用。

(2)　如果这个函数是 PHP 的某个库文件中的函数，则需要用 include()或 require()函数把此库文件加载，然后才能使用。

(3)　如果是自定义函数，若与引用程序同在一个文件中，则可直接引用。如果此函数不在当前文件内，则需要用 include()或 require()函数加载。

对函数的引用，实质上是对函数返回值的引用。

【例 4.15】(实例文件：ch04\4.15.php)

```
<HTML>
<HEAD>
<meta http-equiv="Content-Type" content="text/html; charset=gb2312" />
<TITLE>对函数的引用</TITLE>
</HEAD>
<BODY>
<?php
function &example($aa=1){                      //定义一个函数，别忘了加 "&" 符号
    return $aa;                                //返回参数$str
}
$bb= &example("请君试问东流水，别意与之谁短长？"); //声明一个函数的引用$str1;
echo $bb."<p>";
?>
</BODY>
</HTML>
```

运行结果如图 4-22 所示。

图 4-22　程序运行结果

【代码详解】

(1)　本案例首先定义一个函数，然后变量$bb 将引用函数，最后输出变量$bb，实质上是$aa 的值。

(2)　和参数传递不同，函数引用时，在定义函数和引用函数时，都必须使用"&"符号，表明返回的是一个引用。

4.4.7　实例 16——对函数取消引用

对于不需要引用的函数，可以做取消操作。取消引用函数使用 unset()函数来完成，目的是断开变量名和变量内容之间的绑定，此时并没有销毁变量内容。

【例 4.16】(实例文件：ch04\4.16.php)

```
<HTML>
<HEAD>
<meta http-equiv="Content-Type" content="text/html; charset=gb2312" />
<TITLE>对函数取消引用</TITLE>
</HEAD>
<BODY>
<?php
    $num = 166;                          //声明一个整型变量
    $math = &$num;                       //声明一个对变量$num 的引用$math
    echo "\$math is: ".$math."<br>";     //输出引用$math
    unset($math);                        //取消引用$math
    echo "\$math is: ".$math."<br>";     //再次输出引用
    echo "\$num is: ".$num;              //输出原变量
?>
</BODY>
</HTML>
```

运行结果如图 4-23 所示。

图 4-23　程序运行结果

【代码详解】

本程序首先声明一个变量和变量的引用，输出引用后取消引用，再次调用引用和原变量。从图 4-23 可以看出，取消引用后对原变量没有任何影响。

4.5　实例 17——条件分支结构的综合应用

下面的案例讲述条件分支结构的综合应用。

【例 4.17】(实例文件：ch04\4.17.php)

```
<HTML>
<HEAD><meta http-equiv="Content-Type" content="text/html; charset=gb2312" />
</HEAD>
<BODY>
<?php
  $members = Null;
  function checkmembers($members){
    if ($members < 1){
      echo "我们不能为少于一人的顾客提供房间。<br />";
    }else{
      echo "欢迎来到 GoodHome 酒店。<br />";
    }
  }
  checkmembers(2);
  checkmembers(0.5);
  function checkmembersforroom($members){
    if ($members < 1){
      echo "我们不能为少于一人的顾客提供房间。<br />";
    }elseif( $members == 1 ){
      echo "欢迎来到 GoodHome 酒店。  我们将为您准备单床房。<br />";
    }elseif( $members == 2 ){
      echo "欢迎来到 GoodHome 酒店。  我们将为您准备标准间。<br />";
    }elseif( $members == 3 ){
      echo "欢迎来到 GoodHome 酒店。  我们将为您准备三床房。<br />";
    }else{
    echo "请直接电话联系我们，我们将依照具体情况为您准备合适的房间。<br />";
  }
  }
  checkmembersforroom(1);
  checkmembersforroom(2);
  checkmembersforroom(3);
  checkmembersforroom(5);
  function switchrooms($members){
    switch ($members){
          case 1:
            echo "欢迎来到 GoodHome 酒店。  我们将为您准备单床房。<br />";
        break;
          case 2:
            echo "欢迎来到 GoodHome 酒店。  我们将为您准备标准间。<br />";
        break;
          case 3:
```

```
            echo "欢迎来到 GoodHome 酒店。  我们将为您准备三床房。<br />";
      break;
          default:
          echo "请直接电话联系我们，我们将依照具体情况为您准备合适的房间。";
      break;
        }
  }
  switchrooms(1);
  switchrooms(2);
  switchrooms(3);
  switchrooms(5);
?>
</BODY>
</HTML>
```

运行结果如图 4-24 所示。

图 4-24   程序运行结果

【代码详解】

最后 4 行由 switch 语句实现。其他输出均由 if 语句实现。

4.6   实例 18——循环控制结构的综合应用

下面以遍历已订房间门牌号为例介绍循环控制结构应用技巧。

【例 4.18】(实例文件：ch04\4.18.php)

```
<HTML>
<HEAD><meta http-equiv="Content-Type" content="text/html; charset=gb2312" /></HEAD>
<BODY>
<?php
  $bookedrooms = array('102','202','203','303','307');
  for ($i = 0; $i < 5; $i++){
        echo $bookedrooms[$i]."<br />";
  }
```

```
function checkbookedroom_while($bookedrooms){
    $i = 0;
  while (isset($bookedrooms[$i])){
 echo $i.":".$bookedrooms[$i]."<br />";
 $i++;
 }
}
checkbookedroom_while($bookedrooms);
$i = 0;
do{
 echo $i."-".$bookedrooms[$i]."<br />";
 $i++;
 }while($i < 2);
?>
</BODY>
</HTML>
```

运行结果如图 4-25 所示。

图 4-25　程序运行结果

【代码详解】

102～307 由 for 循环实现。0:102～4:307 由 while 循环实现。0-102 和 1-202 由 do…while 循环实现。for 循环和 while 循环都完全遍历了数组$bookedrooms，而 do…while 循环由于 while($i < 2)，所以 do 后面的命令执行了 2 次。

4.7　高手甜点

甜点 1：如何合理运用 include_once()和 require_once()？

include()和 require()函数在其他 PHP 语句执行之前运行，引入需要的语句并加以执行。但是每次运行包含此语句的 PHP 文件时，include()和 require()函数都要运行一次。include()和 require()函数如果在先前已经运行过，并且引入相同的文件，则系统就会重复引入这个文件，从而产生错误。而 include_once()和 require_once()函数只是在此次运行的过程中引入特定的文件或代码，但是在引入之前，会先检查所需文件或者代码是否已经引入，如果引入，将不再重复引入，从而避免造成冲突。

甜点2：程序检查后正确，却显示 Notice: Undefined variable，为什么？

PHP 默认配置会报告这个错误，这就是将警告在页面上打印出来，虽然这有利于暴露问题，但现实使用中会存在很多问题。通用解决办法是修改 php.ini 的配置，需要修改的参数如下。

(1) 找到 error_reporting = E_ALL，修改为"error_reporting = E_ALL & ~E_NOTICE"。

(2) 找到 register_globals = Off，修改为"register_globals = On"。

4.8　跟我练练手

上机1：做一个包含 if 语句的例子。

上机2：做一个包含 if…else 语句的例子。

上机3：做一个包含 switch 语句的例子。

上机4：做一个包含 while 循环语句的例子。

上机5：做一个包含 do…while 循环语句的例子。

上机6：做一个包含 for 循环语句的例子。

上机7：做一个使用 PHP 函数的例子。

第 5 章

字符串和正则
表达式

字符串在 PHP 程序中经常应用，那么如何格式化字符串、如何连接分离字符串、如何比较字符串等，是初学者经常遇到的问题。另外，本章还将讲述正则表达式的使用方法和技巧。

本章要点(已掌握的在方框中打钩)

☐ 掌握字符串的单引号和双引号

☐ 掌握字符串的连接符

☐ 掌握字符串的基本操作

☐ 熟悉正则表达式的基本概念

☐ 掌握正则表达式的语法规则

5.1 实例1——字符串的单引号和双引号

字符串是指一连串不中断的字符。这里的字符主要包括以下几种类型。

(1) 字母类型，例如常见的a、b、c等。

(2) 数字类型，例如常见的1、2、3、4等。

(3) 特殊字符类型，例如常见的#、%、^、$等。

(4) 不可见字符类型，例如回车符、Tab制表符和换行符等。

标识字符串通常使用单引号或双引号，表面看起来没有什么区别。但是，对存在于字符串中的变量，它们是不一样的。

(1) 双引号内会输出变量的值。单引号内直接显示变量名称。

(2) 双引号中可以通过"\"转义符输出的特殊字符如表5-1所示。

表5-1 双引号中可以通过"\"转义符输出的特殊字符

字　符	含　义
\n	新一行
\t	Tab
\\	反斜杠
\0	ASCII码的0
\$	把此符号转义为单纯的美元符号，而不再作为声明变量的标识符
\r	换行
\{octal #}	八进制转义
\x{hexadecimal #}	十六进制转义

另外，单引号中可以通过"\"转义符输出的特殊字符如表5-2所示。

表5-2 单引号中可以通过"\"转义符输出的特殊字符

字　符	含　义
\'	转义为单引号本身，而不作为字符串标识符
\\	用在单引号前的反斜杠转义为其本身

下面通过实例来讲解它们的不同用法。

【例5.1】(实例文件：ch05\5.1.php)

```
<HTML>
<HEAD><meta http-equiv="Content-Type" content="text/html; charset=gb2312" /></HEAD>
<BODY>
<?php
  $message = "PHP 程序";
  echo "这是关于字符串的程序。<br />";
  echo "这是一个关于双引号和\$的$message<br />";
  $message2 = '字符串的程序。';
```

```
  echo '这是一个关于字符串的程序。<br /> ';
  echo '这是一个关于单引号的$message2';
  echo $message2;
?>
</BODY>
</HTML>
```

运行结果如图 5-1 所示。可见单引号字符串和双引号字符串在 PHP 中处理普通的字符串时效果是一样的，而在处理变量时是不一样的，单引号字符串中的内容只是被当成普通的字符串处理，而双引号字符串的内容是可以被解释并替换的。

图 5-1　程序运行结果

【代码详解】

(1) 第一段程序使用双引号对字符串进行处理。\$转义成了美元符号。$message 的值"PHP 程序"被输出。

(2) 第二段程序使用单引号对字符串进行处理。$message2 的值在单引号的字符串中无法被输出出来。但是可以通过变量被直接打印出来。

5.2　实例2——字符串的连接符

字符串连接符的使用十分普遍。这个连接符就是"."(点)。它可以直接连接两个字符串，也可以连接两个字符串变量，还可以连接字符串和字符串变量。例如下面的实例。

【例 5.2】(实例文件：ch05\5.2.php)

```
<HTML>
<HEAD><meta http-equiv="Content-Type" content="text/html; charset=gb2312"/>
</HEAD>
<BODY>
<?php
 //定义字符串
 $a ="使用字符串的连接符";
 $b= "可以非常方便地连接字符串";
 //连接上面两个字符串 中间用逗号分隔
 $c = $a.", ".$b;        //输出连接后的字符串
 echo $c;
```

```
?>
</BODY>
</HTML>
```

运行结果如图 5-2 所示。

图 5-2　程序运行结果

除了上面的方法以外，读者还可以使用{}的方法连接字符串，此方法类似 C 语言中"printf"的占位符。下面举例说明使用方法。

【例 5.3】(实例文件：ch05\5.3.php)

```
<HTML>
<HEAD><meta http-equiv="Content-Type" content="text/html; charset=gb2312" />
</HEAD>
<BODY>
<?php
  //定义需要插入的字符串
  $a ="张先生";
  //生成新的字符串
$b= "欢迎{$a}入住丰乐园高级酒店";
    //输出连接后的字符串
  echo $b;
?>
</BODY>
</HTML>
```

运行结果如图 5-3 所示。

图 5-3　程序运行结果

5.3 字符串的基本操作

字符串的基本操作主要包括对字符串的格式化处理、连接切分字符串、比较字符串、字符串子串的对比与处理等。

5.3.1 手动和自动转义字符串中的字符

手动转义字符串数据，就是在引号内(包括单引号和双引号)通过使用反斜杠"\"使一些特殊字符转义为普通字符。这个方法在介绍单引号和双引号的时候已经做了详细的描述，此处不再赘述。

自动转义字符串的字符，是通过 PHP 的内置函数 addslashes()来完成的。还原这个操作则是通过函数 stripslashes()来完成的。以上两个函数，也经常用在格式化字符串以用于 MySQL 的数据库储存。

5.3.2 实例 3——计算字符串的长度

计算字符串的长度经常在很多应用中出现。比如输入框输入文字的多少等，都会用到此功能。该功能使用 strlen()函数就可以实现。以下通过实例介绍计算字符串长度的方法和技巧。

【例 5.4】(实例文件：ch05\5.4.php)

```html
<HTML>
<HEAD><meta http-equiv="Content-Type" content="text/html; charset=gb2312" />
</HEAD>
<BODY>
<?php
  $someinput = "这个字符串的长度不长。length is not long.";
  $length = strlen($someinput);
  if(strlen($someinput)>50){
      echo "输入的字符串的长度不能大于 50 个字符。";
  }else{
      echo "允许输入字符串的长度，此字符串长度为$length";
  }
?>
</BODY>
</HTML>
```

运行结果如图 5-4 所示。

图 5-4 程序运行结果

91

【代码详解】

(1) $someinput 为一个字符串变量。strlen($someinput)则是直接调用 strlen()函数计算出字符串的长度。

(2) 在 if 语句中 strlen($someinput)返回字符串长度并与 50 这一上限做比较。由于，$someinput 中有中文和英文两种字符，其长度为 41。

(3) 由于每个中文字占两个字符位，每个英文字符占一个字符位，字符串内的每个空格也算一个字符位，所以，最后字符串的长度为 41 个字符。

5.3.3 实例 4——字符串单词统计

有的时候对字符串的单词进行统计有更大意义。使用 str_word_count()函数可以实现此操作，但是这个函数只对基于 ASCII 码的英文单词起作用，并不对 UTF-8 的中文字符起作用。

下面通过实例介绍字符串单词统计中的应用和技巧。

【例 5.5】(实例文件：ch05\5.5.php)

```
<HTML>
<HEAD><meta http-equiv="Content-Type" content="text/html; charset=gb2312" />
</HEAD>
<BODY>
<?php
   $someinput = "How mang words in this sentance? Just count it.";
   $someinput2 = "这个句子由多少个汉字组成？数一数也不知道。";
   echo str_word_count($someinput)."<br />";
   echo str_word_count($someinput2);
?>
</BODY>
</HTML>
```

运行结果如图 5-5 所示。可见 str_word_count()函数无法计算中文字符，查询结果为 0。

图 5-5　程序运行结果

5.3.4 实例 5——清理字符串中的空格

空格在多数情况下是不必要的，所以清除字符串中的空格显得十分重要。比如，在判定输入是否正确的程序中，出现了不必要的空格，将增大程序出现错误判断的概率。

清除空格要使用到 ltrim()、rtrim()和 trim()函数。

其中 ltrim()是从左面清除字符串头部的空格。rtrim()是从右面清除字符串尾部的空格。

trim()则是从字符串两边同时去除头部和尾部的空格。

以下通过实例介绍去除字符串中空格的方法和技巧。

【例 5.6】(实例文件：ch05\5.6.php)

```
<HTML>
<HEAD><meta http-equiv="Content-Type" content="text/html; charset=gb2312" />
</HEAD>
<BODY>
<?php
  $someinput = " 这个字符串的空格有待处理。 ";
  echo "Output:".ltrim($someinput)."End <br />";
  echo "Output:".rtrim($someinput)."End <br />";
  echo "Output:".trim($someinput)."End <br />";
  $someinput2 = " 这个字符串 的 空格有待处理。 ";
  echo "Output:".trim($someinput2)."End";
?>
</BODY>
</HTML>
```

运行结果如图 5-6 所示。

图 5-6　程序运行结果

【代码详解】

(1) $someinput 为一个两端都有空格的字符串变量。ltrim($someinput)从左边去除空格，rtrim($someinput)从右面去除空格，trim($someinput)从两边同时去除。

(2) $someinput2 为一个两端都有空格，并且中间也有空格的字符串变量。用 trim($someinput2)处理，但只是去除了两边的空格。

5.3.5　实例 6——字符串切分与组合

字符串的切分使用 explode()和 strtok()函数。切分的反向操作为组合，使用 implode()和 join()函数。其中 explode()把字符串切分成不同部分后，存入一个数组。impolde()函数则是把数组中的元素按照一定的间隔标准组合成一个字符串。

以下通过实例介绍去除字符串切分和组合的方法与技巧。

【例 5.7】(实例文件：ch05\5.7.php)

```
<HTML>
<HEAD><meta http-equiv="Content-Type" content="text/html; charset=gb2312" />
```

```
</HEAD>
<BODY>
<?php
  $someinput = "How_to_split_this_sentance.";
  $someinput2 = "把 这个句子 按空格 拆分。";
  $a = explode('_',$someinput);
  print_r($a);
  $b = explode(' ',$someinput2);
  print_r($b);
  echo implode('>',$a)."<br />";
  echo implode('*',$b);
?>
</BODY>
</HTML>
```

运行结果如图 5-7 所示。

图 5-7　程序运行结果

【代码详解】

(1) explode()函数把$someinput 和$someinput2 按照下划线和空格的位置将它们分别切分成$a 和$b 两个数组。

(2) implode()函数把$a 和$b 两个数组的元素分别按照 ">" 为间隔和 "*" 为间隔组合成新的字符串。

5.3.6　实例 7——字符串子串截取

在一串字符串中截取一个子串，就是字符串截取。

完成这个操作需要使用到 substr()函数。这个函数有三个参数，分别规定了目标字符串、起始位置和截取长度。它的格式如下：

```
substr(目标字符串,起始位置,截取长度)
```

其中目标字符串是某个字符串变量的变量名，起始位置和截取长度都是整数。

如果都是正数，起始位置的整数必须小于截取长度的整数，否则函数返回值为假。

如果截取长度为负数，则意味着是从起始位置开始往后，除去从目标字符串结尾算起的长度数的字符以外的所有字符。

以下通过实例介绍字符串子串截取的方法和技巧。

【例 5.8】(实例文件：ch05\5.8.php)

```
<HTML>
<HEAD><meta http-equiv="Content-Type" content="text/html; charset=gb2312" />
</HEAD>
<BODY>
<?php
  $someinput = "create a substring of this string.";
  $someinput2 = "创建一个这个字符串的子串。";
  echo substr($someinput,0,11)."<br />";
  echo substr($someinput,1,15)."<br />";
  echo substr($someinput,0,-2)."<br />";
  echo substr($someinput2,0,12)."<br />";
  echo substr($someinput2,0,10)."<br />";
  echo substr($someinput2,0,11);
?>
</BODY>
</HTML>
```

运行结果如图 5-8 所示。

图 5-8　程序运行结果

【代码详解】

(1)　$someinput 为英文字符串变量。substr($someinput,0,11)、substr($someinput,1,15)定义了起始位置和截取长度。substr($someinput,0,-2)则是字符串开头算起，除了最后两个字符，其他字符都截取的子字符串。

(2)　$someinput2 为中文字符串变量。因为中文字符都是全角字符，都占两个字符位。所以截取长度一定要是偶数。如果是单数，则在此字符位上的汉字将不被输出。如果在这个截取长度为单数的字符串子串后连接其他字符串输出，会出现输出错误。所以，要小心使用。

5.3.7　实例 8——字符串子串替换

在某个字符串中替换其中的某个部分是重要的应用，就像在使用文本编辑器中的替换功能一样。

完成这个操作需要使用 substr_replace()函数。它的格式为：

substr_replace(目标字符串,替换字符串,起始位置,替换长度)

以下通过实例介绍字符串替换的方法和技巧。

【例 5.9】(实例文件：ch05\5.9.php)

```
<HTML>
<HEAD><meta http-equiv="Content-Type" content="text/html; charset=gb2312"/>
</HEAD>
<BODY>
<?php
   $someinput = "ID:125846843388648";
   echo substr_replace($someinput,"************",3,11)."<br />";
   echo substr_replace($someinput,"尾号为",3,11);
?>
</BODY>
</HTML>
```

运行结果如图 5-9 所示。

图 5-9　程序运行结果

【代码详解】

(1)　$someinput 为英文字符串变量。从第三个字符开始为 ID 号。第一个输出是以"************"替换第三个字符开始往后的共 12 个字符。

(2)　第二个输出是用"尾号为"替代第三个字符开始往后的共 12 个字符。

5.3.8　实例 9——字符串查找

在一个字符串中查找另外一个字符串，就像文本编辑器中的查找一样。实现这个操作需要使用到 strstr()或 stristr()函数。strstr()函数它的格式为：

```
strstr(目标字符串,需查找字符串)
```

当函数找到需要查找的字符或字符串，则返回从第一个查找到字符串的位置往后所有的字符串内容。

stristr()函数为不敏感查找，也就是对字符的大小写不敏感。用法与 strstr()相同。

以下通过实例介绍字符串查找的方法和技巧。

【例 5.10】(实例文件：ch05\5.10.php)

```
<HTML>
<HEAD><meta http-equiv="Content-Type" content="text/html; charset=gb2312" />
</HEAD>
<BODY>
<?php
```

```
$someinput = "I have a Dream that to find a string with a dream.";
$someinput2 = "我有一个梦想，能够找到理想。";
echo strstr($someinput,"dream")."<br />";
echo stristr($someinput,"dream")."<br />";
echo strstr($someinput,"that")."<br />";
echo strstr($someinput2,"梦想")."<br />";
?>
</BODY>
</HTML>
```

运行结果如图 5-10 所示。

图 5-10　程序运行结果

【代码详解】

(1) $someinput 为英文字符串变量。strstr($someinput,"dream")大小写敏感，所以输出字符串的最后的字符。stristr($someinput,"dream")为大小写不敏感，所以直接在第一个大写的匹配字符就开始输出。

(2) $someinput2 为中文字符串变量。strstr()函数同样对中文字符起作用。

5.4　什么是正则表达式

上面介绍的对字符串的处理比较简单，只是使用一定的函数对字符串进行处理，无法满足对字符串复杂的处理需求，此时就需要使用正则表达式。

正则表达式是把文本或字符串按照一定的规范或模型表示的方法。经常用于文本的匹配操作。

例如，验证用户在线输入的邮件地址的格式是否正确。常常使用正则表达式技术，用户所填写的表单信息将会被正常处理；反之，如果用户输入的邮件地址与正则表达式的模式不匹配，将会弹出提示信息，要求用户重新输入正确的邮件地址。可见正则表达式在 Web 应用的逻辑判断中具有举足轻重的作用。

5.5　正则表达式语法规则

一般情况下，正则表达式由两部分组成，分别是元字符和文本字符。元字符就是具有特殊含义的字符，例如"？"和"*"等，文本字符就是普通的文本，如字母和数字等。本节主要讲述正则表达式的语法规则。

5.5.1 方括号([ ])

方括号内的一串字符是将要用来进行匹配的字符。

例如正则表达式在方括号内的[name]是指在目标字符串中寻找字母 n、a、m、e。[jjk]表示在目标字符串中寻找字符 j 和 k。

5.5.2 连字符(-)

很多情况下，不可能逐个列出所有字符。比如，需要匹配所有英文字符，则把 26 个英文字母全部输入，十分困难。这样就有如下表示。

[a-z]：表示匹配英文小写从 a 到 z 的任意字符。

[A-Z]：表示匹配英文大写从 A 到 Z 的任意字符。

[A-Za-z]：表示匹配英文大小写从大写 A 到小写 z 的任意字符。

[0-9]：表示匹配从 0～9 的任意十进制数。

由于字母和数字的区间固定，所以根据这样的表示方法[开始-结束]，程序员可以重新定义区间大小。例如，[2-7]、[c-f]等。

5.5.3 点号字符(.)

点号字符在正则表达式中是一个通配符，它代表所有字符和数字。例如，".er"表示所有以 er 结尾的三个字符的字符串，它可以是 per、ser、ter、@er、&er 等。

5.5.4 限定符(+、*、？、{n,m})

加号"+"表示其前面的字符至少一个。例如，"9+"表示目标字符串包含至少一个 9。

星号"*"表示其前面的字符不止一个或零。例如，"y*"表示目标字符串包含 0 或不止一个 y。

问号"?"表示其前面的字符一个或零。例如，"y?"表示目标字符串包含 0 或一个 y。

大括号"{n,m}"表示其前面的字符有 n 或 m 个。例如，"a{3,5}"表示目标字符串包含 3 个或 5 个 a。"a{3}"表示目标字符串包含 3 个 a。"a{3,}"表示目标字符串包含至少 3 个 a。

点号和星号一起使用，表示广义同配。".*"表示匹配任意字符。

5.5.5 行定位符(^和$)

行定位符是用来确定匹配字符串所要出现的位置。

如果是在目标字符串开头出现，则使用符号"^"；如果是在目标字符串结尾出现则使用符号"$"。例如，^xiaoming 是指"xiaoming"只能出现在目标字符串开头。8895$ 是指

"8895"只能出现在目标字符串结尾。

有一个特殊表示，同时使用"^"和"$"两个符号，就是"^[a-z]$"，表示目标字符串要只包含从 a～z 的单个字符。

5.5.6　排除字符([^])

符号"^"在方括号内所代表的意义则完全不同，它表示一个逻辑"否"。排除匹配字符串在目标字符串中出现的可能。例如[^0-9]表示目标字符串包含从 0～9 "以外"的任意其他字符。

5.5.7　括号字符(( ))

表示子串，所有对包含在子串内字符的操作，都是以子串为整体进行的，它也是把正则表达式分成不同部分的操作符。

5.5.8　选择字符(|)

选择字符表示"或"选择。例如，"com|cn|com.cn|net"表示目标字符串包含 com 或 cn 或 com.cn 或 net。

5.5.9　转义字符(\)与反斜杠(\)

由于"\"在正则表达式中属于特殊字符，如果单独使用此字符，则直接作为特殊字符的转义字符。如果要表示反斜杠字符本身，则在此字符前添加转义字符"\"，为"\\"。

5.5.10　认证 email 的正则表达

在处理表单数据的时候，对用户的 email 进行认证是十分常用的。如何判断用户输入的是一个 email 地址呢？就是用正则表达式匹配。它的格式如下：

```
^[A-Za-z0-9_.]+@[ A-Za-z0-9_]+\.[ A-Za-z0-9.]+$
```

其中，^[A-Za-z0-9_.]+表示，至少有一个英文大小写字符、数字、下划线、点号，或者这些字符的组合。

@表示 email 中的"@"。

[A-Za-z0-9_]+表示，至少有一个英文大小写字符、数字、下划线，或者这些字符的组合。

\.表示 email 中".com"之类的点。由于这里点号只是点本身，所以用反斜杠对它进行转义。

[A-Za-z0-9.]+$表示，至少有一个英文大小写字符、数字、点号，或者这些字符的组合，并且直到这个字符串的末尾。

5.5.11　实例 10——使用正则表达式对字符串进行匹配

使用正则表达式对目标字符串进行匹配是学习正则表达式的主要功能。

完成这个操作需要使用到 ereg()函数。这个函数就是在目标字符串中寻找符合特定正则表达规范的字符串子串，根据指定的模式来匹配文件名或字符串。其中，ereg()函数对字符的大小写不敏感。它的语法格式如下：

```
ereg(正则表达规范,目标字符串,数组)
```

以下例子介绍利用正则表达规范匹配 email 输入的方法和技巧。

【例 5.11】(实例文件：ch05\5.11.php)

```html
<HTML>
<HEAD><meta http-equiv="Content-Type" content="text/html; charset=gb2312" /></HEAD>
<BODY>
<?php
 $email = "wangxioaming2011@hotmail.com";
 $email2 = "The email is liuxiaoshuai_2011@hotmail.com";
 $asemail = "This is wangxioaming2011@hotmail";
 $regex = '^[a-zA-Z0-9_.]+@[a-zA-Z0-9_]+\.[a-zA-Z0-9.]+$';
 $regex2 = '[a-zA-Z0-9_.]+@[a-zA-Z0-9_]+\.[a-zA-Z0-9.]+$';
 if(ereg($regex, $email, $a)){
    echo "This is an email.";
     print_r($a);
     echo "<br />";
 }
 if(ereg($regex2, $email2, $b)){
    echo "This is a new email.";
     print_r($b);
     echo "<br />";
 }
 if(ereg($regex, $asemail)){
    echo "This is an email.";
 }else{
    echo "This is not an email.";
 }
?>
</BODY>
</HTML>
```

运行结果如图 5-11 所示。

图 5-11　程序运行结果

【代码详解】

(1) $email 就是一个完整的 email 字符串，用$regex 这个正则规范，也就是匹配 email 的规范来匹配$email。得出的结果为图 5-11 中第一行输出。

(2) 由于 ereg()函数的格式，ereg($regex, $email, $a)把匹配的子串储存在名为$a 的数组中。print_r($a)打印数组得第一行数组输出。

(3) $email2 是一个包含了完整 email 的字符串。用$regex 匹配，其返回值必然为 false。用$regex2 规范匹配，其返回值为真。因为$regex2 规范中去掉了表示从字符串头部开始的符号 "^"。ereg($regex2, $email2, $b)把匹配的子串存储在数组$b 中。print_r($b)得到第二行数组的输出。

(4) $asemail 字符串不符合规范$regex，返回值为 false，得到相应输出。

5.5.12　实例 11——使用正则表达式替换字符串子串

做好了字符串及其子串的匹配，如果需要对字符串的子串进行替换，也可以使用正则表达式完成。比如把输入文本中的 URL 变成可以直接点击的链接。此操作需要使用 ereg_replace()和 eregi_replace()函数。其中 ereg_replace()对大小写敏感，而 eregi_replace()对大小写不敏感。ereg_replace()函数的格式为：

```
ereg_replace(正则表达规范,欲取代字符串子串,目标字符串)
```

以下例子介绍利用正则表达式取代字符串子串的方法和技巧。

【例 5.12】(实例文件：ch05\5.12.php)

```
<HTML>
<HEAD><meta http-equiv="Content-Type" content="text/html; charset=gb2312" /></HEAD>
<BODY>
<?php
    $searchurl = "这是搜索引擎链接: http://www.google.com/和
        http://www.baidu.com/。";
    echo ereg_replace("(http://)([a-zA-Z0-9./-_]+)","<a
        href=\"\\0\">\\0</a>",$searchurl);
    echo "<br />";
    echo ereg_replace("(http://)([a-zA-Z0-9./-_]+)","<a
        href=\"\\0\">\\2</a>",$searchurl);
?>
</BODY>
</HTML>
```

运行结果如图 5-12 所示。

图 5-12　程序运行结果

【代码详解】

(1) $searchurl 里面包含两个 URL 文本。ereg_replace()按照格式对$searchurl 里的 URL 进行匹配替换。

(2) 正则规范 "(http://)([a-zA-Z0-9./-_]+)" 分为两部分：(http://)和([a-zA-Z0-9./-_]+)，前者直接匹配，后者用正则语法匹配。

(3) 第一行的输出替换为 "<a href=\"\\0\">\\0</a>"。里面的 "\\0" 把反斜杠转义后表示的是 "\0"，"\0" 表示正则规则中所有部分匹配的内容。第二行的输出，替换为 "<a href=\"\\0\">\\2</a>"，里面的 "\\2" 把反斜杠转义后表示的是 "\2"，"\2" 表示正则规则中第二部分匹配的内容。以此类推，"\1" 表示的是第一部分匹配的内容，(http://)。

5.5.13 实例 12——使用正则表达式切分字符串

使用正则表达式可以把目标字符串按照一定的正则规范切分成不同的子串。完成此操作需要使用到 strtok()函数。它的语法格式为：

```
strtok(正则表达式,目标字符串)
```

这个函数是指以正则表达式内出现的字符为准，把目标字符串切分成若干个子串，并且存入数组。

以下例子介绍利用正则表达式切分字符串的方法和技巧。

【例 5.13】(实例文件：ch05\5.13.php)

```
<HTML>
<HEAD><meta http-equiv="Content-Type" content="text/html; charset=gb2312" /></HEAD>
<BODY>
<?php
$string = "Hello world. Beautiful day today.";
$token = strtok($string, " ");
while ($token !== false)
  {
  echo "$token<br />";
  $token = strtok(" ");
  }
?>
</BODY>
</HTML>
```

运行结果如图 5-13 所示。

图 5-13　程序运行结果

【代码详解】

(1) $string 为包含多种字符的字符串。strtok($string, " ")对其进行切分，并将结果存入数组$token。

(2) 其正则规范为" "，是指以空格号将字符串切分。

5.6 实例 13——创建酒店系统在线订房表

本实例主要创建酒店系统的在线订房表，其中需要创建两个 PHP 文件。具体创建步骤如下。

step 01 在网站主目录下建立文件 formstringhandler.php。输入以下代码并保存。

```
<!DOCTYPE html PUBLIC "-//W3C//DTD XHTML 1.0 Transitional//EN"
"http://www.w3.org/TR/xhtml1/DTD/xhtml1-transitional.dtd">
<HTML xmlns="http://www.w3.org/1999/xhtml">
<HEAD><meta http-equiv="Content-Type" content="text/html; charset=gb2312"/>
您的订房信息: </HEAD>
<BODY>
<?php
 $DOCUMENT_ROOT = $_SERVER['DOCUMENT_ROOT'];
 $customername = trim($_POST['customername']);
 $gender = $_POST['gender'];
 $arrivaltime = $_POST['arrivaltime'];
 $phone = trim($_POST['phone']);
 $email = trim($_POST['email']);
 $info = trim($_POST['info']);
 if(!eregi('^[a-zA-Z0-9_\-\.]+@[a-zA-Z0-9\-]+\.[a-zA-Z0-9_\-\.]+
$',$email)){
     echo "这不是一个有效的email地址，请返回上页且重试";
   exit;
 }
 if(!eregi('^[0-9]$',$phone) and strlen($phone)<= 4 or strlen($phone)>= 15){
     echo "这不是一个有效的电话号码，请返回上页且重试";
   exit;
 }
 if( $gender == "m"){
   $customer = "先生";
 }else{
   $customer = "女士";
 }
 echo '<p>您的订房信息已经上传，我们正在为您准备房间。 确认您的订房信息如下:</p>';
 echo $customername."\t".$customer.' 将会在 '.$arrivaltime.' 天后到达。 您的电话
为'.$phone."。我们将会发送一封电子邮件到您的 email 邮箱: ".$email."。<br /><br />另
外，我们已经确认了您其他的要求如下: <br /><br />";
 echo nl2br($info);
 echo "<p>您的订房时间为:".date('Y m d H: i: s')."</p>";
?>
</BODY>
</HTML>
```

step 02 在网站主目录下建立文件 form4string.html，输入以下代码并保存。

```
<!DOCTYPE html PUBLIC "-//W3C//DTD XHTML 1.0 Transitional//EN"
"http://www.w3.org/TR/xhtml1/DTD/xhtml1-transitional.dtd">
<HTML xmlns="http://www.w3.org/1999/xhtml">
<HEAD><meta http-equiv="Content-Type" content="text/html; charset=gb2312"/>
<h2>GoodHome 在线订房表。</h2></HEAD>
<BODY>
<form action="formstringhandler.php" method="post">
<table>
<tr bgcolor="#3399FF" >
    <td>客户姓名:</td>
    <td><input type="text" name="customername" size="20" /></td>
</tr>
<tr bgcolor="#CCCCCC" >
    <td>客户性别: </td>
    <td>
     <select name="gender">
        <option value="m">男</option>
        <option value="f">女</option>
       </select>
  </td>
</tr>
<tr bgcolor="#3399FF" >
    <td>到达时间:</td>
    <td>
     <select name="arrivaltime">
     <option value="1">一天后</option>
     <option value="2">两天后</option>
     <option value="3">三天后</option>
     <option value="4">四天后</option>
     <option value="5">五天后</option>
        </select>
  </td>
</tr>
<tr bgcolor="#CCCCCC" >
    <td>电话:</td>
    <td><input type="text" name="phone" size="20" /></td>
</tr>
<tr bgcolor="#3399FF" >
    <td>email:</td>
    <td><input type="text" name="email" size="30" /></td>
</tr>
<tr bgcolor="#CCCCCC" >
    <td>其他需求:</td>
    <td> <textarea name="info" rows="10" cols="30">      如果您有什么其他要求，请
        填在这里。</textarea>
      </td>
</tr>
<tr bgcolor="#666666" >
    <td align="center"><input type="submit" value="确认订房信息" /></td>
</tr>
</table>
</form>
</BODY>
</HTML>
```

step 03 运行 form4string.html，结果如图 5-14 所示。

图 5-14　程序运行结果

step 04 填写表单。【客户姓名】为"王小明"、【客户性别】为"男"、【到达时间】为"三天后"、【电话】为"13592××××77"、email 为"wangxiaoming@hotmail.com"、【其他需求】为"两壶开水，【Enter】一条白毛巾，【Enter】一个冰激凌"。单击【确认订房信息】按钮，浏览器会自动跳转至 formstringhandler.php 页面，显示结果如图 5-15 所示。

图 5-15　程序运行结果

【代码详解】

（1）$customername = trim($_POST['customername']); $phone = trim($_POST['phone']); $email = trim($_POST['email']); $info = trim($_POST['info'])都是通过文本输入框直接输入的。所以，为了保证输入字符串的整洁，以方便处理，则需要使用 trim()来对字符串的前后的空格进行清除。另外，也可使用 ltrim()清除左边的空格或用 rtrim()清除右边的空格。

（2）!eregi('^[a-zA-Z0-9_\-\.]+@[a-zA-Z0-9\-]+\.[a-zA-Z0-9_\-\.]+$',$email)中使用了正则表

达式对输入的 email 文本进行判断。

(3) nl2br()对$info 变量中的 "Enter" 操作，也就是
操作符进行了处理。在有新行 "\nl" 操作的地方生成
。

(4) 由于要显示中文，需要对文字编码进行设置，charset=gb2312，就是简体中文的文字编码。

5.7 高手甜点

甜点 1：模式修饰符、单词界定符不和方括号 "[]" 连用，而是和 "/" 在一起使用？

在 PHP 正则表达式的语法中，一种是 POSIX 语法，另一种是 Perl 语法。POSIX 语法是以前所介绍的语法。Perl 语法则不同于 POSIX 语法。Perl 语法的正则表达是以 "/" 开头和以 "/" 结尾的，如 "/name/" 便是一个 Perl 语法形式的正则表达。

模式修饰符，则是在 Perl 语法正则表达中的内容。比如 "i" 表示正则表达式对大小写不敏感；"g" 表示找到所有匹配字符；"m" 表示把目标字符串作为多行字符串进行处理；"s" 表示把目标字符串作为单行字符串进行处理，忽略其中的换行符；"x" 表示忽略正则表达式中的空格和备注；"u" 表示在首次匹配后停止。

单词界定符，也是 Perl 语法正则表达中的内容。不同的单词界定符表示不同的字符界定范围。比如以下单词界定符的表示意义为：

"\A" 表示仅仅匹配字符串的开头；"\b" 表示匹配到单词边界；"\B" 表示除了单词边界，匹配所有；"\d" 表示匹配所有数字字符，等同于 "[0-9]"；"\D" 表示匹配所有非数字字符；"\s" 表示匹配空格字符；"\S" 表示匹配非空格字符；"\w" 表示匹配字符串，如同 "[a-zA-Z0-9_]"；"\W" 匹配字符，忽略下划线和字母数字。

甜点 2：支持 Perl 语法形式的正则表达式有哪些？

PHP 为 Perl 语法的正则表达方式提供了以下函数。

(1) preg_grep()：用来搜索一个数组中的所有数组元素，以得到匹配元素。

(2) preg_match()：以特定模式匹配目标字符串。

(3) preg_match_all()：以特定模式匹配目标字符串，并且把匹配元素作为元素返回给一个特定数组。

(4) preg_quote()：在每一个正则表达式的特殊字符前插入一个反斜杠 "\"。

(5) preg_replace()：替代所有符合正则表达式格式的字符，并返回按照要求修改的结果。

(6) preg_replace_callback()：以键值替代所有符合正则表达式格式字符的键名。

(7) preg_split()：按照正则模型切分字符串。

5.8 跟我练练手

上机 1：做一个包含单引号和双引号字符串的例子。

上机 2：做一个包含字符串连接符的例子。

上机 3：做一个计算字符串"Actions speak louder than words"和"看成败，人生豪迈，只不过是从头再来"长度的例子。

上机 4：做一个替换字符串的例子。

上机 5：做一个包含正则表达式的例子。

上机 6：做一个在线订房表的例子。

第 6 章

PHP 数组及操作

数组在 PHP 中是极为重要的数据类型。本章将介绍什么是数组，数组的包含类型，数组的构造、遍历数组、数组排序、向数组中添加和删除元素、查询数组中的指定元素、统计数组的元素个数、删除数组中重复的元素、数组的序列化等操作。通过本章的学习，读者可以掌握数组的常用操作和技巧。

本章要点(已掌握的在方框中打钩)

- ☐ 了解什么是数组
- ☐ 熟悉数组的类型
- ☐ 掌握数组构建的方法
- ☐ 掌握遍历数组的方法
- ☐ 掌握数组排序的方法
- ☐ 掌握数组和字符串之间转换的方法
- ☐ 掌握向数组中添加和删除元素的方法
- ☐ 掌握查询数组中指定元素的方法
- ☐ 掌握统计数组元素个数的方法
- ☐ 掌握删除数组中重复元素的方法
- ☐ 掌握调换数组中的键值和元素值的方法
- ☐ 掌握如何实现数组的序列化

6.1　什么是数组

什么是数组？数组(array)，就是被命名的用来储存一系列数值的地方。数组是非常重要的数据类型。相对于其他的数据类型，其更像是一种结构，而这种结构可以储存一系列的数值。

数组中的数值被称为数组元素(element)。而每一个元素都有一个对应的标识(index)，也称作键值(key)。通过这个标识，可以访问数组元素。而数组的标识可以是数字也可以是字符串。

例如，一个班级通常有十几个人，如果需要找出某个学生，可以利用学号来区分每一个队员，这时班级就是一个数组，而学号就是下标；如果指明学号，就可以找到对应的学生。

6.2　数　组　类　型

数组分为数字索引数组和关联索引数组。本节将详细讲述这两种数组的使用方法。

6.2.1　实例 1——数字索引数组

数字索引数组是最常见的数组类型，默认从 0 开始计数。另外，数组变量在使用时即可创建，创建时即可使用。

声明数组的方法有以下两种。

(1)　使用 array()函数声明数组。具体的声明数组方式如下：

```
array 数组名称([mixed])
```

其中参数 mixed 的语法为 key=>value，如果有多个 mixed，可以用逗号分开，分别定义了索引和值。

```
$arr = array("1"=> "空调", "2"=>"冰箱", "3"=>"洗衣机", "4"=>"电视机");
```

利用 array()函数定义比较方便和灵活，可以只给出数组的元素值，而不必给出键值，例如：

```
$arr = array( "空调","冰箱","洗衣机","电视机");
```

(2)　直接通过为数组元素赋值的方式声明数组。

如果在创建数组时不知道数组的大小，或者数组的大小可能会根据实际情况发生变化，此时可以使用直接赋值的方式声明数组。例如：

```
$arr[1]= "空调";
$arr[2]= "冰箱"
$arr[3]= "洗衣机";
$arr[4]= "电视机";
```

下面以酒店网站系统中酒店房价为例进行讲解。

【例 6.1】(实例文件：ch06\6.1.php)

```
<!DOCTYPE html PUBLIC "-//W3C//DTD XHTML 1.0 Transitional//EN"
"http://www.w3.org/TR/xhtml1/DTD/xhtml1-transitional.dtd">
<HTML xmlns="http://www.w3.org/1999/xhtml">
<HEAD><meta http-equiv="Content-Type" content="text/html; charset=gb2312"
/><h2>GoodHome 房间类型。</h2></HEAD>
<BODY>
<?php
  $roomtypes = array( '单床房','标准间','三床房','VIP 套房');
  echo $roomtypes[0]."\t".$roomtypes[1]."\t".$roomtypes[2].
"\t".$roomtypes[3]."<br />";
  echo "$roomtypes[0] $roomtypes[1] $roomtypes[2] $roomtypes[3] <br />";
  $roomtypes[0] = '单人大床房';
  echo "$roomtypes[0] $roomtypes[1] $roomtypes[2] $roomtypes[3]<br />";
?>
</BODY>
</HTML>
```

运行结果如图 6-1 所示。

图 6-1　程序运行结果

【代码详解】

（1）$roomtypes 为一维数组，用关键字 array 声明。并且用 "=" 赋值给数组变量 $roomtypes。

（2）'单床房','标准间','三床房','VIP 套房' 为数组元素，且这些元素为字符串型，用''单引号方式表示。每个数组元素用 "，" 分开。echo 命令直接打印数组元素，元素索引默认从 0 开始，所以第一个数组元素为$roomtypes[0]。

（3）数组元素可以直接通过 "=" 号的赋值，如$roomtypes[0] = '单人大床房'; echo 打印后为 "单人大床房"。

6.2.2　实例 2——关联索引数组

关联数组的键名可以是数值和字符串混合的形式，而不像数字索引数组的键名智能为数字。所以判断一个数组是否为关联数组的依据是：数组中的键名是否存在一个不是数字的，如果存在，则为关联数组。

下面以使用联合索引数组编写酒店房间类型为例进行讲解。

【例 6.2】 (实例文件：ch06\6.2.php)

```
<!DOCTYPE html PUBLIC "-//W3C//DTD XHTML 1.0 Transitional//EN"
"http://www.w3.org/TR/xhtml1/DTD/xhtml1-transitional.dtd">
<HTML xmlns="http://www.w3.org/1999/xhtml">
<HEAD><meta http-equiv="Content-Type" content="text/html; charset=gb2312"/>
<h2>GoodHome 房间类型。</h2></HEAD>
<BODY>
<?php
  $prices_per_day = array('单床房'=> 298,'标准间'=> 268,'三床房'=> 198,'VIP 套
房'=> 368);
  echo $prices_per_day['标准间']."<br />";
?>
</BODY>
</HTML>
```

运行结果如图 6-2 所示。

图 6-2   程序运行结果

【代码详解】

echo 命令直接指定数组$prices_per_day 中的关键字索引 standardroom(是个字符串)便可打印出数组元素 268(是一个整型数字)。

6.3   数 组 构 造

按照数组的构造来分，可以把数组分为一维数组和多维数组。

6.3.1   实例 3——一维数组

数组中每个数组元素都是单个变量，不管是数字索引还是联合索引，这样的数组为一维数组。

【例 6.3】 (实例文件：ch06\6.3.php)

```
<HTML>
<HEAD><meta http-equiv="Content-Type" content="text/html; charset=gb2312" />
</HEAD>
<BODY>
<?php
  $roomtypes = array( '单床房','标准间','三床房','VIP 套房');
  $prices_per_day = array('单床房'=> 298,'标准间'=> 268,'三床房'=> 198,'VIP 套房'
```

```
=> 368);
 ?>
</BODY>
</HTML>
```

其中的$roomtypes 和$prices_per_day 都是一维数组。

6.3.2　实例 4——多维数组

数组也是可以"嵌套"的，即每个数组元素也可以是一个数组，这种含有数组的数组就是多维数组。例如：

```
<?php
 $roomtypes = array( array( 'type'=>'单床房',
                        'info'=>'此房间为单人单间。',
                          'price_per_day'=>298
                        ),
                  array( 'type'=>'标准间',
                        'info'=>'此房间为两床标准配置。',
                          'price_per_day'=>268
                        ),
                  array( 'type'=>'三床房',
                      'info'=>'此房间备有三张床',
                          'price_per_day'=>198
                        ),
                  array( 'type'=>'VIP 套房',
                      'info'=>'此房间为 VIP 两间内外套房',
                          'price_per_day'=>368
                        )

 );
?>
```

其中的$roomtypes 就是多维数组。这个多维数组其实包含了两个维数。有点像数据库的表格，在第一个 array 里面的每个数组元素都是一个数组，而这些数组就像是数据二维表中的一行记录。这些包含在第一个 array 里面的 array 又都包含三个数组元素，分别是三个类型的信息，这就像是数据二维表中的字段。

上面的数组如果绘制成图，则如图 6-3 所示。

	A	B	C	D
1	type	info	price_per_day	
2	单床房	此房间为单人单间。	298	array
3	标准间	此房间为两床标准配置。	268	array
4	三床房	此房间备有三张床	198	array
5	VIP套房	此房间为VIP两间内外套房	368	array
6	ARRAY			

图 6-3　程序运行结果

其实，$roomtypes 就是代表了这样的一个数据表。

如果出现了两维以上的数组，比如三维数组。例如：

```php
<?php
$buidling = array(array( array( 'type'=>'单床房',
                               'info'=>'此房间为单人单间。',
                                  'price_per_day'=>298
                            ),
                        array( 'type'=>'标准间',
                               'info'=>'此房间为两床标准配置。',
                                  'price_per_day'=>268
                            ),
                        array( 'type'=>'三床房',
                               'info'=>'此房间备有三张床',
                                  'price_per_day'=>198
                            ),
                        array( 'type'=>'VIP 套房',
                               'info'=>'此房间为 VIP 两间内外套房',
                                  'price_per_day'=>368
                            )
                    ),
                array( array( 'type'=>'普通餐厅包房',
                               'info'=>'此房间为普通餐厅包房。',
                                  'roomid'=>201
                            ),
                        array( 'type'=>'多人餐厅包房',
                               'info'=>'此房间为多人餐厅包房。',
                                  'roomid'=>206
                            ),
                        array( 'type'=>'豪华餐厅包房',
                               'info'=>'此房间为豪华餐厅包房。',
                                  'roomid'=>208
                            ),
                        array( 'type'=>'VIP 餐厅包房',
                               'info'=>'此房间为 VIP 餐厅包房',
                                  'roomid'=>310
                            )
                    )
            );
?>
```

这个三维数组，在原来的二维数组后面又增加了一个二维数组，给出了餐厅包房的数据二维表信息。把这两个二维数组作为更外围 array 的两个数组元素，就产生了第三维。这个表述等于用两个二维信息表表示了一个名为$building 的数组对象，如图 6-4 所示。

	A	B	C	D	E
1	type	info	price_per_day		
2	单床房	此房间为单人单间。	298	array	
3	标准间	此房间为两床标准配置。	268	array	
4	三床房	此房间备有三张床	198	array	
5	VIP套房	此房间为VIP两间内外套房	368	array	
6		ARRAY（二维）			
7	type	info	roomid		
8	普通餐厅包房	此房间为普通餐厅包房。	201	array	
9	多人餐厅包房	此房间为多人餐厅包房。	206	array	
10	豪华餐厅包房	此房间为豪华餐厅包房。	208	array	
11	VIP餐厅包房	此房间为VIP餐厅包房	301	array	
12		ARRAY（二维）			array（三维）

图 6-4　程序运行结果

6.4　遍　历　数　组

所谓数组的遍历是要把数组中的变量值读取出来。下面讲述常见的遍历数组的方法。

6.4.1　实例 5——遍历一维数字索引数组

下面讲解通过循环语句遍历一维数字索引数组。此案例中使用到 for 循环和 foreach 循环。

【例 6.4】(实例文件：ch06\6.4.php)

```
<!DOCTYPE html PUBLIC "-//W3C//DTD XHTML 1.0 Transitional//EN"
"http://www.w3.org/TR/xhtml1/DTD/xhtml1-transitional.dtd">
<HTML xmlns="http://www.w3.org/1999/xhtml">
<HEAD><meta http-equiv="Content-Type" content="text/html; charset=gb2312"/>
<h2>GoodHome 房间类型。</h2></HEAD>
<BODY>
<?php
  $roomtypes = array( '单床房','标准间','三床房','VIP 套房');
  for ($i = 0; $i < 3; $i++){
    echo $roomtypes[$i]." (for 循环)<br />";
  }
  foreach ($roomtypes as $room){
    echo $room."(foreach 循环)<br />";
  }
?>
</BODY>
</HTML>
```

运行结果如图 6-5 所示。

图 6-5　程序运行结果

【代码详解】

(1)　for 循环只进行了 0、1、2 共三次；

(2)　foreach 循环则列出了数组中所有数组元素。

6.4.2 实例6——遍历一维联合索引数组

下面以遍历酒店房间类型为例对联合索引数组进行遍历。

【例6.5】(实例文件：ch06\6.5.php)

```
<!DOCTYPE html PUBLIC "-//W3C//DTD XHTML 1.0 Transitional//EN"
"http://www.w3.org/TR/xhtml1/DTD/xhtml1-transitional.dtd">
<HTML xmlns="http://www.w3.org/1999/xhtml">
<HEAD><meta http-equiv="Content-Type" content="text/html; charset=gb2312"/>
<h2>GoodHome 房间类型。</h2></HEAD>
<BODY>
<?php
 $prices_per_day = array('单床房'=> 298,'标准间'=> 268,'三床房'=> 198,'VIP 套房'
=> 368);
 foreach ($prices_per_day as $price){
   echo $price."<br />";
 }
 foreach ($prices_per_day as $key => $value){
   echo $key.":".$value." 每天。<br />";
 }
 reset($prices_per_day);
 while ($element = each($prices_per_day)){
   echo $element['key']."\t";
 echo $element['value'];
 echo "<br />";
 }
 reset($prices_per_day);
 while (list($type, $price) = each($prices_per_day)){
 echo "$type - $price<br />";
 }
?>
</BODY>
</HTML>
```

运行结果如图6-6所示。

图6-6　程序运行结果

【代码详解】

(1) foreach ($prices_per_day as $price){} 遍历了数组元素，所以输出 4 个整型数字。而 foreach ($prices_per_day as $key => $value){}则除了遍历了数组元素，还遍历了其所对应的关键字，如 onebedroom 是数组元素 298 的关键字。

(2) 这段程序中使用了 while 循环。还用到了几个新的函数 reset()、each()和 list()。由于在前面的代码中，$prices_per_day 已经被 foreach 循环遍历过，而内存中的实时元素为数组的最后一个元素。因此，如果想用 while 循环来遍历数组，就必须用 reset()函数，把实时元素从新定义为数组的开头元素。each()则是用来遍历数组元素及其关键字的函数。list()则是把 each()中的值分开赋值和输出的函数。

6.4.3 实例 7——遍历多维数组

下面以使用多维数组编写房间类型为例进行遍历，具体操作步骤如下。

【例 6.6】(实例文件：ch06\6.6.php)

```
<!DOCTYPE html PUBLIC "-//W3C//DTD XHTML 1.0 Transitional//EN"
"http://www.w3.org/TR/xhtml1/DTD/xhtml1-transitional.dtd">
<HTML xmlns="http://www.w3.org/1999/xhtml">
<HEAD><meta http-equiv="Content-Type" content="text/html; charset=gb2312"/>
<h2>GoodHome 房间类型(多维数组)。</h2></HEAD>
<BODY>
<?php
  $roomtypes = array( array( 'type'=>'单床房',
                             'info'=>'此房间为单人单间。',
             'price_per_day'=>298
                             ),
           array( 'type'=>'标准间',
                             'info'=>'此房间为两床标准配置。',
             'price_per_day'=>268
                             ),
           array( 'type'=>'三床房',
                             'info'=>'此房间备有三张床',
             'price_per_day'=>198
                             ),
           array( 'type'=>'VIP 套房',
                             'info'=>'此房间为 VIP 两间内外套房',
             'price_per_day'=>368
                             )
  );
  for ($row = 0; $row < 4; $row++){
    while (list($key, $value ) = each( $roomtypes[$row])){
       echo "$key:$value"."\t |";
    }
    echo '<br />';
  }
?>
</BODY>
</HTML>
```

运行结果如图 6-7 所示。

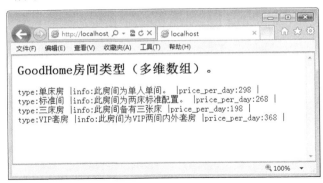

图 6-7　程序运行结果

【代码详解】

(1) $roomtypes 中的每个数组元素都是一个数组，而作为数组元素的数组又都有三个拥有键名的数组元素。

(2) 使用 for 循环配合 each()、list()函数来遍历数组元素。

6.5　数　组　排　序

本节主要讲述如何对一维数组和多维数组进行排序操作。

6.5.1　实例 8——一维数组排序

以下实例展示如何对数组排序，具体操作步骤如下。

【例 6.7】(实例文件：ch06\6.7.php)

```
<!DOCTYPE html PUBLIC "-//W3C//DTD XHTML 1.0 Transitional//EN"
"http://www.w3.org/TR/xhtml1/DTD/xhtml1-transitional.dtd">
<HTML xmlns="http://www.w3.org/1999/xhtml">
<HEAD><meta http-equiv="Content-Type" content="text/html; charset=gb2312" />
<h2>GoodHome 房间类型。</h2></HEAD>
<BODY>
<?php
 $roomtypes = array( '单床房','标准间','三床房','VIP 套房');
 $prices_per_day = array('单床房'=> 298,'标准间'=> 268,'三床房'=> 198,'VIP 套房'
=> 368);
 sort($roomtypes);
 foreach ($roomtypes as $key => $value){
   echo $key.":".$value."<br />";
 }
 asort($prices_per_day);
 foreach ($prices_per_day as $key => $value){
   echo $key.":".$value." 每日。<br />";
 }
 ksort($prices_per_day);
```

```
foreach ($prices_per_day as $key => $value){
  echo $key.":".$value." 每天。<br />";
}
rsort($roomtypes);
foreach ($roomtypes as $key => $value){
  echo $key.":".$value."<br />";
}
arsort($prices_per_day);
foreach ($prices_per_day as $key => $value){
  echo $key.":".$value." 每日。<br />";
}
krsort($prices_per_day);
foreach ($prices_per_day as $key => $value){
  echo $key.":".$value." 每天。<br />";
}
?>
</BODY>
</HTML>
```

运行结果如图 6-8 所示。

图 6-8　程序运行结果

【代码详解】

（1）这段代码是关于数组排序的内容。涉及 sort()、asort()、ksort()、rsort()、arsort()、krsort()。其中，sort()是默认排序。asort()根据数组元素的值的升序排序。ksort()是根据数组元素的键值，也就是关键字的升序排序。

（2）rsort()、arsort()、krsort()则正好与所对应的升序排序相反，都为降序排序。

6.5.2 实例9——多维数组排序

对于一维数组，通过 sort()等一系列的排序函数，就可以对它进行排序。而对于多维数组，排序就没有那么简单了。首先需要设定一个排序方法，也就是建立一个排序函数。在通过 usort()函数对特定数组采用特定排序方法来进行排序。下面的案例介绍多维数组排序。具体步骤如下。

【例 6.8】(实例文件：ch06\6.8.php)

```
<!DOCTYPE html PUBLIC "-//W3C//DTD XHTML 1.0 Transitional//EN"
"http://www.w3.org/TR/xhtml1/DTD/xhtml1-transitional.dtd">
<HTML xmlns="http://www.w3.org/1999/xhtml">
<HEAD><meta http-equiv="Content-Type" content="text/html; charset=gb2312"/>
<h2>GoodHome 房间类型(多维数组)。</h2></HEAD>
<BODY>
<?php
  $roomtypes = array( array( 'type'=>'单床房',
                             'info'=>'此房间为单人单间。',
              'price_per_day'=>298
                        ),
          array( 'type'=>'标准间',
                             'info'=>'此房间为两床标准配置。',
              'price_per_day'=>268
                        ),
          array( 'type'=>'三床房',
                             'info'=>'此房间备有三张床',
              'price_per_day'=>198
                        ),
          array( 'type'=>'VIP 套房',
                             'info'=>'此房间为 VIP 两间内外套房',
              'price_per_day'=>368
                        )
);
function compare($x, $y){
  if ($x['price_per_day'] == $y['price_per_day']){
    return 0;
 }else if ($x['price_per_day'] < $y['price_per_day']){
    return -1;
 }else{
    return 1;
  }
}

usort($roomtypes, 'compare');

for ($row = 0; $row < 4; $row++){
  reset($roomtypes[$row]);
  while (list($key, $value ) = each( $roomtypes[$row])){
      echo "$key:$value"."\t |";
 }
  echo '<br />';
```

```
    }
?>
</BODY>
</HTML>
```

运行结果如图 6-9 所示。

图 6-9　程序运行结果

【代码详解】

(1)　函数 compare()定义了排序方法，通过对 price_per_day 这一数组元素的对比，进行排序。然后 usort()采用 compare 方法对$roomtypes 这一多维数组进行排序。

(2)　如果这个排序的结果是正向排序，怎么进行反向排序呢？这就需要对排序方法进行调整。其中，recompare( )就是上一段程序中 compare()的相反判断，同样采用 usort()函数输出后，得到如图排序，正好与前一段程序输出顺序相反。

6.6　实例 10——字符串与数组的转换

使用 explode()和 implode()函数来实现字符串和数组之间的转化。explode()用于把字符串按照一定的规则拆分为数组中的元素，并且形成数组。implode()函数用于把数组中的元素按照一定的连接方式转换为字符串。

下面的例子介绍使用 explode()和 implode()函数来实现字符串和数组之间的转化。

【例 6.9】(实例文件：ch06\6.9.php)

```
    <!DOCTYPE html PUBLIC "-//W3C//DTD XHTML 1.0 Transitional//EN"
"http://www.w3.org/TR/xhtml1/DTD/xhtml1-transitional.dtd">
<html xmlns="http://www.w3.org/1999/xhtml">
<HEAD><meta http-equiv="Content-Type" content="text/html; charset=gb2312"/>
<h2>字符串与数组之间的转换。</h2></HEAD>
<BODY>
<?php
 $prices_per_day = array('单床房'=> 298,'标准间'=> 268,'三床房'=> 198,'VIP 套房'
=> 368);
 echo implode('元每天/ ',$prices_per_day).'<br />';

 $roomtypes ='单床房,标准间,三床房,VIP 套房';
```

```
    print_r(explode(',',$roomtypes));
?>
</BODY>
</HTML>
```

运行结果如图 6-10 所示。

图 6-10 程序运行结果

【代码详解】

(1) $prices_per_day 为数组。 implode('元每天/ ',$prices_per_day)对$prices_per_day 中的数组元素中间添加连接内容，也叫元素胶水(glue)，把它们连接成一个字符串输出。这个元素胶水(glue)只在元素之间，如图 6-10 所示。

(2) $roomtypes 为一个有 "，" 号分开的字符串。explode(',',$roomtypes)确认分隔符为 "，" 号后，以 "，" 号为标记把字符串中的字符分为 4 个数组元素，并且生成数组返回。

6.7 向数组中添加和删除元素

数组创建完成后，用户还可以继续添加和删除元素，从而满足实际工作的需要。

6.7.1 实例 11——向数组中添加元素

数组是数组元素的集合。如果向数组中添加元素，就像是往一个盒子里面放东西。这就牵扯到了 "先进先出" 或是 "后进先出" 的问题。

先进先出，有点像排队买火车票。先进到购买窗口区域的，购买完成之后从旁边的出口出去。

后进先出，有点像是给枪的弹夹上子弹。最后押上的那一颗子弹是要最先打出去的。

PHP 对数组添加元素的处理使用 push()、pop()、shift()和 unshift()函数来实现，可以实现先进先出，也可以实现后进先出。

下面的例子介绍在数组前面添加元素，以实现后进先出。

【例 6.10】(实例文件：ch06\6.10.php)

```
<!DOCTYPE html PUBLIC "-//W3C//DTD XHTML 1.0 Transitional//EN"
"http://www.w3.org/TR/xhtml1/DTD/xhtml1-transitional.dtd">
<HTML xmlns="http://www.w3.org/1999/xhtml">
```

```
<HEAD><meta http-equiv="Content-Type" content="text/html; charset=gb2312" />
<h2>数组元素添加之后进先出。</h2></HEAD>
<BODY>
<?php
   $clients = array('李丽丽','赵大勇','方芳芳');
   array_unshift($clients, '王小明','刘小帅');
   print_r($clients);
?>
</BODY>
</HTML>
```

运行结果如图 6-11 所示。

图 6-11　程序运行结果

【代码详解】

(1)　数组$clients 原本拥有三个数组元素，array_unshift()向数组$clients 的头部添加了数组元素'王小明','刘小帅'。最后通过 print_r()输出，通过其数字索引可以知道添加元素的位置。

(2)　array_unshift()函数的格式为：

```
array_unshift(目标数组,[预添加数组元素,预添加数组元素,…])
```

同样的例子介绍在数组后面添加元素，以实现先进先出。

【例 6.11】(实例文件：ch06\6.11.php)

```
<!DOCTYPE html PUBLIC "-//W3C//DTD XHTML 1.0 Transitional//EN"
"http://www.w3.org/TR/xhtml1/DTD/xhtml1-transitional.dtd">
<HTML xmlns="http://www.w3.org/1999/xhtml">
<HEAD><meta http-equiv="Content-Type" content="text/html; charset=gb2312"/>
<h2>数组元素添加之先进先出。</h2></HEAD>
<BODY>
<?php
   $clients = array('李丽丽','赵大勇','方芳芳');
   array_push($clients, '王小明','刘小帅');
   print_r($clients);
?>
</BODY>
</HTML>
```

运行结果如图 6-12 所示。

图 6-12　程序运行结果

【代码详解】

(1)　数组$clients 原本拥有三个数组元素，array_push()向数组$clients 的尾部添加了数组元素'王小明'、'刘小帅'。最后通过 print_r()输出，通过其数字索引可以知道添加元素的位置。

(2)　array_push()函数的格式为：

```
array_push(目标数组,[预添加数组元素,预添加数组元素,…])
```

其中，push 的意思就是"推"的意思，这个过程就像是排队的时候把人从队伍后面向前推。

6.7.2　实例 12——从数组中删除元素

从数组中删除元素是添加元素的逆过程。PHP 使用 array_shift()和 array_pop()函数分别从数组的头部和尾部删除元素。

下面的例子介绍在数组前面删除第一个元素并返回元素值。

【例 6.12】(实例文件：ch06\6.12.php)

```
<!DOCTYPE html PUBLIC "-//W3C//DTD XHTML 1.0 Transitional//EN"
"http://www.w3.org/TR/xhtml1/DTD/xhtml1-transitional.dtd">
<HTML xmlns="http://www.w3.org/1999/xhtml">
<HEAD><meta http-equiv="Content-Type" content="text/html; charset=gb2312"/>
<h2>删除数组开头的第一个元素。</h2></HEAD>
<BODY>
<?php
   $services = array('洗衣','订餐','导游','翻译');
   $deletedservices = array_shift($services);
   echo $deletedservices."<br />";
   print_r($services);
?>
</BODY>
</HTML>
```

运行结果如图 6-13 所示。

图 6-13 程序运行结果

【代码详解】

(1) 数组$services 原本拥有四个数组元素，array_shift()从数组$services 的头部删除了第一个数组元素，并且直接把所删除的元素值返回，且赋值给了变量$deletedservices。最后通过 echo 输出$deletedservices，以及用 print_r()输出$services。

(2) array_shift()函数仅仅删除目标数组的头一个数组元素。它的格式如下：

```
array_ shift(目标数组)
```

以上例子为数字索引数组，如果是带键值的联合索引数组，它的效果相同，返回所删除元素的元素值。

同样的例子介绍在数组后面删除最后一个元素并返回元素值。

【例 6.13】(实例文件：ch06\6.13.php)

```
<!DOCTYPE html PUBLIC "-//W3C//DTD XHTML 1.0 Transitional//EN"
"http://www.w3.org/TR/xhtml1/DTD/xhtml1-transitional.dtd">
<HTML xmlns="http://www.w3.org/1999/xhtml">
<HEAD><meta http-equiv="Content-Type" content="text/html; charset=gb2312"/>
<h2>删除数组结尾的最后一个元素。</h2></HEAD>
<BODY>
<?php
  $serivces = array('s1'=>'洗衣','s2'=>'订餐','s3'=>'导游','s4'=>'翻译');
  $deletedservices = array_pop($services);
  echo $deletedservices."<br />";
  print_r($services);
?>
</BODY>
</HTML>
```

运行结果如图 6-14 所示。

图 6-14 程序运行结果

【代码详解】

(1) 数组$services 原本拥有四个数组元素，array_pop()从数组$services 的尾部删除了最后一个数组元素，并且直接把所删除的元素值返回，且赋值给了变量$deletedservices。最后通过 echo 输出$deletedservices，以及用 print_r()输出$services。

(2) array_ pop()函数仅仅删除目标数组的最后一个数组元素。它的格式如下：

```
array_ pop(目标数组)
```

这个例子中的数组是一个联合数组。

6.8 实例 13——查询数组中指定元素

数组是一个数据集合。能够在不同类型的数组和不同结构的数组内确定某个特定元素是否存在，是必要的。PHP 提供 in_array()、array_key_exists()、array_search()、array_keys()和 array_values()按照不同方式查询数组元素。

下面的例子介绍查询数字索引数组和联合索引数组，并且都是一维数组。

【例 6.14】(实例文件：ch06\6.14.php)

```
<!DOCTYPE html PUBLIC "-//W3C//DTD XHTML 1.0 Transitional//EN"
"http://www.w3.org/TR/xhtml1/DTD/xhtml1-transitional.dtd">
<HTML xmlns="http://www.w3.org/1999/xhtml">
<HEAD><meta http-equiv="Content-Type" content="text/html; charset=gb2312"/>
<h2>查询一维数组。</h2></HEAD>
<BODY>
<?php
 $roomtypes = array( '单床房','标准间','三床房','VIP 套房');
 $prices_per_day = array('单床房'=> 298,'标准间'=> 268,'三床房'=> 198,'VIP 套房'
=> 368);

if(in_array( '单床房',$roomtypes)){echo '单床房元素在数组$roomtypes 中。<br />';}
if(array_key_exists( '单床房',$prices_per_day)){echo '键名为单床房的元素在数组
$prices_per_day 中。<br />';}
if(array_search( 268,$prices_per_day)){echo '值为 268 的元素在数组
$prices_per_day 中。<br />';}

    $prices_per_day_keys = array_keys($prices_per_day);
    print_r($prices_per_day_keys);
    $prices_per_day_values = array_values($prices_per_day);
    print_r($prices_per_day_values);
?>
</BODY>
</HTML>
```

运行结果如图 6-15 所示。

图 6-15　程序运行结果

【代码详解】

（1）　数组$roomtypes 为一个数字索引数组。in_array('单床房',$roomtypes)判定元素'单床房'是否在数组$roomtypes 中，如果在，则返回 true。if 语句得到返回值为真，便打印表述如图 6-15 所示。

（2）　数组$prices_per_day 为一个联合索引数组。array_key_exists('单床房',$prices_per_day)判定一个键值为'单床房'的元素是否在数组$prices_per_day 中，如果在，则返回 true。if 语句得到返回值为真，便打印表述如图 6-15 所示。array_key_exists()是专门针对联合数组的"键名"进行查询的函数。

（3）　array_search()是专门针对联合数组的"元素值"进行查询的函数。同样针对数组$prices_per_day 这个联合数组。array_search(268,$prices_per_day)判定一个元素值为 268 的元素是否在数组$prices_per_day 中，如果在，则返回 true。if 语句得到返回值为真，便打印表述如图 6-15 所示。

（4）　函数 array_keys()是取得数组"键值"，并把键值作为数组元素输出为一个数字索引数组的函数。主要用于联合索引数组。array_keys($prices_per_day)获得数组$prices_per_day 的键值，并把它赋值给变量$prices_per_day_keys 为一个数组。用 print_r()打印表述如图 6-15 所示。函数 array_keys()虽然也可以取得数字索引数组的数字索引，但是这样意义不大。

（5）　函数 array_values()是取得数组元素的"元素值"，并把元素值作为数组元素输出为一个数字索引数组的函数。array_values($prices_per_day)获得数组$prices_per_day 的元素值，并把它赋值给变量$prices_per_day_values 为一个数组。用 print_r()打印表述如图 6-15 所示。

这几个函数只是针对一维数组，无法用于多维数组。它们在查询多维数组的时候，会只处理最外围的数组，其他内嵌的数组都作为数组元素处理，不会得到内嵌数组内的键值和元素值。

6.9　实例 14——统计数组元素个数

使用 count()函数统计数组的元素个数。

下面的例子介绍 count()函数统计数组的元素个数。

【例 6.15】(实例文件：ch06\6.15.php)

```
<!DOCTYPE html PUBLIC "-//W3C//DTD XHTML 1.0 Transitional//EN"
"http://www.w3.org/TR/xhtml1/DTD/xhtml1-transitional.dtd">
```

```
<HTML xmlns="http://www.w3.org/1999/xhtml">
<HEAD><meta http-equiv="Content-Type" content="text/html; charset=gb2312"/>
<h2>用 count()函数统计数组元素个数。</h2></HEAD>
<BODY>
<?php
  $prices_per_day = array('单床房'=> 298,'标准间'=> 268,'三床房'=> 198,'VIP套房'
=> 368);
  $roomtypesinfo = array( array( 'type'=>'单床房',
                               'info'=>'此房间为单人单间。',
                                 'price_per_day'=>298
                             ),
                       array( 'type'=>'标准间',
                             'info'=>'此房间为两床标准配置。',
                                 'price_per_day'=>268
                             ),
                       array( 'type'=>'三床房',
                             'info'=>'此房间备有三张床',
                                 'price_per_day'=>198
                             ),
                       array( 'type'=>'VIP套房',
                             'info'=>'此房间为 VIP 两间内外套房',
                                 'price_per_day'=>368
                             )
                       );
  echo count($prices_per_day).'个元素在数组$prices_per_day中。<br />';
  echo count($roomtypesinfo).'个内嵌数组在二维数组$roomtypesinfo中。<br />';
  echo count($roomtypesinfo,1).'个元素在$roomtypesinfo中。<br />';
?>
</BODY>
</HTML>
```

运行结果如图 6-16 所示。

图 6-16　程序运行结果

【代码详解】

(1) 数组$prices_per_day 通过 count()函数返回整数 4。因为数组$prices_per_day 有 4 个数组元素。

(2) 数组 $roomtypesinfo 为一个二维数组。 count($roomtypesinfo) 只统计了数组 $roomtypesinfo 内的 4 个内嵌数组的数量。所以输出如图 6-16 所示。

(3) echo count($roomtypesinfo,1)这一语句中，count()函数设置了一个模式(mod)为整数

"1"。这个模式(mod)设置为整数"1"的意义是，count 统计的时候要对数组内部所有的内嵌数组进行循环查询。所以最终的结果是所有内嵌数组的个数加上内嵌数组内元素的个数。是 4 个内嵌数组加上 12 个数组元素，为 16。

使用 array_count_values()函数对数组内的元素值进行统计，并且返回一个以函数值为"键值"，以函数值个数为"元素值"的数组。

下面的例子介绍 array_count_values()函数统计数组的元素值个数。

【例 6.16】(实例文件：ch06\6.16.php)

```
<!DOCTYPE html PUBLIC "-//W3C//DTD XHTML 1.0 Transitional//EN"
"http://www.w3.org/TR/xhtml1/DTD/xhtml1-transitional.dtd">
<HTML xmlns="http://www.w3.org/1999/xhtml">
<HEAD><meta http-equiv="Content-Type" content="text/html; charset=gb2312" />
<h2>用 array_count_values()函数统计数组内元素值。</h2></HEAD>
<BODY>
<?php
  $prices_per_day = array('单床房'=> 298,'标准间'=> 268,'三床房'=> 198,'四床房'
=> 198,'VIP 套房'=> 368);
  print_r(array_count_values($prices_per_day));
?>
</BODY>
</HTML>
```

运行结果如图 6-17 所示。

图 6-17　程序运行结果

【代码详解】

(1) 数组$prices_per_day 为一个联合数组，通过 array_count_values($prices_per_day)统计数组内元素值的个数和分布，然后以(键值和值)的形式返回一个数组，返回如图 6-17 所示。元素值为"198"的元素有两个，虽然它们的键值完全不同。

(2) array_count_values()只能用于一维数组。因为它不能对内嵌的数组当作元素进行统计。

6.10　实例 15——删除数组中重复元素

使用 array_unique()函数实现数组中元素的唯一性。也就是去掉数组中重复的元素。不管是数字索引数组还是联合索引数组，都是以元素值为准。array_unique()函数返回具有唯一性元素值的数组。

下面的例子介绍 array_unique()函数去掉数组中重复的元素。

【例 6.17】(实例文件：ch06\6.17.php)

```
<!DOCTYPE html PUBLIC "-//W3C//DTD XHTML 1.0 Transitional//EN"
"http://www.w3.org/TR/xhtml1/DTD/xhtml1-transitional.dtd">
<HTML xmlns="http://www.w3.org/1999/xhtml">
<HEAD><meta http-equiv="Content-Type" content="text/html; charset=gb2312" />
<h2>用 array_unique()函数清除数组内重复元素值。</h2></HEAD>
<BODY>
<?php
  $prices_per_day = array('单床房'=> 298,'标准间'=> 268,'三床房'=> 198,'四床房'
=> 198,'VIP 套房'=> 368);
  $prices_per_day2 = array('单床房'=> 298,'标准间'=> 268,'四床房'=> 198,'三床房'
=> 198,'VIP 套房'=> 368);
  print_r(array_unique($prices_per_day));
  print_r(array_unique($prices_per_day2));
?>
</BODY>
</HTML>
```

运行结果如图 6-18 所示。

图 6-18　程序运行结果

【代码详解】

数组$prices_per_day 为一个联合索引数组，通过 array_unique($prices_per_day)去除重复的元素值。array_unique()函数去除重复的值是去除第二个出现的相同值。所以，由于 $prices_per_day 与$prices_per_day2 数组中，键值为"三床房"和键值为"四床房"的 198 元素的位置正好相反，所以对两次输出所保留的值也正好相反，如图 6-18 所示。

6.11　实例 16——调换数组中的键值和元素值

使用 array_flip()函数调换数组中的键值和元素值。

下面的例子介绍 array_flip()函数调换数组中的键值和元素值，具体步骤如下。

【例 6.18】(实例文件：ch06\6.18.php)

```
<!DOCTYPE html PUBLIC "-//W3C//DTD XHTML 1.0 Transitional//EN"
"http://www.w3.org/TR/xhtml1/DTD/xhtml1-transitional.dtd">
```

```
<HTML xmlns="http://www.w3.org/1999/xhtml">
<HEAD><meta http-equiv="Content-Type" content="text/html; charset=gb2312" />
<h2>用 array_flip()函数调换数组内键值和元素值。</h2></HEAD>
<BODY>
<?php
  $prices_per_day = array('单床房'=> 298,'标准间'=> 268,'三床房'=> 198,'四床房'
=> 198,'VIP 套房'=> 368);
  print_r(array_flip ($prices_per_day));
?>
</BODY>
</HTML>
```

运行结果如图 6-19 所示。

图 6-19　程序运行结果

【代码详解】

数组$prices_per_day 为一个联合索引数组，通过 array_flip($prices_per_day)调换联合索引数组的键值和元素值，并且加以返回。但是有意思的是，$prices_per_day 是一个拥有重复元素值的数组，且这两个重复元素值的"键名"是不同的。array_flip()是逐个调换每个数组元素的键值和元素值。而如果原来的元素值变为键名以后，就有两个原先为键名的，现在调换为元素值的数值与之对应。调换后，array_flip()等于对原来的元素值，现在的键名，赋值。当array_flip()再次调换到原来相同的、现在为键名的值时，相当于对同一个键名再次赋值，则头一个调换时的赋值将会被覆盖，最终显示的是第二次的赋值。

6.12　实例 17——数组的序列化

数组的序列化(serialize)是用来将数组的数据转换为字符串，以便于传递和数据库的储存。而与之相对应的操作就是反序列化(unserialize)，把字符串数据转换为数组加以使用。

下面的例子介绍 serialize()函数和 unserialize()函数。

【例 6.19】(实例文件：ch06\6.19.php)

```
<!DOCTYPE html PUBLIC "-//W3C//DTD XHTML 1.0 Transitional//EN"
"http://www.w3.org/TR/xhtml1/DTD/xhtml1-transitional.dtd">
<HTML xmlns="http://www.w3.org/1999/xhtml">
<HEAD></HEAD>
<BODY>
<?php
```

```php
$arr = array('王小明','李丽丽','方芳芳','刘小帅','张大勇','张明明');
$str = serialize($arr);
echo $str."<br /><br />";
$new_arr = unserialize($str);
print_r($new_arr);
?>
</BODY>
</HTML>
```

运行结果如图 6-20 所示。

图 6-20　程序运行结果

【代码详解】

serialize()和 unserialize()两个函数的使用是比较简单的，但是通过这样的方法对数组数据的储存和传递将会有十分方便的效果。比如，可以直接把序列化之后的数组数据存放在数据库的某个字段中。在使用时再通过反序列化进行处理。

6.13　高手甜点

甜点 1：数组的合并与联合的区别？

对数组的合并使用函数 array_merge()函数。两个数组的元素会合并为一个数组的元素。而数组的联合，是指两个一维数组，一个作为关键字，另一个作为数组元素值，而联合成为一个新的联合索引数组。

甜点 2：如何快速清空数组？

在 PHP 中，快速清空数组的方法如下：

```php
arr=array()      //理解为重新给变量赋一个空的数组
unset($arr)      //这个才是真正意义上的释放，将资源完全释放
```

6.14　跟我练练手

上机 1：做一个包含数字索引的例子。

上机 2：做一个包含关联索引的例子。

上机 3：做一个一维数组和多维数组的例子。

上机 4：做一个遍历一维数组和多维数组的例子。

上机 5：做一个字符串和数组转换的例子。

上机 6：做一个向数组中添加和删除元素的例子。

上机 7：做一个数组序列化的例子。

第 2 篇

核 心 技 术

第 7 章

PHP 与 Web
页面交互

PHP 是一种专门设计用于 Web 开发的服务器端脚本语言。从这个描述可以知道，PHP 要打交道的对象主要有服务器(server)和基于 Web 的 HTML(超文本标识语言)。使用 PHP 处理 Web 应用时，需要把 PHP 代码嵌入 HTML 文件中。每次当这个 HTML 网页被访问的时候，其中嵌入的 PHP 代码就会被执行，并且返回给请求浏览器以生成好的 HTML。换句话说，在上述过程中，PHP 就是用来被执行且生成 HTML 的。本章主要讲述 PHP 与 Web 页面的交互操作技术。

本章要点(已掌握的在方框中打钩)

- ☐ 了解使用动态内容
- ☐ 掌握表单与 PHP 的联系
- ☐ 掌握表单设计的方法
- ☐ 掌握传递数据的方法
- ☐ 掌握获取表单传递数据的方法

7.1 实例 1——使用动态内容

为什么要使用动态内容呢？因为动态内容可以给网站使用者不同的和实时变化的内容，这极大地提高了网站的可用性。如果 Web 应用都只是使用静态内容，则 Web 编程就完全不用引入 PHP、JSP 和 ASP 等服务器端脚本语言了。通俗地说，使用 PHP 语言的主要原因之一，就是使用动态内容。

下面进行使用动态内容案例的讲解。此例中，在不涉及变量和数据类型的情况下，将使用 PHP 中的一个内置函数来获得动态内容。此动态内容就是使用 date()函数获得 Web 服务器的时间。

【例 7.1】(实例文件：ch7\7.1.php)

```html
<HTML>
<HEAD><h2>PHP Tells time. - PHP告诉我们时间。</h2></HEAD>
<BODY>
  <?php date_default_timezone_set("PRC");
    echo "现在的时间为：";
    echo date("H:i:s Y m d");
  ?>
</BODY>
</HTML>
```

运行结果如图 7-1 所示。

过一段时间再次运行上述 PHP 页面，即可看到显示的内容发生了动态的变化，如图 7-2 所示。

图 7-1　程序运行结果

图 7-2　时间发生变化

【代码详解】

(1) "PHP Tells time. - PHP 告诉我们时间。"是 HTML 中的<HEAD><h2>PHP Tells time. - PHP 告诉我们时间。</h2></HEAD>所生成的。后面的"现在的时间为： 12:30:43 2015 09 16"是由<?php echo "现在的时间为： "; echo date("H:i:s Y m d"); ?>生成的。

(2) 由于"现在的时间为：12:30:43 2015 09 16"是由 date()函数动态生成并且实时更新的，如果再次打开或刷新此文件的时候，PHP 代码将被再次执行，所输出的时间也会发生改变。

（3）此实例中通过 date()函数处理系统时间，得到动态内容。时间处理是 PHP 中一项重要的功能。

7.2　表单与 PHP

不管是一般的企业网站还是复杂的网络应用，都离不开数据的添加。通过 PHP 服务器端脚本语言，程序可以处理那些通过浏览器对 Web 应用进行数据调用或添加的请求。

回忆一下平常使用的网站数据输入功能，不管是 Web 邮箱，或是 QQ 留言，都经常要填一些表格，再由这些表格把数据发送出去。而完成这个工作的部件就是"表单"(form)。

虽然表单是 HTML 的东西，但是 PHP 与 form 变量的衔接是无缝的。PHP 关心的则是怎么获得和使用 form 中的数据。由于 PHP 功能强大，可以很轻松地对它们进行处理。

处理表单数据的基本过程是：数据从 Web 表单发送到 PHP 代码，经过处理再生成 HTML 输出。它的处理原理是：当 PHP 处理一个页面的时候，会检查 URL、表单数据、上传文件、可用 cookie、Web 服务器和环境变量。如果有可用信息，就可以通过 PHP 访问自动全局变量数组\$_GET、\$_POST、\$_FILES、\$_COOKIE、\$_SERVER、\$_ENV 得到。

7.3　表　单　设　计

表单是一个比较特殊的组件。在 HTML 中有着比较特殊的功能与结构。下面了解一下表单的一些基本元素。

7.3.1　表单基本结构

表单的基本结构，是由<form></form>标签包裹的区域。例如：

```
<HTML>
<HEAD></HEAD>
<BODY>
<form action=" " method=" " enctype=" " >
    …
</form>
</BODY>
</HTML>
```

其中，<form >标签内必须包含的属性 action 指定数据所要发送的对象文件，method 指定数据传输的方式。如果在上传文件等操作时还要定义 enctype 属性指定数据类型。

7.3.2　实例 2——文本框

文本框是 form 输入框中最为常见的一个。下面通过实例讲述文本框的应用方法。
具体操作如下。

step 01 在网站根目录下创建 phpform 文件夹，然后在其下创建文件 formdemo.html，代码如下：

```
<HTML>
<HEAD></HEAD>
<BODY>
<form action="formdemohandler.php" method="post">
  <h3>输入一个信息(比如名称): </h3>
  <input type="text" name="name" size="10" />
</form>
</BODY>
</HTML>
```

step 02 在 phpform 文件夹下创建文件 formdemohandler.php，代码如下：

```
<HTML>
<HEAD></HEAD>
<BODY>
<?php
  $name = $_POST['name'];
  echo $name;
?>
</BODY>
</HTML>
```

运行 formdemo.html，结果如图 7-3 所示。

图 7-3 程序运行结果

【代码详解】

(1) <input type="text" name="name" size="10" />语句定义了 form 的文本框。定义一个输入框为文本框的必要因素为

```
<input type="text" … />
```

这样就定义了一个文本框，其他的属性则如例中一样，可以定义文本框的 name 属性，以确认此文本框的唯一性，size 属性以确认此文本框的长度。

(2) 在 formdemohandler.php 文件中，则使用了文本框的 name 值为 "name"。

7.3.3 实例 3——选项框

复选框可用于选择一项或者多项。通过修改 formdemo 的例子加以说明。具体操作如下。

step 01 在 phpform 文件夹下修改文件 formdemo.html，其代码如下：

```
<HTML>
<HEAD></HEAD>
<BODY>
<form action="formdemohandler.php" method="post">
 <h3>输入一个信息(比如名称)：</h3>
 <input type="text" name="name" size="10" />
 <h3>确认此项(可复选)：</h3>
 <input type="checkbox" name="achecked" checked="checked" value="1" />
 选择此项传递的 A 项的 value 值。
 <input type="checkbox" name="bchecked"  value="2" />
 选择此项传递的 B 项的 value 值。
 <input type="checkbox" name="cchecked"  value="3" />
 选择此项传递的 C 项的 value 值。
</form>
</BODY>
</HTML>
```

step 02 在 phpform 文件夹下修改文件 formdemohandler.php，其代码如下：

```
<HTML>
<HEAD></HEAD>
<BODY>
<?php
 $name = $_POST['name'];
 if(isset($_POST['achecked'])){
   $achecked = $_POST['achecked'];
 }
 if(isset($_POST['bchecked'])){
 $bchecked = $_POST['bchecked'];
 }
 if(isset($_POST['cchecked'])){
 $cchecked = $_POST['cchecked'];
 }
 $aradio = $_POST['aradio'];
 $aselect = $_POST['aselect'];

 echo $name."<br />";

 if(isset($achecked) and $achecked == 1){
   echo "选项 A 的 value 值已经被正确传递。<br />";
 }else{
   echo "选项 A 没有被选择，其 value 值没有被传递。<br />";
 }
 if(isset($bchecked) and $bchecked == 2){
   echo "选项 B 的 value 值已经被正确传递。<br />";
 }else{
   echo "选项 B 没有被选择，其 value 值没有被传递。<br />";
 }
```

```
    if(isset($cchecked) and $cchecked == 3){
        echo "选项C的value值已经被正确传递。<br />";
    }else{
        echo "选项C没有被选择，其value值没有被传递。<br />";
    }
?>
</BODY>
</HTML>
```

step 03 运行 formdemo.html，结果如图 7-4 所示。

图 7-4　程序运行结果

【代码详解】

(1)　<input type="checkbox" name="inputchecked" checked="checked" value="1" />语句定义了复选框。定义一个 input 标识为复选框时需指定类型为 checkbox：

```
<input type="checkbox" … />
```

定义为复选框之后，还需要定义复选框的 name 属性，以确定在服务器端程序的唯一性，定义 value 属性，以确定此单选项所要传递的值。定义 checked 属性，以确定复选框的默认状态，若为 checked 则默认为选择，如果不定义此项，默认情况下为不选择。

(2)　在 formdemohandler.php 文件中，则使用了选项的 name 值为 "achecked" 、name 值为 "bchecked" 、name 值为 "cchecked" ，并且根据 value 值做出判断。

7.3.4　实例4——单选按钮

下面通过案例来介绍如何使用单选按钮，仍然通过修改 formdemo 的例子加以说明，具体步骤如下。

step 01 在 phpform 文件夹下修改文件 formdemo.html，代码如下：

```
<HTML>
<HEAD></HEAD>
<BODY>
<form action="formdemohandler.php" method="post">
…
```

```
    <h3>单选一项: </h3>
    <input type="radio"  name="aradio" value="a1" />蓝天
    <input type="radio"  name="aradio" value="a2" checked="checked" />白云
    <input type="radio"  name="aradio" value="a3" />大海
</form>
</BODY>
</HTML>
```

step 02 在 phpform 文件夹下修改文件 formdemohandler.php，代码如下：

```
<HTML>
<HEAD></HEAD>
<BODY>
<?php
…
  $aradio = $_POST['aradio'];

  echo $name;
…
  if(isset($achecked) and $cchecked == 3){
     echo "选项 C 的 value 值已经被正确传递。<br />";
  }else{
     echo "选项 C 没有被选择，其 value 值没有被传递。<br />";
  }
  if($aradio == 'a1'){
     echo "蓝天";
  }else if($aradio == 'a2'){
     echo "白云";
  }else{
     echo "大海";
  }
?>
</BODY>
</HTML>
```

step 03 运行 formdemo.html，结果如图 7-5 所示。

图 7-5　程序运行结果

【代码详解】

(1) <input type="radio" name="aradio" value="a1" />语句定义了一个单选按钮。后面的

<input type="radio" name="aradio" value="a2" checked="checked" />和<input type="radio" name="aradio" value="a3" />定义了另外的两个单选按钮。

定义一个 input 标识为单选按钮时需指定类型为 radio：

```
<input type="radio" … />
```

定义为单选按钮之后，还需要定义单选按钮的 name 属性，以确定在服务器端程序的唯一性，定义 value 属性，以确定此单选按钮所要传递的值。定义 checked 属性，以确定单选按钮的默认状态，若为 checked 则默认为选择，如果不定义此项，默认情况下为不选择。

（2）在 formdemohandler.php 文件中，则使用了单选按钮的 name 值为"aradio"。然后 if 语句通过对 aradio 传递的不同的值，做出判断，打印不同的值。

7.3.5　实例 5——下拉列表

下面通过案例来介绍下拉列表的使用方法和技巧。仍然通过修改 formdemo 的例子加以说明。具体操作如下。

step 01　在 phpform 文件夹下修改文件 formdemo.html，添加代码如下：

```
<HTML>
<HEAD></HEAD>
<BODY>
<form action="formdemohandler.php" method="post">
…
  <h3>在下拉菜单中一项：</h3>
    <select name="aselect" size="1">
        <option value="hainan">海南</option>
        <option value="qingdao" selected>青岛</option>
        <option value="beijing">北京</option>
        <option value="xizang">西藏</option>
    </select>
</form>
</BODY>
</HTML>
```

step 02　在 phpform 文件夹下修改文件 formdemohandler.php，代码如下：

```
<HTML>
<HEAD></HEAD>
<BODY>
<?php
…
  $aselect = $_POST['aselect'];

  echo $name."<br />";
…
  }else{
    echo "大海";
  }
  if($aselect == 'hainan'){
    echo "海南";
  }else if($aselect == 'qingdao'){
```

```
        echo "青岛";
    }else if($aselect == 'beijing'){
        echo "北京";
    }else{
        echo "西藏";
    }

?>
</BODY>
</HTML>
```

step 03 运行 formdemo.html，结果如图 7-6 所示。

图 7-6　程序运行结果

【代码详解】

(1) 下拉列表是通过<select></select>标签表示的。而下拉列表中的选项是通过包含在其中的<option></option>标签表示的。<select>标签中 name=""定义下拉列表的 name 属性，以确认它的唯一性。<option>标签中 value=""定义需要传递的值。

(2) 在 formdemohandler.php 文件中，则使用了选项的 name 值为 "aselect"。然后 if 语句通过对 aradio 传递的不同的值，做出判断，打印不同的值。

7.3.6　实例 6——重置按钮

重置按钮用来重置所有的表单输入的数据。重置按钮的使用，仍然通过修改 formdemo 的例子加以说明，具体步骤如下。

step 01 在文件夹下修改文件 formdemo.html，代码如下：

```
<HTML>
<HEAD></HEAD>
<BODY>
<form action="formdemohandler.php" method="post">
...
```

```
        <h3>单击此按钮重置所有信息: </h3>
      <input type="RESET" value="重置">
</form>
</BODY>
</HTML>
```

step 02 运行 formdemo.html，结果如图 7-7 所示。

step 03 单击"重置"按钮，页面中所有输入数据被重置为默认值，如图 7-8 所示。

图 7-7　程序运行结果 1

图 7-8　程序运行结果 2

【代码详解】

由<input type="RESET" value="重置">语句可见，重置按钮是<input />标签的一种。定义一个 input 标识为单选按钮的必要因素为

```
<input type="reset" … />
```

value 属性是按钮所显示的字符。

7.3.7　实例 7——提交按钮

到现在为止，上面程序中 form 中的所有元素都已经设置完成，并且在相应的 PHP 文件中做出了处理。这个时候，想要把 HTML 页面中所有的数据发送出去给相应 PHP 文件进行处理，就需要使用 submit 按钮，也就是提交按钮。完成添加提交按钮，并且提交数据。具体步骤如下。

step 01 在 phpform 文件夹下修改文件 formdemo.html，为最终代码如下：

```
<HTML>
<HEAD></HEAD>
<BODY>
<form action="formdemohandler.php" method="post">
  <h3>输入一个信息(比如名称): </h3>
  <input type="text" name="name" size="10" />
  <h3>确认此项(可复选): </h3>
```

```
<input type="checkbox" name="achecked" checked="checked" value="1" />
选择此项传递的 A 项的 value 值。
<input type="checkbox" name="bchecked"  value="2" />
选择此项传递的 B 项的 value 值。
<input type="checkbox" name="cchecked"  value="3" />
选择此项传递的 C 项的 value 值。
 <h3>单选一项: </h3>
 <input type="radio"  name="aradio" value="a1" />蓝天
 <input type="radio"  name="aradio" value="a2" checked="checked" />白云
 <input type="radio"  name="aradio" value="a3" />大海
 <h3>在下拉菜单中一项: </h3>
   <select name="aselect" size="1">
       <option value="hainan">海南</option>
       <option value="qingdao" selected>青岛</option>
       <option value="beijing">北京</option>
       <option value="xizang">西藏</option>
   </select>
   <h3>单击此按钮重置所有信息: </h3>
 <input type="RESET" value="重置" />
 <h3>点击此按钮提交所有信息到 formdemohandler.php 文件: </h3>
 <input type="submit" value="提交" />
</form>
</BODY>
</HTML>
```

step 02　在 phpform 文件夹下修改文件 formdemohandler.php，其最终代码如下：

```
<HTML>
<HEAD></HEAD>
<BODY>
<?php
 $name = $_POST['name'];
 if(isset($_POST['achecked'])){
   $achecked = $_POST['achecked'];
 }
 if(isset($_POST['bchecked'])){
 $bchecked = $_POST['bchecked'];
 }
 if(isset($_POST['cchecked'])){
 $cchecked = $_POST['cchecked'];
 }
 $aradio = $_POST['aradio'];
 $aselect = $_POST['aselect'];
   echo $name."<br />";
   if(isset($achecked) and $achecked == 1){
   echo "选项 A 的 value 值已经被正确传递。<br />";
 }else{
   echo "选项 A 没有被选择，其 value 值没有被传递。<br />";
 }
 if(isset($bchecked) and $bchecked == 2){
   echo "选项 B 的 value 值已经被正确传递。<br />";
 }else{
   echo "选项 B 没有被选择，其 value 值没有被传递。<br />";
 }
 if(isset($cchecked) and $cchecked == 3){
```

```
        echo "选项C的value值已经被正确传递。<br />";
    }else{
        echo "选项C没有被选择，其value值没有被传递。<br />";
    }

    if($aradio == 'a1'){
        echo "蓝天<br />";
    }else if($aradio == 'a2'){
        echo "白云<br />";
    }else{
        echo "大海<br />";
    }

    if($aselect == 'hainan'){
        echo "海南<br />";
    }else if($aselect == 'qingdao'){
        echo "青岛<br />";
    }else if($aselect == 'beijing'){
        echo "北京<br />";
    }else{
        echo "西藏";
    }
?>
</BODY>
</HTML>
```

step 03 ▶ 运行 formdemo.html 结果如图 7-9 所示。

step 04 ▶ 单击 "提交" 按钮，页面跳转到 formdemohandler.php，输出结果如图 7-10 所示。

图 7-9　程序运行结果

图 7-10　程序输出结果

7.4　传递数据的两种方法

数据传递的常用方法为 POST 和 GET 两种，下面就来介绍这两种方法的使用技巧。

7.4.1　用 POST 方式传递数据

表单(form)传递数据是通过 POST 和 GET 两种方式进行的。在定义表单的属性的时候，都要在 method 属性上定义使用哪种数据传递方式。

<form action="URI" method="post">定义了此表单在把数据传递给目标文件的时候，使用的是 POST 方式。<form action="URI" method="get">则定义了此表单在把数据传递给目标文件的时候，使用的是 GET 方式。

POST 方式，是比较常见的表单提交方式。通过 POST 方式提交的变量，不受特定的变量大小的限制，并且被传递的变量不会在浏览器地址栏里以 URL 的方式显示出来。

7.4.2　实例 8——用 GET 方式传递数据

GET 方式比较有特点。通过 GET 方式提交的变量，有大小限制，不能超过 100 个字符。它的变量名和与之相对应的变量值都会以 URL 的方式显示在浏览器地址栏里。所以，若传递大而敏感的数据，一般不使用此方式。

使用 GET 方式传递数据，是通常用来使用 URL 连接来进行的。

下面对此操作进行讲解，具体步骤如下。

step 01 在网站根目录下建立 getparam.php 文件，输入以下代码并保存：

```php
<?php
if(!$_GET['u'])
{
  echo '参数还没有输入。';
}else{
    $user=$_GET['u'];
    switch ($user){
        case 1:
            echo "用户是王小明";
            break;
        case 2:
            echo "用户是李丽丽";
            break;
    }
}
?>
```

step 02 在浏览器地址栏中输入 "http://localhost/getparam.php?u"，并按 Enter 键确认，运行结果如图 7-11 所示。

step 03 在浏览器地址栏中输入 "http://localhost/getparam.php?u=1"，并按 Enter 键确认，运行结果如图 7-12 所示。

step 04 在浏览器地址栏中输入 "http://localhost/getparam.php?u=2"，并按 Enter 键确认，运行结果如图 7-13 所示。

图 7-11　程序运行结果 1

图 7-12　程序运行结果 2

图 7-13　程序运行结果 3

【代码详解】

(1)　在 URL 中 GET 方式通过 "？" 号后面的数组元素的键名，这里是 "u" 来获得元素值。

(2)　对元素赋值，使用 "=" 号。

(3)　switch 条件语句做出判断并返回结果如图 7-12 和图 7-13 所示。

7.5　PHP 获取表单传递数据的方法

如果表单使用 POST 方式传递数据，则 PHP 要使用全局变量数组\$_POST[]来读取所传递的数据。

表单中元素传递数据给\$_POST[]全局变量数组，其数据以关联数组中的数组元素形式存在。以表单元素的名称属性为键名，以表单元素的输入数据或是传递的数据为键值。

比如上例中 formdemohandler.php 文件中\$name = \$_POST['name']; 语句就是读取名为 name 的文本框中的数据。此数据是以 name 为键值，以文本框输入的数据为键值。

再如\$achecked = \$_POST['achecked']语句，读取名为 achecked 的复选框传递的数据。此数据是以 achecked 为键值，以复选框传递的数据为键值。

如果表单使用 GET 方式传递数据，则 PHP 要使用全局变量数组\$_GET[]来读取所传递的数据。与\$_POST[]相同，表单中元素传递数据给\$_GET[]全局变量数组，其数据以关联数组中的数组元素形式存在。以表单元素的名称属性为键名，以表单元素的输入数据或是传递的数据为键值。

7.6　实例 9——PHP 对 URL 传递的参数进行编码

　　PHP 对 URL 中传递的参数进行编码，一是可以实现对所传递数据的加密，二是可以对无法通过浏览器进行传递的字符进行传递。实现此操作一般使用 urlencode() 函数和 rawurlencode()函数。而对此过程的反向操作就是使用 urldecode()函数和 rawurldecode()函数。

　　下面对此操作进行讲解，具体步骤如下。

step 01　在网站根目录下建立 urlencode.php 文件，输入以下代码并保存。

```php
<?php
$user = '王小明 刘晓莉';
$link1 = "index.php?userid=".urlencode($user)."<br />";
$link2 = "index.php?userid=".rawurlencode($user)."<br />";
echo $link1.$link2;
echo urldecode($link1);
echo urldecode($link2);
echo rawurldecode($link2);
?>
```

step 02　在浏览器地址栏中输入"http://localhost/urlencode.php"，并按 Enter 键确认，运行结果如图 7-14 所示。

图 7-14　程序运行结果

【代码详解】

　　(1)　在$link1 变量的赋值中，使用 urlencode()函数对一个中文字符串$user 进行编码。

　　(2)　在$link2 变量的赋值中，使用 rawurlencode()函数对一个中文字符串$user 进行编码。

　　(3)　这两种编码方式的区别在于对空格的处理，urlencode()函数将空格编码为"+"号，而 rawurlencode()函数将空格编码为"%20"加以表述。

　　(4)　urldecode()函数实现对编码的反向操作。

7.7　实例 10——PHP 与 Web 表单的综合应用

　　下面进行处理表单数据的讲解。此案例中将假设一名网络浏览者在某酒店网站上登记房间。具体步骤如下。

step 01 在网站根目录下建立一个 HTML 文件：form.html，输入以下代码并保存：

```
<HTML>
<HEAD><h2>GoodHome online booking form. - GoodHome 在线订房表。</h2></HEAD>
<BODY>
<form action="formhandler.php" method="post">
<table>
<tr bgcolor="#3399FF">
    <td>客人姓名:</td>
    <td><input type="text" name="customername" size="10" /></td>
</tr>
<tr bgcolor="#CCCCCC" >
    <td>到达时间:</td>
    <td><input type="text" name="arrivaltime" size="3" />天内</td>
</tr>
<tr bgcolor="#3399FF" >
    <td>联系电话:</td>
    <td><input type="text" name="phone" size="15" /></td>
</tr>
<tr bgcolor="#666666" >
    <td align="center"><input type="submit" value="确认订房信息" /></td>
</tr>
</table>
</form>
</BODY>
</HTML>
```

step 02 在浏览器地址栏中输入"http://localhost/form.html"，并按 Enter 键确认，运行结果如图 7-15 所示。

图 7-15　程序运行结果

step 03 在相同目录下建立 PHP 文件 formhandler.php，输入以下代码并保存：

```
<HTML>
<HEAD><h2>GoodHome booking info. - GoodHome 订房表确认信息。</h2></HEAD>
<BODY>
<?php
 $customername = $_POST['customername'];
 $arrivaltime = $_POST['arrivaltime'];
 $phone = $_POST['phone'];
```

```
  echo '<p>订房确认信息:</p>';
  echo '客人 '.$customername.' 您会在 '.$arrivaltime.' 内到达。 您的联系电话是
'.$phone'。';
?>
</BODY>
</HTML>
```

step 04 回到浏览器中打开的 form.html 页面。在表单中输入数据，【客人姓名】为"王小明"、【到达时间】为"3"、【联系电话】为"1359××××377"， 单击【确认订房信息】按钮，浏览器会自动跳转到 formhandler.php 页面，显示结果如图 7-16 所示。

图 7-16　程序运行结果

【代码详解】

(1) 在 form.html 中的 form 通过 POST 方法(method)把三个<input type="text".../>中的文本数据发送给 formhandler.php。

(2) 在 formhandler.php 中， 代码通过读取数组 $_POST 中的具体变量，$_POST['customername']，$_POST['arrivaltime']，$_POST['phone']，并把它赋值给本地变量，$customername，$arrivaltime，$phone。然后，通过 echo 命令使用本地变量，把信息生成 HTML 后输出给浏览器。

(3) 要提到的是 echo '客人 '.$customername.'， 您将会在 '.$arrivaltime.' 天内到达。 您的联系电话是 '.$phone.'。'; 中的 "." 是字符串连接操作符。它把不同部分的字符串连接在一起。在使用 echo 命令的时候经常会用到它。

7.8　高手甜点

甜点 1：使用 urlencode()和 rawurlencode()函数需要注意什么？

要注意的是如果配合 js 处理页面的信息的话，要注意 urlencode()函数使用后，"+"号与 js 的冲突。由于 js 中 "+"号是字符串类型的连接操作符，js 在处理 URL 时无法识别其中的 "+"号。这时可以使用 rawurlencode()函数对其进行处理。

甜点 2：GET 和 POST 的区别和联系是什么？

二者的区别与联系如下。

(1) POST 是向服务器传送数据；GET 是从服务器上获取数据。

(2) POST 是通过 HTTP post 机制，将表单内各个字段与其内容放置在 HTML HEADER 内一起传送到 action 属性所指的 URL 地址。用户看不到这个过程；GET 是把参数数据队列加到提交表单的 action 属性所指的 URL 中，值和表单内各个字段一一对应，在 URL 中可以看到。

(3) 对于 GET 方式，服务器端用 Request.QueryString 获取变量的值；对于 POST 方式，服务器端用 Request.Form 获取提交的数据。

(4) POST 传送的数据量较大，一般被默认为不受限制。但理论上，IIS 4 中最大量为 80KB，IIS 5 中为 100KB；GET 传送的数据量较小，不能大于 2KB。

(5) POST 安全性较高；GET 安全性非常低，但是执行效率却比 POST 方法好。

(6) 在做数据添加、修改或删除时，建议用 POST 方式；而在做数据查询时，建议用 GET 方式。

(7) 机密信息的数据，建议用 POST 数据提交方式。

7.9 跟我练练手

上机 1：做一个显示当前日期和时间的例子。

上机 2：做一个包含文本框、选项框、单选按钮、下拉列表框、重置按钮和提交按钮的用户注册表。

上机 3：做一个用 GET 方式传递数据的例子。

上机 4：做一个在线订购商品的表单。

第 8 章

时间和日期

时间和日期对于很多应用来说是十分敏感的，程序中很多情况下都是依靠时间和日期才能做出判断并完成操作的。例如，酒店商务网站中查看最新的房价的情况，这和时间是密不可分的。本章将介绍日期和时间的获得及格式化方面的内容。

本章要点(已掌握的在方框中打钩)

☐ 了解系统时间的设置方法

☐ 熟悉 UNIX 时间戳的概念

☐ 掌握获取当前时间戳的方法

☐ 掌握获取当前日期和时间的方法

☐ 掌握使用时间戳获取日期的方法

☐ 掌握检验日期有效性的方法

☐ 掌握输出格式化日期的方法

☐ 掌握实现倒计时功能的方法

8.1　系统时区设置

这里的系统时区是指运行 PHP 的系统环境。常见的有 Windows 系统和 UNIX-like(类 UNIX)系统。对于它们的时区的设置关系到运行应用的时间准确性。

8.1.1　时区划分

时区的划分是一个地理概念。从本初子午线开始向东和向西各有 12 个时区。比如我们的北京时间是东 8 区。美国太平洋时间是西 8 区。在 Windows 系统里这个操作比较简单。在设置中的时间时区的控制面板里设置就行了。在 Linux 这样的 UNIX-like 的系统中需要使用命令对时区进行设置。

8.1.2　时区设置

PHP 中日期和时间的默认设置是 GMT 格林尼治时间。在使用日期和时间功能之前，需要对时区进行设置。在中国，就需要使用"Asia/Hong_Kong"香港时间。

时区的设置方法主要有以下两种。

(1) 修改 php.ini 文件的设置。找到";date.timezone="选项，将其值修改为 date.timezone = Asia/Hong_Kong，这样系统默认时间为东 8 区的时间。

(2) 在应用程序中，直接使用函数进行 date_default_timezone_set() 把时区设为 date_default_timezone_set("Asia/Hong_Kong")。此种方法设置时比较灵活。

设置完成后，date()函数便可以正常使用，不会出现时差的问题。

8.2　PHP 日期和时间函数

本节开始学习 PHP 的常用日期和时间函数的使用方法与技巧。

8.2.1　关于 UNIX 时间戳

在很多情况下，程序需要对日期进行比较、运算等操作。如果按照人们日常的计算方法，很容易知道 6 月 5 日和 6 月 8 日相差几天。然而，人们日常对日期的书写方式是 2012-03-08 或 2012 年 3 月 8 日星期五。这让程序如何运算呢？对于整型数据的数学运算好像对这样的描述并不容易处理。如果想知道 3 月 8 日和 4 月 23 日相差几天，则需要把月先转换为 30 天或 31 天，再对剩余天数加减。这是一个很麻烦的过程。

如果时间或者日期是一个连贯的整数，这样处理起来就很方便了。幸运的是，系统的时间正是以这种方式储存的，这种方式就是时间戳，也称为 UNIX 时间戳。UNIX 系统和 UNIX-like 系统把当下的时间储存为 32 位的整数，这个整数的单位是秒，而这个整数的开始时间为格林尼治时间(GMT)的 1970 年 1 月 1 日的零点整。换句话说，就是现在的时间是

GMT 1970 年 1 月 1 日的零点整到现在的秒数。

由于每一秒的时间都是确定的，这个整数就像一个章戳一样不可改变，所以就称为 UNIX 时间戳。

这个时间戳在 Windows 系统下也是成立的，但是与 UNIX 系统不同的是，Windows 系统下的时间戳只能为正整数不能为负值。所以想用时间戳表示 1970 年 1 月 1 日以前的时间是不行的。

PHP 则是完全采用了 UNIX 时间戳的。所以不管 PHP 在哪个系统下运行都可以使用 UNIX 时间戳。

8.2.2 实例 1——获取当前时间戳

获得当前时间的 UNIX 时间戳，以用于得到当前时间。完成此操作直接使用 time()函数即可。time()函数不需要任何参数，直接返回当前日期和时间。

【例 8.1】(实例文件：ch08\8.1.php)

```
<HTML>
<HEAD>
    <TITLE>获取当前时间戳</TITLE>
</HEAD>
<BODY>
  <?php
   $t1 =time();
   echo "当前时间戳为: ".$t1;
  ?>
</BODY>
</HTML>
```

运行结果如图 8-1 所示。

图 8-1 程序运行结果

【代码详解】

(1) 图中的数字 1398145489 表示从 1970 年 1 月 1 日 0 点 0 分 0 秒到本程序执行时间隔的秒数。

(2) 如果每隔一段时间刷新一次页面，获取的时间戳的值将会增加。这个数字会一直不断变大，即每过 1 秒，此值就会加 1。

8.2.3 获取当前日期和时间

使用 date()函数返回当前日期，如果在 date()函数中使用参数"U"则返回当前时间的UNIX 时间戳。如果使用参数"d"则直接返回当前月份的 01 到 31 日的两位数日期。等等。

然而，date()函数有很多的参数，具体含义如表 8-1 所示。

表 8-1 date()函数的参数及其含义

参　数	含　义	参　数	含　义
a	小写 am 或 pm	A	大写 AM 或 PM
d	01 到 31 的日期	D	Mon 到 Sun 的简写星期
e	显示时区		
		F	月份的全拼单词
g	12 小时格式的小时数(从 1 到 12)	G	24 小时格式的小时数(从 0 到 23)
h	12 小时格式的小时数(从 01 到 12)	H	24 小时格式的小时数(从 00 到 23)
i	分钟数(从 01 到 60)	I	Daylight
j	一月中的天数(从 1 到 31)		
l	一周中天数的全拼	L	Leap year
m	月份(从 01 到 12)	M	三个字母的月份简写(从 Jan 到 Dec)
n	月份(从 1 到 12)		
		O	与格林尼治时间相差的时间
s	秒数(从 00 到 59)	S	天数的序数表达(st、nd、rd、th)
t	一个月中天数的总数(从 28 到 31)	T	时区简写
		U	当前的 UNIX 时间戳
w	数字表示的周天(从 0-Sunday 到 6-Saturday)	W	ISO8601 标准的一年中的周数
		Y	四位数的公元纪年(从 1901 到 2038)
z	一年中的天数(从 0 到 364)	Z	以秒表现的时区(从-43200 到 50400)

8.2.4 实例 2——使用时间戳获取日期信息

如果相应的时间戳已经储存在数据库中，程序需要把时间戳转化为可读的日期和时间，才能满足应用的需要。PHP 中提供了 data()和 getdate()等函数来实现从时间戳到通用时间的转换。

1. data()函数

data()函数主要是将一个 UNIX 时间戳转化为指定的日期/时间格式。该函数的格式如下：

srting data(string format [时间戳整数])

此函数将会返回一个字符串。该字符串就是一个指定格式的日期/时间，其中 format 是一个字符串，用来指定输出的时间格。时间戳整数可以为空，如果为空，则表示为当前时间的 UNIX 时间戳。

format 参数是由指定的字符构成，具体字符的含义如表 8-2 所示。

表 8-2 format 参数的字符及其含义说明

format 字符	含义说明
a	"am" 或是 "pm"
A	"AM" 或是 "PM"
d	几日，两位数字，若不足两位则前面补零。例如："01" 至 "31"
D	星期几，三个英文字母。例如："Fri"
F	月份，英文全名。例如："January"
h	12 小时制的小时。例如："01" 至 "12"
H	24 小时制的小时。例如："00" 至 "23"
g	12 小时制的小时，不足两位不补零。例如："1" 至 "12"
G	24 小时制的小时，不足两位不补零；例如："0" 至 "23"
i	分钟。例如："00" 至 "59"
j	几日，两位数字，若不足两位不补零。例如："1" 至 "31"
l	星期几，英文全名。例如："Friday"
m	月份，两位数字，若不足两位则在前面补零。例如："01" 至 "12"
n	月份，两位数字，若不足两位则不补零。例如："1" 至 "12"
M	月份，三个英文字母。例如："Jan"
s	秒。例如："00" 至 "59"
S	字尾加英文序数，两个英文字母。例如："th"，"nd"
t	指定月份的天数。例如："28" 至 "31"
U	总秒数
w	数字型的星期几。例如："0" (星期日)至 "6" (星期六)
Y	年，四位数字。例如："1999"
y	年，两位数字。例如："99"
z	一年中的第几天。例如："0" 至 "365"

下面通过一个例子来理解 format 字符的使用方法。

【例 8.2】(实例文件：ch08\8.2.php)

```
<HTML>
<HEAD>
    <TITLE>获取当前时间戳</TITLE>
</HEAD>
<BODY>
  <?php date_default_timezone_set("PRC");
    //定义一个当前时间的变量
    $tt =time();
```

```
    echo "目前的时间为: <br>";
  //使用不同的格式化字符测试输出效果
    echo date ("Y年m月d日[l]H点i分s秒",$tt)."<br>";
    echo date ("y-m-d h:i:s a",$tt)."<br>";
    echo date ("Y-M-D H:I:S A",$tt)."<br>";
    echo date ("F,d,y l",$tt)." <br>";
    echo date ("Y-M-D H:I:S",$tt)." <br>";
  ?>
</BODY>
</HTML>
```

运行结果如图 8-2 所示。

图 8-2　程序运行结果

【代码详解】

(1) date_default_timezone_set("PRC")语句的作用是设置默认时区为北京时间。如果不设置将会显示安全警告信息。

(2) 格式化字符的使用方法非常灵活，只要设置字符串中包含的字符，date()函数就能将字符串替换成指定的时间和日期信息。利用上面的函数可以随意输出自己需要的日期。

2. getdate()函数

getdate()函数可以获取详细的时间信息，函数的格式如下：

```
array getdate(时间戳整数)
```

getdate()函数返回一个数组，包含日期和时间的各个部分。如果它的参数时间戳整数为空，则表示直接获取当前时间戳。

下面举例说明此函数的使用方法和技巧。

【例 8.3】(实例文件：ch08\8.3.php)

```
<HTML>
<HEAD>
    <TITLE>获取当前时间戳</TITLE>
</HEAD>
<BODY>
  <?php date_default_timezone_set("PRC");
    //定义一个时间的变量
    $tm ="2012-08-08 08:08:08";
    echo "时间为: ". $tm. "<br>";
```

```
    //将格式转化为 UNIX 时间戳
    $tp =strtotime($tm);
    echo "此时间的 UNIX 时间戳为: ".$tp. "<br>";
    $ar1 =getdate($tp);
    echo "年为: ". $ar1["year"]."<br>";
    echo "月为: ". $ar1["mon"]."<br>";
    echo "日为: ". $ar1["mday"]."<br>";
    echo "点为: ". $ar1["hours"]."<br>";
    echo "分为: ". $ar1["minutes"]."<br>";
    echo "秒为: ". $ar1["seconds"]."<br>";
  ?>
</BODY>
</HTML>
```

运行结果如图 8-3 所示。

图 8-3　程序运行结果

8.2.5　实例 3——检验日期的有效性

使用用户输入的时间数据的时候，有时会由于用户输入的数据不规范导致程序运行出错。为了检查时间的合法有效性，需要使用 checkdate()函数对输入日期进行检测。它的格式为：

```
checkdate(月份,日期,年份)
```

此函数检查的项目是，年份整数是否为 0～32767，月份整数是否为 1～12，日期整数是否在相应的月份的天数内。下面通过实例来讲述如何检查日期的有效性。

【例 8.4】(实例文件：ch08\8.4.php)

```
<HTML>
<HEAD>
    <TITLE>检查日期的有效性</TITLE>
</HEAD>
<BODY>
<?php
 if(checkdate(2,31,2012)){
    echo "这不可能。";
 }else{
    echo "2 月没有 31 日。";
 }
 ?>
```

```
</BODY>
</HTML>
```

运行结果如图 8-4 所示。

图 8-4　程序运行结果

8.2.6　实例4——输出格式化时间戳的日期和时间

使用 strftime()把时间戳格式化为日期和时间。它的格式如下：

```
strftime(格式,时间戳)
```

其中的两个参数，格式决定了如何把其后面时间戳格式化并且输出出来。如果时间戳为空，则系统当前时间戳将会被使用。

关于格式的代码，如表 8-3 所示。

表 8-3　时间戳格式化的代码及含义

代　码	含　义	代　码	含　义
%a	周日期(缩简)	%A	周日期
%b 或%h	月份(缩简)	%B	月份
%c	标准格式的日期和时间	%C	世纪
%d	月日期(从 01 到 31)	%D	日期的缩简格式(mm/dd/yy)
%e	包含两个字符的字符串月日期(从'01' 到'31')		
%g	根据周数的年份(2 个数字)	%G	根据周数的年份(4 个数字)
		%H	小时数(从 00 到 23)
		%I	小时数(从 1 到 12)
%j	一年中的天数(从 001 到 366)		
%m	月份(从 01 到 12)	%M	分钟(从 00 到 59)
%n	新一行(同\n)		
%p		%P	am 或 pm
%r	时间使用 am 或 pm 表示	%R	时间使用 24 小时制表示
		%S	秒(从 00 到 59)

代　码	含　义	代　码	含　义
%t	Tab(同\t)	%T	时间使用 hh:ss:mm 格式表示
%u	周天数(从 1-Monday 到 7-Sunday)	%U	一年中的周数(从第一周的第一个星期天开始)
		%V	一年中的周数(以至少剩余四天的这一周开始为第一周)
%w	周天数(从 0-Sunday 到 6-Saturday)	%W	一年中的周数(从第一周的第一个星期一开始)
%x	标准格式日期(无时间)	%X	标准格式时间(无日期)
%y	年份(2 字符)	%Y	年份(4 字符)
%z 和%Z	时区		

下面举例介绍。

【例 8.5】(实例文件：ch08\8.5.php)

```
<HTML>
<HEAD>
    <TITLE>输出格式化日期和时间</TITLE>
</HEAD>
<BODY>
<?php date_default_timezone_set("PRC");
  echo(strftime("%b %d %Y %X", mktime(20,0,0,12,31,98)));
  echo(gmstrftime("%b %d %Y %X", mktime(20,0,0,12,31,98)));
  //输出当前日期、时间和时区
  echo(gmstrftime("It is %a on %b %d, %Y, %X time zone: %Z",time()));
?>
</BODY>
</HTML>
```

运行结果如图 8-5 所示。

图 8-5　程序运行结果

8.2.7　实例5——显示本地化的日期和时间

由于世界上有不同的显示习惯和规范，所以日期和时间也会根据不同的地区显示为不同的形式。这就是日期和时间的本地化显示。

实现此操作需要使用到 setlocale()和 strftime()两个函数。后者已经介绍过。

使用 setlocale()函数来改变 PHP 的本地化默认值，实现本地化的设置。它的格式为：

```
setlocale(目录，本地化值)
```

(1) 本地化值，是一个字符串，它有一个标准格式：language_COUNTRY.chareacterset。比如，想把本地化设为美国，按照此格式为 en_US.utf8，如果想把本地化设为英国，按照此格式为 en_GB.utf8，如果想把本地化设为中国，且为简体中文，按照此格式为 zh_CN.gb2312，或者 zh_CN.utf8。

(2) 目录是指 6 个不同的本地化目录，如表 8-4 所示。

表 8-4　本地化目录

目　录	含　义
LC_ALL	为后面其他的目录设定本地化规则的目录
LC_COLLATE	字符串对比目录
LC_CTYPE	字母划类和规则
LC_MONETARY	货币表示规则
LC_NUMERIC	数字表示规则
LC_TIME	日期和时间表示规则

由于这里要对日期和时间进行本地化设置，需要使用到的目录是 LC_TIME。下面案例对日期和时间本地化进行讲解。

【例 8.6】(实例文件：ch08\8.6.php)

```
<HTML>
<HEAD>
    <TITLE>显示本地化日期和时间</TITLE>
</HEAD>
<BODY>
<?php date_default_timezone_set("PRC");
    date_default_timezone_set("Asia/Hong_Kong");
    setlocale(LC_TIME, "zh_CN.gb2312");
    echo strftime("%z");
?>
</BODY>
</HTML>
```

运行结果如图 8-6 所示。

图 8-6　程序运行结果

【代码详解】

(1) date_default_timezone_set("Asia/Hong_Kong")设定时区为中国时区。

(2) setlocale()设置时间的本地化显示方式为简体中文方式。

(3) strftime("%z")返回所在时区，其在页面显示为简体中文方式。

8.2.8 实例6——将日期和时间解析为 UNIX 时间戳

使用给定的日期和时间，操作 mktime()函数可以生成相应的 UNIX 时间戳。它的格式为：

```
mktime(小时,分钟,秒,月份,日期,年份)
```

把相应的时间和日期的部分输入相应位置的参数，即可得到相应的时间戳。下面的例子介绍此函数的应用方法和技巧。

【例 8.7】(实例文件：ch08\8.7.php)

```
<HTML>
<HEAD>
    <TITLE></TITLE>
</HEAD>
<BODY>
  <?php
    $timestamp = mktime(0,0,0,3,31,2012);
    echo $timestamp;
  ?>
</BODY>
</HTML>
```

运行结果如图 8-7 所示。

图 8-7 程序运行结果

其中 mktime(0,0,0,3,31,2012)使用的时间是 2012 年 3 月 31 日 0 点整。

8.2.9 日期和时间在 PHP 和 MySQL 数据格式之间转换

日期和时间在 MySQL 中的储存是按照 ISO 8601 格式储存的。这种格式要求以年份打头，如 2012-03-08 这种格式。从 MySQL 读取的默认格式也是这种格式。这种格式对于我们中国人来说是比较熟悉的。这样在中文应用中，几乎可以不用转换，就直接使用这种格式。

但是，在西方的表达方法中经常把年份放在月份和日期的后面，如 March 08, 2012。所以，在接触到国际，特别是符合英语使用习惯的项目时，需要把 ISO 8601 格式的日期时间加以合适的转换。

有意思的是，为了解决这个英文使用习惯和 ISO 8601 格式冲突的问题。MySQL 提供了把英文使用习惯的日期和时间转换为符合 ISO 8601 标准的两个函数，它们是 DATE_FOMAT() 和 UNIX_TIMESTAMP()。这两个函数在 SQL 语言中使用。它们的具体用法将在介绍 MySQL 的部分详述。

8.3 实例 7——比较两个时间的大小

比较两个时间的大小，如果通过一定的形式的时间日期进行比较，或者不同的格式的时间日期进行比较，都并不方便。最为方便的方法是把所有格式的时间都转换为时间戳，然后比较时间戳的大小。

下面通过例子来比较两个时间的大小。

【例 8.8】(实例文件：ch08\8.8.php)

```
<HTML>
<HEAD>
    <TITLE></TITLE>
</HEAD>
<BODY>
 <?php
  $timestampA = mktime(0,0,0,3,31,2012);
  $timestampB = mktime(0,0,0,1,31,2012);
  if($timestampA > $timestampB ){
  echo "2012 年三月的时间戳数值大于 2012 年一月的。";
 }elseif( $timestampA < $timestampB ){
  echo "2012 年三月的时间戳数值小于 2012 年一月的。";
 }else{
  echo "两个时间相同。";
 }
 ?>
</BODY>
</HTML>
```

运行结果如图 8-8 所示。

图 8-8　程序运行结果

8.4 实例8——实现倒计时功能

对于未来的时间点实现倒计时。其实就是使用现在的当下时间戳和未来的时间点进行比较和运算。

下面通过案例来介绍如何实现倒计时功能。

【例8.9】(实例文件：ch08\8.9.php)

```
<HTML>
<HEAD>
    <TITLE></TITLE>
</HEAD>
<BODY>
 <?php
    $timestampfuture = mktime(0,0,0,05,01,2012);
    $timestampnow = mktime();
    $timecount = $timestampfuture - $timestampnow;
    $days = round($timecount/86400);
    echo "今天是".date('Y F d')." ,距离2012年5月1日的时间戳,还有".$days."天。";
 ?>
</BODY>
</HTML>
```

运行结果如图8-9所示。

图8-9　程序运行结果

【代码详解】

(1) mktime()不带任何参数，所生成的时间戳是当前时间的时间戳。

(2) $timecount是现在的时间戳，距离未来时间点的时间戳的秒数。

(3) round($timecount/86400)，其中86400为一天的秒数，$timecount/86400得到天数，round()函数取约数，得到天数。

8.5 高手甜点

甜点1：如何使用微秒单位？

有些时候，某些应用要求使用比秒更小的时间单位，来表明时间。比如在一段测试程序运行的代码中，可能要使用到微秒级的时间单位来表明时间。如果需要微秒只需要使用函数 microtime(true)。

比如此例：

```php
<?php
$timestamp = microtime(true);
echo $timestamp;
?>
```

返回的结果为"1315560215.7656"。该时间戳精确到小数点后 4 位。

甜点 2: 定义时间和日期时出现警告怎么办?

在运行 PHP 程序中有时会出现这样的警告：PHP Warning：date()：It is not safe to rely on the system's timezone settings 等。出现上述警告是因为 PHP 所取的时间是格林尼治标准时间，所以和用户当地的时间会有出入，由于格林尼治标准时间和北京时间大概差 8 个小时左右，所以会弹出警告。可以使用下面方法中的任意一个来解决。

(1) 在页头使用 date_default_timezone_set() 设置默认时区为北京时间，即 <?php date_default_timezone_set("PRC"); ?>即可。例如本章例 8.2 中所示。

(2) 在 php.ini 中设置 date.timezone 的值为 PRC，设置语句为：date.timezone=PRC，同时取消这一行代码的注释，即去掉前面的分号即可。

8.6   跟我练练手

上机 1: 做一个获取当前时间戳的例子。

上机 2: 检验 2012 年 2 月 30 日是否存在。

上机 3: 做一个显示本地化的日期和时间的例子。

上机 4: 做一个在 PHP 和 MySQL 数据格式转换的例子。

上机 5: 做一个比较两个时间大小的例子。

上机 6: 做一个实现倒计时功能的例子。

第 9 章

面向对象编程

    面向对象是现在编程的主流，所以 PHP 也不例外。面向对象(object-oriented)不同于面向过程(process-oriented)，它用类、对象、关系、属性等一系列事物来提高编程的效率。它主要的特性是可封装性、可继承性和多态性。本章主要讲述面向对象的相关知识。

本章要点(已掌握的在方框中打钩)

☐ 了解类和对象的基本概念

☐ 熟悉 PHP 中类的基本操作

☐ 掌握构造方法和析构方法

☐ 掌握访问方法

☐ 掌握类的继承

☐ 掌握抽象类和接口的使用方法

☐ 掌握面向对象的多态性

9.1　类和对象的介绍

面向对象编程的主要好处就是把编程的重心从处理过程转移到了对现实世界实体的表达，这比较符合人们的普通思维方法。

类(classes)和对象(objects)并不难理解。试想一下，在日常生活中，人对事物的认识，一般是由看到的、感受到的实体(日常生活中的吃、穿、住、用)来归纳出，或者抽象出它们的类。比如当看到楼下停的汽车中有 POLO 或 QQ 的时候，人们自然会想到，这些都是"两厢车"。当衣柜里到处都是 NIKE、adidas 的时候，人们同样会想到，这些都是"运动装"。"两厢车""运动装"就是抽象出的类。这就是人们认识世界的过程。

然而程序编写者需要在计算机的世界中再造一个虚拟的"真实世界"。那么，在这里程序员就要像"造物主"一样思考。就是要先定义"类"，然后再由"类"产生一个个"实体"，也就是一个个"对象"。

有这样的情况：过年的时候，有的地方要制作"点心"，点心一般会有鱼、兔、狗等生动的实物形状。而这些不同的形状是由不同的"模具"做出来的。那么，在这里鱼、兔、狗的一个个不同的点心就是实体，则最先刻好的"模具"就是类。要明白一点，这个"模具"指的是被刻好的"形状"，而不是制作"模具"的材料。如果你能像造物主一样用意念制作出一个个点心，那么，你的意念的"形状"就是"模具"。

OOP 是面向对象编程(object-oriented programming)的缩写。对象(object)在 OOP 中是由属性和操作组成的。属性(attributes)就是对象的特性或者是与对象关联的变量。操作(operation)就是对象中的方法(method)或函数(function)。

由于 OOP 中最为重要的特性之一就是可封装性，所以对 object 内部数据的访问，只能通过对象的"操作"来完成，这也被称为对象的"接口"(interfaces)。

因为类是对象的模板，所以类描述了它的对象的属性和方法。

面向对象编程具有以下 3 个特点。

(1) 封装性。将类的使用和实现分开管理，只保留类的接口，这样开发人员就不用去了解类的实现过程，只需要知道如何使用类即可，这样更进一步提高了开发的效率。

(2) 继承性。"继承"是面向对象软件技术中的一个概念。如果一个类 A 继承自另一个类 B，就把这个 A 称为"B 的子类"，而把 B 称为"A 的父类"。继承可以使得子类具有父类的各种属性和方法，而不需要再次编写相同的代码。在子类继承父类的同时，可以重新定义某些属性，并重写某些方法，即覆盖父类的原有属性和方法，使其获得与父类不同的功能。另外，还可以为子类追加新的属性和方法。继承可以实现代码的可重用性，简化了对象和类的创建过程。另外，PHP 支持单继承，也就是一个子类只能有一个父类。

(3) 多态性。多态是面向对象程序设计的重要特征之一，是扩展性在"继承"之后的又一重大表现。同一操作作用于不同类的实例，将产生不同的执行结果，即不同类的对象收到相同的消息时，得到不同的结果。

9.2 PHP 中类的操作

类是面向对象中最为重要的概念之一，是面向对象设计中最基本的组成模块。类可以简单地看作一种数据结构，在类中的数据和函数称为类的成员。

9.2.1 类的声明

在 PHP 中，声明类的关键字是 class，声明格式如下：

```
<?php
    权限修饰符  class 类名{
        类的内容；
    }
?>
```

其中，权限修饰符是可选项，常见的修饰符包括 public、private 和 protected。创建类时，可以省略权限修饰符，此时默认的修饰符为 public。三者的区别如下。

(1) 一般情况下，属性和方法的默认项是 public，这意味着属性和方法的各个项，从类的内部和外部都可以访问。

(2) 用关键字 private 声明的属性和方法，则只能从类的内部访问，也就是只有类内部的方法可以访问用此关键字声明的类的属性和方法。

(3) 用关键字 protected 声明的属性和方法，也只能从类的内部访问，但通过"继承"而产生的"子类"，也是可以访问这些属性和方法的。

例如，定义一个学生为公共类，代码如下：

```
public class Student
{
    //类的内容
}
```

9.2.2 成员属性

成员属性是指在类中声明的变量。在类中可以声明多个变量，所以对象中可以存在多个成员属性，每个变量将存储不同的对象属性信息。

例如以下定义：

```
public class Student
{
    Public $name;//类的成员属性
}
```

其中成员属性必须使用关键字进行修饰，常见的关键字包括 public、protected 和 private 等。如果没有特定的意义，仍然需要 var 关键字修饰。另外在声明成员属性时可以不进行赋值操作。

9.2.3 成员方法

成员方法是指在类中声明的函数。在类中可以声明多个函数，所以对象中可以存在多个成员方法。类的成员方法可以通过关键字进行修饰，从而控制成员方法的使用权限。

例如以下定义成员方法的例子：

```
class Student
{
    Public $name;              //类的成员属性
    function GetIp(){
        //方法的内容
    }
}
```

9.2.4 类的实例化

面向对象编程的思想是一切皆为对象。类是对一个事物抽象出来的结果，因此，类是抽象的。对象是某类事物中具体的那个，因此，对象就是具体的。例如，学生就是一个抽象概念，即学生类，但是姓名叫张三的就是学生类中具体的一个学生，即对象。

类用来描述具有相同数据结构和特征的"一组对象"，"类"是"对象"的抽象，而"对象"是"类"的具体实例，即一个类中的对象具有相同的"型"，但其中每个对象却具有各不相同的"值"。

> **?**
> **注意**　类是具有相同或相仿结构、操作和约束规则的对象组成的集合，而对象是某一类的具体化实例，每一个类都是具有某些共同特性的对象的抽象。

类的实例化格式如下：

$变量名=new 类名称([参数])；   //类的实例化

其中，new 为创建对象的关键字，"$变量名"返回对象的名称，用于引用类中的方法。参数是可选的，如果存在参数，用于指定类的构造方法与用于初始化对象的值，如果没有定义构造函数参数，PHP 会自动创建一个不带参数的默认构造函数。

例如下面的例子：

```
class Student
{
    Public $name;              //类的成员属性
    function GetIp(){
        //方法的内容;
    }
}
$lili=new 类名称();           //类的实例化
$liufei=new 类名称();         //类的实例化
$zhangming=new 类名称();      //类的实例化
$wangyi=new 类名称();         //类的实例化
```

上面的例子实例化了 4 个对象，并且这 4 个对象之间没有任何联系，只能说明是源于同一个类。可见，一个类可以实例化多个对象，每个对象都是独立存在的。

9.2.5　实例 1——访问类中的成员属性和方法

通过对象的引用可以访问类中的成员属性和方法，这里需要使用特殊的运算符号 "->"。具体的语法格式如下：

```
$变量名=new 类名称();              //类的实例化
$变量名->成员属性=值;              //为成员属性赋值
$变量名->成员属性;                //直接获取成员的属性值
$变量名->成员方法;                //访问对象中指定的方法
```

另外，用户还可以使用一些特殊的访问方法。

1. $this

$this 存在于类的每一个成员方法中，它是一个特殊的对象引用方法。成员方法属于哪个对象，$this 引用就代表哪个对象，其主要作用是专门完成对象内部成员之间的访问。

2. 操作符 "::"

操作符 "::" 可以在没有任何声明实例的情况下访问类中的成员。具体的语法格式如下：

```
关键字::变量名/常量名/方法名
```

其中，关键字主要包括 parent、self 和类名 3 种。parent 关键字表示可以调用父类中的成员变量、常量和成员方法。self 关键字表示可以调用当前类中的常量和静态成员。类名关键字表示可以调用本类中的常量、变量和方法。

以下实例介绍类的声明和实例生成，案例中将描述在酒店订房的客人。

【例 9.1】(实例文件：ch09\9.1.php)

```
<HTML>
<HEAD>
<TITLE> 类的声明和实例的生成</TITLE>
</HEAD>
<BODY>
<?php
  class guests{
    private $name;
    private $gender;
    function setname($name){
        $this->name = $name;
    }
      function getname(){
          return $this->name;
    }
      function setgender($gender){
        $this->gender = $gender;
    }
      function getgender(){
          return $this->gender;
```

```
    }
};
$xiaoming = new guests;
$xiaoming->setname("王小明");
$xiaoming->setgender("男");
$lili =  new guests;
$lili->setname("李莉莉");
$lili->setgender("女");
echo $xiaoming->getname()."\t".$xiaoming->getgender()."<br />";
echo $lili->getname()."\t".$lili->getgender();
?>
</BODY>
</HTML>
```

运行结果如图 9-1 所示。

图 9-1　程序运行结果

【代码详解】

(1) 用 class 关键字声明一个类，而这个类的名称是 guests。在大括号内写入类的属性和方法。其中 private $name;　private $gender 为类 guests 的自有属性，用 private 关键字声明，也就是说只有在类内部的方法可以访问它们，类外部是不能访问的。

(2) function setname($name);　function getname();　function setgender($gender);　function getgender()就是类方法，它们可以对 private $name;　private $gender 这两个属性进行操作。$this 是对类本身的引用。用 "->" 连接类属性，格式如$this->name;　$this->gender。

(3) 用 new 关键字生成一个对象，格式为 $object = new Classname，它的对象名是 $xiaoming。当程序通过 new 生成一个类 guests 的实例，也就是对象$xiaoming 的时候，对象 $xiaoming 就拥有了类 guests 的所有属性和方法。然后就可以通过 "接口" 也就是这个对象的方法(即类的方法的拷贝)来对对象的属性进行操作。

(4) 通过接口 setname($name)给实例$xiaoming 的属性$name 赋值为 "王小明"，通过 setgender($gender)给实例$xiaoming 的属性$gender 赋值为 "男"。同样道理，通过接口操作了实例$lili 的属性。最后通过接口 getname()，getgender()返回两个不同的实例的属性$name 和 $gender，并且打印出结果。

9.3　实例2——构造方法和析构方法

构造方法存在于每个声明的类中，主要作用是执行一些初始化的任务。如果类中没有直接声明构造方法，那么类会默认生成一个没有参数且内存为空的构造方法。

在 PHP 中，声明构造方法的方法有两种，在 PHP 5 版本之前，构造方法的名称必须与类

名相同；从 PHP 版本开始，构造方法的方法名称必须是以两个下划线开头的，即
"__construct"。具体的语法格式如下：

```
function__construct([mixed args]){
          //方法的内容
}
```

一个类只能声明一个构造方法。构造方法中的参数是可选的，如果没有传入参数，那么
将使用默认参数为成员变量进行初始化。

在例 9.1 的实例中，对实例$xiaoming 的属性$name 进行赋值，还需要使用接口
setname($name)进行操作，如$xiaoming->setname("王小明")。如果想在生成实例$xiaoming 的
同时就对此实例的属性$name 进行赋值，该怎么办呢？

这时就需要构造方法"__construct()"了。这个函数的特性是，当通过关键字 new 生成
实例的时候，它就会被调用执行。它的作用就是对一些属性进行初始化，也就是给一些属性
进行初始化的赋值。

以下实例介绍构造方法的使用方法和技巧。

【例 9.2】(实例文件：ch09\9.2.php)

```
<HTML>
<HEAD>
<TITLE> 构造方法</TITLE>
</HEAD>
<BODY>
<?php
  class guests{
    private $name;
    private $gender;
    function __construct($name,$gender){
        $this->name = $name;
     $this->gender = $gender;
    }
     function getname(){
        return $this->name;
    }
     function getgender(){
        return $this->gender;
    }
  };
  $xiaoming = new guests("赵大勇","男");
  $lili =  new guests("方芳芳","女");
  echo $xiaoming->getname()."\t".$xiaoming->getgender()."<br />";
  echo $lili->getname()."\t".$lili->getgender();
?>
</BODY>
</HTML>
```

运行结果如图 9-2 所示。

图 9-2　程序运行结果

要记住的是，构造方法是不能返回(return)值的。

有构造方法，就有它的反面——"析构方法"(destruct)。它是在对象被销毁的时候被调用执行的。但是因为 PHP 在每个请求的最终都会把所有资源释放，所以析构方法的意义是有限的。具体使用的语法格式如下：

```
function__destruct(){
        //方法的内容，通常是完成一些在对象销毁前的清理任务
}
```

由于 PHP 具有垃圾回收机制，可以自动清除不再使用的对象，从而释放更多的内存。析构方法在垃圾回收程序执行前被调用的方法，是 PHP 编程中的可选内容。

不过，在某些特定行为时，还是有用的，比如在对象被销毁时清空资源或者记录日志信息。

以下两种情况析构方法可能被调用执行。

(1)　代码运行时，当所有的对于某个对象的 reference(引用)被毁掉的情况下。

(2)　当代码执行到最后并且 PHP 停止请求的时候，调用 destruct()函数。

9.4　实例 3——访问方法

另外一个很好用的函数是访问方法(accessor)。由于 OOP 思想并不鼓励直接从类的外部访问类的属性，以强调封装性，所以可以使用 __get 和 __set 方法来达到此目的，也就是说要使用访问函数。无论何时，类属性被访问和操作时，访问方法都会被激发。通过使用它们，可以避免直接对类属性的访问。

以下实例介绍访问方法的使用方法和技巧。

【例 9.3】(实例文件：ch09\9.3.php)

```
<HTML>
<HEAD>
<TITLE> 访问方法</TITLE>
</HEAD>
<BODY>
<?php
  class guests{
    public $property;
    function __set($propName,$propValue){
        $this->$propName = $propValue;
    }
      function __get($propName){
```

```
            return $this->$propName;
      }
};
$xiaoshuai = new guests;
$xiaoshuai->name = "刘小帅";
$xiaoshuai->gender = "男性";
$dingdang = new guests;
$dingdang->name = "丁叮当";
$dingdang->gender = "女性";
$dingdang->age = 28;
echo $xiaoshuai->name." 是 ".$xiaoshuai->gender."<br />";
echo $dingdang->name." 是一位 ".$dingdang->age." 岁 ".$dingdang-
>gender."<br />";
?>
</BODY>
</HTML>
```

运行结果如图 9-3 所示。

图 9-3 程序运行结果

【代码详解】

(1) $xiaoshuai 为类 guests 的实例。直接添加属性 name 和 gender，并且赋值。如 "$xiaoshuai->name = "刘小帅"; $xiaoshuai->gender = "男性";"。此时，类 guests 中的__set 函数被调用。$dingdang 实例为同样的过程。另外，$dingdang 实例添加了一个对象属性 age。

(2) echo 命令中使用到的对象属性，如$xiaoshuai->name 等，则是调用了类 guests 中的__get 函数。

(3) 此例中，__set 方法的格式为：

```
function __set($propName,$propValue){
        $this->$propName = $propValue;
}
```

__get 方法的格式为：

```
function __get($propName){
        return $this->$propName;
}
```

其中，$propValue 为"属性值"，$propName 为"属性名"。

9.5 实例4——类的继承

继承(inheritance)是 OOP 中最为重要的特性与概念。父类拥有其子类的公共属性和方法。子类除了拥有父类具有的公共属性和方法以外，还拥有自己独有的属性和方法。

PHP 使用关键字 extends 来确认子类和父类，实现子类对父类的继承。具体的语法格式如下：

```
class 子类名称 extends 父类名称{
    //子类成员变量列表
    function 成员方法(){              //子类成员方法
            //方法内容
    }
}
```

以下实例介绍类的继承方法。

【例 9.4】(实例文件：ch09\9.4.php)

```
<HTML>
<HEAD>
<TITLE> 类的继承</TITLE>
</HEAD>
<BODY>
<?php
  class Vegetables{
    var $tomato ="西红柿";                        //定义变量
    var $cucumber="黄瓜";
  };
  class VegetablesType extends Vegetables{         //类之间继承
var $potato="马铃薯";                             //定义子类的变量
    var $radish="萝卜";
  };
  $vegetables=new VegetablesType();                //实例化对象
  echo "蔬菜包括：".$vegetables->tomato.", ".$vegetables->t
cucumber.", ".$vegetables-> potato.", ".$vegetables-> radish;
?>
</BODY>
</HTML>
```

运行结果如图 9-4 所示。

图 9-4　程序运行结果

从结果可以看出，本案例创建了一个蔬菜父类，子类通过关键字 extends 继承了蔬菜父类中的成员属性，最后对子类进行实例化操作。

9.6 抽象类和接口

抽象类和接口都是特殊的类，因为它们都不能被实例化。本节主要讲述两者的使用方法和技巧。

9.6.1 实例 5——抽象类

抽象类只能作为父类使用，因为抽象类不能被实例化。抽象类使用关键字 abstract 来声明，具体的使用语法格式如下：

```
abstract class 抽象类名称{
    //抽象类的成员变量列表
    abstract function 成员方法1(参数);          //抽象类的成员方法
    abstract function 成员方法2(参数);          //抽象类的成员方法
}
```

抽象类和普通类的主要区别在于抽象类的方法没有方法内容，而且至少包含一个抽象方法。另外，抽象方法也必须使用关键字 abstract 来修饰，抽象方法后必须有分号。

【例 9.5】(实例文件：ch09\9.5.php)

```
<HTML>
<HEAD>
<meta http-equiv="Content-Type" content="text/html; charset=gb2312" />
<title>抽象类</title>
</HEAD>
<BODY>
<?php
    abstract class MyObject{
        abstract function service($getName,$price,$num);
    }
    class MyBook extends MyObject{
        function service($getName,$price,$num){
            echo '购买的商品是'.$getName.'，商品的价格是：'.$price.' 元。';
            echo '您购买的数量为：'.$num.' 本。';
                    }
    }
    class MyComputer extends MyObject{
        function service($getName,$price,$num){
            echo '您购买的商品是'.$getName.'，该商品的价格是：'.$price.' 元。';
            echo '您购买的数量为：'.$num.' 本。';
        }
    }
    $book = new MyBook();
    $computer = new MyComputer();
    $book -> service('《PHP5.5 从零开始学》',59,15);
    echo '<p>';
    $computer -> service('MySQL5.6 从零开始学',65,10);
```

```
?>
</BODY>
</HTML>
```

运行结果如图 9-5 所示。

图 9-5　程序运行结果

9.6.2　实例6——接口

继承特性简化了对象、类的创建，增加了代码的可重用性。但是 PHP 只支持单继承，如果想实现多继承，就需要使用接口。PHP 可以实现多个接口。

接口类通过关键字 interface 来声明，接口中不能声明变量，只能使用关键字 const 声明为常量的成员属性，接口中声明的方法必须是抽象方法，并且接口中所有的成员都必须是 public 的访问权限。具体的使用语法格式如下：

```
interface 接口名称{                    //使用 interface 关键字声明接口
    //常量成员                        //接口中成员只能是常量
    //抽象方法                        //成员方法必须是抽象方法
}
```

以下实例使用酒店不同类型房间之间的关系来介绍类之间的继承关系，其中涉及接口和访问修饰符的使用。

【例 9.6】(实例文件：ch09\9.6.php)

```
<HTML>
<HEAD>
<TITLE> 类的继承与接口</TITLE>
</HEAD>
<BODY>
<?php
  class roomtypes{
  public $customertype;
    private $hotelname="GoodHome";
  protected $roomface="适合所有人";
  function __construct(){
   $this->customertype="everyonefit";
  }
  function telltype(){
    echo "此房间类型为".$this->customertype."。<br />";
```

```
    }
    function hotelface(){
        echo "此房间".$this->roomface."。<br />";
    }
    final function welcomeshow(){
        echo "欢迎光临".$this->hotelname."。<br />";
    }
}
class nonviproom extends roomtypes{
    function __construct(){
    $this->customertype="nonvip";
    }
    function telltype(){
    echo "此".__CLASS__."房间类型为".$this->customertype."。<br />";
    }
    function hotelface(){
        echo "此房间不是".$this->roomface."。<br />";
    }
}
class viproom extends roomtypes implements showprice{

    function __construct(){
    $this->customertype="vip";
    }

    function showprice(){
        if ( __CLASS__ == "superviprooms"){
            echo "价格高于 500 元。<br />";
        }else{
            echo "价格低于 500 元。<br />";
        }
    }
}
final class superviprooms implements showprice, showdetail{
    function showprice(){
        if ( __CLASS__ == "superviprooms"){
            echo "价格高于 500 元。<br />";
        }else{
            echo "价格低于 500 元。<br />";
        }
    }
    function showdetail(){
        if ( __CLASS__ == "superviprooms"){
            echo "超级 vip 客户可以使用会员卡取得优惠。<br />";
        }else{
            echo "普通客户与 vip 客户不能使用会员卡。<br />";
        }
    }
}
interface showprice{
    function showprice();
}
interface showdetail{
    function showdetail();
}
```

```
$room2046 = new roomtypes();
$room2046->telltype();
$room2046->hotelface();
$room2046->welcomeshow();
$room307 = new nonviproom();
$room307->telltype();
$room307->hotelface();
$roomv2 = new viproom();
$roomv2->telltype();
$roomv2->showprice();
$roomsuperv3 = new superviprooms();
$roomsuperv3->showprice();
$roomsuperv3->showdetail();
?>
</BODY>
</HTML>
```

运行结果如图 9-6 所示。

图 9-6　程序运行结果

【代码详解】

(1) 类 roomtypes 拥有类属性$customertype、$hotelname、$roomface。类 roomtypes 的构造函数给类属性 $customertype 赋值为 "everyonefit"。类方法有 telltype()、hotelface()、welcomeshow()。

(2) 类 nonviproom 使用 extends 关键字继承了类 roomtypes。此时 roomtypes 为 nonviproom 的父类，而 nonviproom 为 roomtypes 的子类，并拥有类 roomtypes 的所有属性和方法。

(3) 类 nonviproom 为了区别于 roomtypes，对其所继承的属性和方法进行了"覆写" (overriding)。继承的类属性$customertype 被重新赋值为"nonvip"。类方法 telltype()和 hotelface()被重新定义。__CLASS__变量指代当前类的名称。

(4) 类 viproom 同样继承了类 roomtypes。它们之间也形成了子类与父类的关系。同时，类 viproom 还通过 implements 关键字使用了接口(interface)showprice。类 viproom 重新为继承的类属性$customertype 赋值为"vip"，并且定义了接口函数 showprice()。

（5）类 superviprooms 直接声明且继承了 showprice 和 showdetail 这两个接口，并且定义了接口函数 showprice()和 showdetail()。

（6）通过关键字 interface 声明接口 showprice 和 showdetail，并且定义了接口函数 showprice()和 showdetail()。

（7）类 roomtypes 的类属性$hotelname 的值为"GoodHome"，访问可见性为 private。所以它的子类 nonviproom 和 viproom 都无法访问此属性。类 roomtypes 属性$roomface 的值为"适合所有人"，访问可见性为 protected。所以它的子类都可以访问。其子类 nonviproom 就通过 hotelface()方法对此属性进行了访问。

（8）最后通过 new 关键字生成类实例$room2046、$room307、$roomv2、$roomsuperv3。再通过"->"直接调用实例中的类方法，并得到输出结果。

通过上述实例，可以总结出如下的要点。

（1）在 PHP 中类的继承只能是单独继承，也即由一个父类(基类)继承下去，而且可以一直继承下去。PHP 不支持多方继承，即不能由一个以上的父类进行继承，也即类 C 不能同时继承类 A 和类 B。

（2）由于 PHP 支持多方继承，为了对特定类的功能进行拓展，就可以使用接口(interface)来实现类似于多方继承的好处。接口用 interface 关键字声明，并且单独设立接口方法。

（3）一个类可以继承于一个父类，同时使用一个或多个接口。类还可以直接继承于某个特定的接口。

（4）类、类的属性和方法的访问，都可以通过访问修饰符进行控制，放在属性和类的前面则表示，public 为公共属性或方法，private 为自有属性或方法，protected 为可继承属性或方法。

（5）关键字 final 放在特定的类前面，表示此类不能再被继承。final 放在某个类方法前面，表示此方法不能在继承后被"覆写"或重新定义。

9.7 面向对象的多态性

多态性是指同一操作作用于不同类的实例，将产生不同的执行结果，即不同类的对象收到相同的消息时，得到不同的结果。在 PHP 中，实现多态的方法有两种，包括通过继承实现多态和通过接口实现多态。

9.7.1 实例 7——通过继承实现多态

通过继承可以实现多态的效果，下面通过一个实例来理解实现多态的方法。

【例 9.7】(实例文件：ch09\9.7.php)

```
<HTML>
<HEAD>
<TITLE> 多态性</TITLE>
</HEAD>
<BODY>
<?php
```

```
  abstract class Vegetables{                    //定义抽象类Vegetables
    abstract function go_Vegetables();          //定义抽象方法
go_Vegetables
  }
class Vegetables_potato extends Vegetables{     //马铃薯类继承蔬菜类
    public function go_Vegetables(){            //重写抽象方法
        echo "我们开始种植马铃薯";              //输出信息
    }
  }
  class Vegetables_radish extends Vegetables{    //萝卜类继承蔬菜类
    public function go_Vegetables(){            //重写抽象方法
        echo "我们开始种植萝卜";
    }
  }
  function change($obj){                        //自定义方法根据对象调用不同的方法
    if($obj instanceof Vegetables ){
        $obj->go_Vegetables();
    }else{
        echo "传入的参数不是一个对象";         //输出信息
    }
  }
  echo "实例化Vegetables_potato: ";
  change(new Vegetables_potato());             //实例化
Vegetables_potato
  echo "<br>";
  echo "实例化Vegetables_ radish: ";
  change(new Vegetables_ radish ());           //实例化Vegetables_ radish
?>
</BODY>
</HTML>
```

运行结果如图 9-7 所示。

图 9-7　程序运行结果

【代码详解】

从结果可以看出，本实例创建了一个抽象类 Vegetables，用于表示各种蔬菜的种植方法，然后让子类继承这个 Vegetables。

9.7.2　实例 8——通过接口实现多态

下面通过接口的方式，实现和上面的实例一样的效果。

【例 9.8】(实例文件：ch09\9.8.php)

```
<HTML>
<HEAD>
<TITLE> 多态性</TITLE>
</HEAD>
<BODY>
<?php
  interface Vegetables{                              //定义接口 Vegetables
    public function go_Vegetables();                 //定义接口方法
  }
class Vegetables_potato implements Vegetables{       // Vegetables_potato 实现
                                                        Vegetables 接口
    public function go_Vegetables(){                 //定义 go_Vegetables 方法
        echo "我们开始种植马铃薯";                    //输出信息
    }
  }
  class Vegetables_radish implements Vegetables{     // Vegetables_radish 实现
                                                        Vegetables 接口
    public function go_Vegetables(){                 //定义 go_Vegetables 方法
        echo "我们开始种植萝卜";                      //输出信息
    }
  }
  function change($obj){                             //自定义方法根据对象调用不同的方法
    if($obj instanceof Vegetables ){
      $obj->go_Vegetables();
    }else{
        echo "传入的参数不是一个对象";               //输出信息
    }
  }
  echo "实例化 Vegetables_potato: ";
  change(new Vegetables_potato());                  //实例化 Vegetables_potato
  echo "<br>";
  echo "实例化 Vegetables_ radish: ";
  change(new Vegetables_ radish ());                //实例化 Vegetables_ radish
?>
</BODY>
</HTML>
```

运行结果如图 9-8 所示。

图 9-8　程序运行结果

【代码详解】

从结果可以看出，本实例创建了一个接口 Vegetables，然后定义一个空方法 go_Vegetables()，接着定义 Vegetables_potato 和 Vegetables_radish 子类继承自接口 Vegetables。最后通过 instanceof 关键字检查对象是否属于接口 Vegetables。

9.8 高手甜点

甜点 1：理解 "(a < b)? a : b;" 的含义。

这是一个条件控制语句，是 if 语句的单行表示方法。它的具体格式是：

(条件判断语句)？判断为 true 的行为：判断为 false 的行为；

if 语句单行表示方式的好处是，可以直接对条件判断结果的返回值进行处理。比如可以直接把返回值赋值给变量。例如 "$variable = (a < b)? a : b;"，如果 a<b 的结果为 true，则此语句返回 a，并且直接赋值给$varible，如果 a<b 的结果为 false，则此语句返回 b，并且直接赋值给$varible。

这种表示方法可以节约代码的输入量，更重要的是可以提高代码执行的效率。由于 PHP 代码执行是对代码由上至下的一个过程，所以代码的行数越少，越能节约代码读取的时间。在一行语句中就能对情况做出判断，并且对代码返回值进行处理，无疑这是一种效率相当高的代码组织方式。

甜点 2：区别抽象类和类的不同之处。

抽象类是类的一种，通过在类前增加关键字 abstract 来表示。抽象类是仅仅用来继承的类。通过 abstract 关键字声明，就是告诉 PHP，这个类不再用于生成类的实例，仅仅是用来被其子类继承。可以说抽象类只关注于类的继承。抽象方法就是在方法前面添加关键字 abstract 声明的方法。抽象类中可以包含抽象方法。一个类中只要有一个方法通过关键字 abstract 声明为抽象方法，则整个类都要声明为抽象类。然而，特定的某个类即便不含抽象方法，也可以通过 abstract 声明为抽象类。

9.9 跟我练练手

上机 1：声明一个教师公共类。
上机 2：声明一个员工类，成员属性为员工姓名和联系方式，成员的方法为输出员工姓名。
上机 3：做一个员工类实例化的例子。
上机 4：做一个包含访问方法的例子。
上机 5：做一个抽象类和接口的例子。
上机 6：做一个实现面向对象多态的例子。

第 10 章

错误、异常处理
与调试

当 PHP 代码运行时，会发生各种错误：可能是语法错误，通常是程序员造成的编码错误或错别字；可能是拼写错误或语言中缺少的功能(可能由于浏览器差异)；可能是由于来自服务器或用户的错误输出而导致的错误；当然，也可能是由于许多其他不可预知的因素。本章主要讲述错误处理和异常处理。

本章要点(已掌握的在方框中打钩)

- ☐ 了解常见的错误和异常
- ☐ 掌握处理错误的方法
- ☐ 掌握处理异常的方法

10.1　常见的错误和异常

错误和异常是编程过程中经常出现的问题。本节将主要介绍常见的错误和异常。

1. 拼写错误

拼写代码时要求程序员要非常仔细，并且编写完成的代码还需要认真地去检查，否则会出现很多编写上的错误。

另外，PHP 中常量和变量都是区分大小写的，例如把变量名 abc 写成 ABC，也会出现语法错误。PHP 中的函数名、方法名、类名不区分大小写，但建议使用与定义时相同的名字。模式常量不区分大小写，但是建议全部大写，包括：__LINE__、__FILE__、__DIR__、__FUNCTION__、__CLASS__、__METHOD__、__NAMESPACE__。知道这些规则，程序员就可以避免大小写的错误。

编写代码有时需要输入中文字符，编程人员容易在输完中文字符后忘记切换输入法，从而导致输入的小括号、分号或者引号等出现错误，当然，这种错误输入在大多数编程软件中显示的颜色会跟正确的输入显示的颜色不一样，较容易发现，但还是应该细心谨慎以减少或避免错误的出现。

2. 单引号和双引号的混乱

单引号、双引号在 PHP 中没有特殊的区别，都可以用来创建字符串。但是必须使用同一种单引号或双引号来定义字符串，如：'Hello"和"Hello'为非法的字符串定义。单引号串和双引号串在 PHP 中的处理是不相同的。双引号串中的内容可以被解释而且替换，而单引号串中的内容总被认为是普通字符。

另外，缺少单引号或者双引号也是经常出现的问题。例如：

```
echo "错误处理的方法;
```

其中缺少双引号，运行时会提示错误。

3. 括号使用混乱

首先需要说明的是，在 PHP 中，括号包含两种语义，可以是分隔符也可以是表达式。例如：
(1) 分隔符的作用比较常用，比如：(1+4)*4 等于 20。
(2) 在(function(){})();中，function 之前的一对括号作为分隔符，后面的括号表示立即执行这个方法。

由于括号的使用层次比较多，所以可能会导致括号不匹配的错误。例如以下代码：

```
if(((($a==$b)and($b==$c))and($c==$d){        //此处缺少一个括号
    echo "正确的括号使用方法！"
}
```

4. 等号与赋值混淆

等号与赋值符号混淆的错误通常出现在 if 语句中，而且这种错误在 PHP 中不会产生错误信息，所以在查找错误时往往不容易被发现。例如：

```
if(s =1)
  echo ("没有找到相关信息");
```

上面的代码在逻辑上是没有问题的，它的运行结果是将 1 赋值给了 s，如果成功则弹出对话框，而不是对 s 和 1 进行比较，这不符合开发者的本意。

5. 缺少美元符号

在 PHP 中，设置变量时需要使用美元符号"$"，如果不添加美元符号就会引起解析错误。例如以下代码：

```
for($s =1;$s<=10;s++){               //缺少一个变量的美元符号
  echo ("缺少美元符号！");
}
```

修改 s++为$s++即可。如果"$s<=10;"缺少美元符号，则会进入无限循环状态。

6. 调用不存在的常量和变量

如果调用没有声明的常量或者变量，将会触发 NOTICE 错误。例如下面的代码中，输出时错误书写了变量的名称。

```
<?php
  $abab="错误处理的方法"               //输出时错误书写了变量的名称
  echo $abba;
?>
```

如果运行程序，会提示如图 10-1 所示的错误。

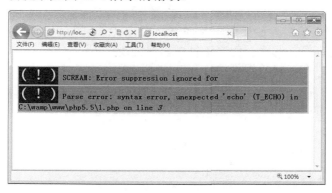

图 10-1　调用不存在的变量

7. 调用不存在的文件

如果调用不存在的文件，程序将会停止运行。例如下面的代码：

```
<?php
  include("mybook.txt");               //调用一个不存在的文件
?>
```

运行后将会弹出如图 10-2 所示的错误提示信息。

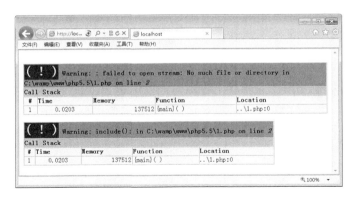

图 10-2　调用不存在的文件

8. 环境配置的错误

如果环境配置不当，也会使运行产生错误，例如操作系统，PHP 配置文件和 PHP 的版本等，如果配置不正确，将会提示文件无法打开、操作权限不具备和服务器无法连接等错误信息。

首先，不同的操作系统采用不同的路径格式，这些都会导致程序运行错误。PHP 在不同的操作系统上的功能也会有所差异，数据库的运行也会在不同的操作系统中出现问题，等等。其次 PHP 的配置也很重要，由于各个计算机的配置方法不尽相同，当程序的运行环境发生变化时，也会出现这样或者那样的问题。最后是 PHP 的版本问题，PHP 的高版本在一定程度上可以兼容低版本，但是高版本编写的程序拿到低版本中运行，会出现意想不到的问题，这些都是有关环境配置的不同而引起的错误。

9. 数据库服务器连接错误

由于 PHP 应用于动态网站的开发，所以经常会对数据库进行基本的操作，在操作数据库之前，需要连接数据库服务，如果用户名或者密码设置不正确，或者数据库不存在，或者数据库的属性不允许访问等，都会在程序运行中出现错误。

例如以下的代码，在连接数据库的过程中，密码编写是错误的。

```php
<?php
    $conn=mysql_connect("localhost","root","root");        //连接 MySQL 服务器
?>
```

运行后将会弹出如图 10-3 所示的错误提示信息。

图 10-3　无法连接数据库

10.2 错 误 处 理

常见的错误处理方法包括使用错误处理机制，使用 DIE 语句调试、自定义错误和错误触发器等。本节将讲述如何处理程序中的错误。

10.2.1 php.ini 中的错误处理机制

在前面的实例中，错误提示会显示错误的信息、错误文件的行号等信息，这是 PHP 最基本的错误报告机制。php.ini 文件规定了错误的显示方式，包括配置选项的名称、默认值和表述的含义等。常见的错误配置选项的内容如表 10-1 所示。

表 10-1 常见的 php.ini 文件中控制错误显示的配置选项含义

名 称	默 认 值	含 义
display_errors	On	设置错误作为 PHP 的一部分输出。开发的过程中可以采用默认的设置，但是为了安全考虑，在生产环境中还是设置为 Off 比较好
error_reporting	E_all	这个设置会显示所有的出错信息。这种设置会让一些无错的提示也会显示，所以可以设置 error_reporting 的默认值：error_reporting = E_ALL & ~E_NOTICE，这样只会显示错误和不良编码
error_log	null	设置记录错误日志的文件。默认情况下将错误发送到 Web 服务器日志，用户也可以指定写入的文件
html_errors	On	控制是否在错误信息中采用 HTML 格式
log_errors	Off	控制是否应该将错误发送到主机服务器的日志文件
display_startup_errors	Off	控制是否显示 PHP 启动时的错误
track_errors	Off	设置是否保存最近一个警告或错误信息

10.2.2 实例 1——应用 DIE 语句调试

使用 DIE 语句调试的优势是，不仅可以显示错误的位置，还可以输出错误信息。一旦出现错误，程序将会终止运行，并在浏览器上显示出错之前的信息和错误信息。

在 10.1 节中曾经讲述过调用不存在的文件会提示错误信息，如果运用 DIE 调试，将会输出自定的错误信息。

【例 10.1】(实例文件：ch10\10.1.php)

```
<HTML>
<HEAD>
<TITLE> DIE 语句调试</TITLE>
</HEAD>
<BODY>
<?php
```

```
if(!file_exists("welcome.txt")){
die("文件不存在");
  }
else{
 $file=fopen("welcome.txt","r");
   }
?>
</BODY>
</HTML>
```

运行后结果如图 10-4 所示。

图 10-4　应用 DIE 语句调试

和基本的错误报告机制相比，使用 DIE 语句调试显得更有效，这是由于它采用了一个简单的错误处理机制在错误之后终止了脚本。

10.2.3　实例 2——自定义错误和错误触发器

简单地终止脚本并非是恰当的方式。本小节将讲述如何自定义错误和错误触发器。创建一个自定义的错误处理器非常简单，用户可以创建一个专用函数，然后在 PHP 中发生错误时调用该函数。

自定义错误函数的语法格式如下：

```
error_function(error_level,error_message,error_file,error_line,error_context)
```

该函数必须至少包含 error_level 和 error_message 两个参数，另外 3 个参数 error_file、error_line 和 error_context 是可选的。各个参数的具体含义如表 10-2 所示。

表 10-2　各个参数的含义

参　数	含　义
error_level	必须参数。为用户定义的错误规定错误报告级别。必须是一个数值
error_message	必须参数。为用户定义的错误规定错误消息
error_file	可选参数。规定错误在其中发生的文件名
error_line	可选参数。规定错误发生的行号
error_context	可选参数。规定一个数组，包含了当错误发生时在用的每个变量以及它们的值

参数 error_level 为定义错误规定的报告级别，这些错误报告级别是错误处理程序处理错误的不同类型。具体的级别值和含义如表 10-3 所示。

表 10-3　错误的级别值和含义

数　值	常　量	含　义
2	E_WARNING	非致命的 run-time 错误。不暂停脚本执行
8	E_NOTICE	run-time 通知。脚本发现可能有错误发生，但也可能在脚本正常运行时发生
256	E_USER_ERROR	致命的用户生成的错误。这类似于程序员使用 PHP 函数 trigger_error() 设置的 E_ERROR
512	E_USER_WARNING	非致命的用户生成的警告。这类似于程序员使用 PHP 函数 trigger_error() 设置的 E_WARNING
1024	E_USER_NOTICE	用户生成的通知。这类似于程序员使用 PHP 函数 trigger_error() 设置的 E_NOTICE
4096	E_RECOVERABLE_ERROR	可捕获的致命错误。类似 E_ERROR，但可被用户定义的处理程序捕获
8191	E_ALL	所有错误和警告

下面通过实例来讲解如何自定义错误和错误触发器。

首先创建一个处理错误的函数：

```
function customError($errno, $errstr)
 {
 echo "<b>错误:</b> [$errno] $errstr<br />";
 echo "终止程序";
 die();
 }
```

上面的代码是一个简单的错误处理函数。当它被触发时，它会取得错误级别和错误消息，然后它会输出错误级别和消息，并终止程序。

创建了一个错误处理函数后，下面需要确定在何时触发该函数。在 PHP 中，使用 set_error_handler() 函数设置用户自定义的错误处理函数。该函数用于创建运行时期间的用户自己的错误处理方法。该函数会返回旧的错误处理程序，若失败，则返回 null。具体的语法格式如下：

```
set_error_handler(error_function,error_types)
```

其中，error_function 为必须参数，规定发生错误时运行的函数。error_types 是可选参数，如果不选择此参数，则表示默认值为"E_ALL"。

在本例中，由于针对所有错误来使用自定义错误处理程序。具体的代码如下：

```
set_error_handler("customError");
```

下面通过尝试输出不存在的变量，来测试这个错误处理程序。

【例 10.2】(实例文件：ch10\10.2.php)

```
<HTML>
<HEAD>
```

```
<TITLE> 自定义错误</TITLE>
</HEAD>
<BODY>
<?php
 //定义错误函数
 function customError($errno, $errstr){
 echo "<b>错误:</b> [$errno] $errstr";
 }
 //设置错误函数的处理
 set_error_handler("customError");
 //触发自定义错误函数
 echo($test);
?>
</BODY>
</HTML>
```

运行后结果如图 10-5 所示。

图 10-5 自定义错误

在脚本中用户输入数据的位置，当用户的输入无效时触发错误是很有用的。在 PHP 中，这个任务由 trigger_error()完成。

trigger_error()函数创建用户定义的错误消息。trigger_error()用于在用户指定的条件下触发一个错误消息。它与内置的错误处理器一同使用，也可以与由 set_error_handler()函数创建的用户自定义函数一起使用。如果指定了一个不合法的错误类型，该函数返回 false，否则返回 true。

trigger_error()函数的具体语法格式如下：

```
trigger_error(error_message,error_types)
```

其中 error_message 为必须参数，规定错误消息，长度限制为 1024 个字符。error_types 为可选参数，规定错误消息的错误类型，可能的值为 E_USER_ERROR、E_USER_WARNING 或者 E_USER_NOTICE。

【例 10.3】(实例文件：ch10\10.3.php)

```
<HTML>
<HEAD>
<TITLE> trigger_error() 函数</TITLE>
</HEAD>
<BODY>
<?php
 $test=5;
```

```
  if ($test>4){
    trigger_error("Value must be 4 or below");
  }
?>
</BODY>
</HTML>
```

运行后结果如图 10-6 所示。由于 test 数值为 5，则会发生 E_USER_WARNING 错误。

图 10-6　trigger_error() 函数

下面通过实例来讲述 trigger_error()函数和自定义函数一起使用的处理方法。

【例 10.4】(实例文件：ch10\10.4.php)

```
<HTML>
<HEAD>
<TITLE>自定义函数和 trigger_error() 函数</TITLE>
</HEAD>
<BODY>
<?php
  //定义错误函数
  function customError($errno, $errstr){
  echo "<b>错误:</b> [$errno] $errstr";
  }
  //设置错误函数的处理
  set_error_handler("customError",E_USER_WARNING);
  // trigger_error 函数
  $test=5;
  if ($test>4){
    trigger_error("Value must be 4 or below",E_USER_WARNING);
  }
?>
</BODY>
</HTML>
```

运行后结果如图 10-7 所示。

图 10-7 自定义函数和 trigger_error()函数

10.2.4 实例 3——错误记录

默认情况下，根据在 php.ini 中的 error_log 配置，PHP 向服务器的错误记录系统或文件发送错误记录。通过使用 error_log() 函数，用户可以向指定的文件或远程目的地发送错误记录。

通过电子邮件向用户自己发送错误消息，是一种获得指定错误通知的好办法。下面通过实例的方式来讲解。

【例 10.5】(实例文件：ch10\10.5.php)通过 E-mail 发送错误信息。

```
<HTML>
<HEAD>
<TITLE>error_log() 函数</TITLE>
</HEAD>
<BODY>
<?php
 //定义错误函数
 function customError($errno, $errstr){
 echo "<b>错误:</b> [$errno] $errstr <br/>";
 echo "错误记录已经发送完毕";
 error_log("错误: [$errno] $errstr",1, "someone@example.com", "From:
    webmastere@example.com ");
 }
 //设置错误函数的处理
 set_error_handler("customError",E_USER_WARNING);
 // trigger_error 函数
 $test=5;
 if ($test>4){
   trigger_error("Value must be 4 or below",E_USER_WARNING);
 }
?>
</BODY>
</HTML>
```

运行后结果如图 10-8 所示。在指定的 someone@example.com 邮箱中将同样收到错误信息。

图 10-8　通过 E-mail 发送错误信息

10.3　异　常　处　理

异常(exception)用于在指定的错误发生时改变脚本的正常流程。PHP 5.5 提供了一种新的面向对象的错误处理方法。本节主要讲述异常处理的方法和技巧。

10.3.1　实例 4——异常的基本处理方法

异常处理用于在指定的错误(异常)情况发生时改变脚本的正常流程。这种情况称为异常。当异常被触发时，通常会发生以下动作。

(1)　当前代码状态被保存。

(2)　代码执行被切换到预定义的异常处理器函数。

(3)　根据错误情况，处理器也许会从保存的代码状态重新开始执行代码，终止脚本执行，或从代码中另外的位置继续执行脚本。

当异常被抛出时，其后的代码不会继续执行，PHP 会尝试查找匹配的"catch"代码块。如果异常没有被捕获，而且又没有使用 set_exception_handler()做相应处理的话，那么将发生一个严重的错误，并且输出"Uncaught Exception"(未捕获异常)的错误消息。

下面的实例中抛出一个异常，同时不去捕获它。

【例 10.6】(实例文件：ch10\10.6.php)

```php
<HTML>
<HEAD>
<TITLE>异常</TITLE>
</HEAD>
<BODY>
<?php
 //创建带有异常的函数
 function checkNum($number){
  if($number>1){
    throw new Exception("Value must be 1 or below");
   }
  return true;
  }
 //抛出异常
checkNum(2);
```

```
?>
</BODY>
</HTML>
```

运行后结果如图 10-9 所示。由于没有捕获异常，出现了下面的错误提示消息。

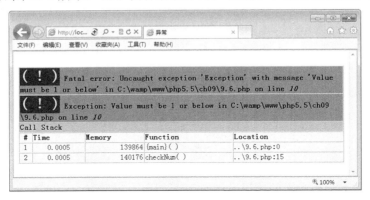

图 10-9　没有捕获异常

　　如果想避免出现上面例子出现的错误，需要创建适当的代码来处理异常。处理异常的程序应当包括以下内容。

　　(1)　try 代码块：使用异常的函数应该位于"try"代码块内。如果没有触发异常，则代码将照常继续执行。但是如果异常被触发，会抛出一个异常。

　　(2)　throw 代码块：这里规定如何触发异常。每一个"throw"必须对应至少一个"catch"。

　　(3)　catch 代码块："catch"代码块会捕获异常，并创建一个包含异常信息的对象。

　　【例 10.7】(实例文件：ch10\10.7.php)

```
<HTML>
<HEAD>
<TITLE>处理异常</TITLE>
</HEAD>
<BODY>
<?php
 //创建可抛出一个异常的函数
 function checkNum($number){
  if($number>1){
   throw new Exception("数值必须小于或等于1");
   }
  return true;
  }
 //在 "try" 代码块中触发异常
 try{
  checkNum(2);
  //如果没有异常，则会显示以下信息
    echo '没有任何异常';
  }
 //捕获异常
 catch(Exception $e){
  echo '异常信息: ' .$e->getMessage();
```

```
  }
?>
</BODY>
</HTML>
```

运行后结果如图 10-10 所示。由于抛出异常后，捕获了异常，所以出现了提示消息。

图 10-10　捕获异常

【代码详解】

(1)　创建 checkNum()函数。它检测数字是否大于 1。如果是，则抛出一个异常。

(2)　在 try 代码块中调用　checkNum()函数。

(3)　checkNum()函数中的异常被抛出。

(4)　catch 代码块接收到该异常，并创建一个包含异常信息的对象($e)。

(5)　通过 exception 对象调用　$e->getMessage()，输出来自该异常的错误消息。

10.3.2　实例 5——自定义的异常处理器

创建自定义的异常处理程序非常简单。只需要创建一个专门的类，当 PHP 中发生异常时，调用该类的函数即可。当然，该类必须是 exception 类的一个扩展。

这个自定义的 exception 类继承了 PHP 的 exception 类的所有属性，然后用户可向其添加自定义的函数。

下面通过实例讲解如何创建自定义的异常处理器。

【例 10.8】(实例文件：ch10\10.8.php)

```
<HTML>
<HEAD>
<TITLE>自定义异常处理器</TITLE>
</HEAD>
<BODY>
<?php
  class customException extends Exception{
  public function errorMessage(){
  //错误消息
  $errorMsg = '异常发生的行：'.$this->getLine().' in '.$this->getFile()
  .': <b>'.$this->getMessage().'</b>不是一个有效的邮箱地址';
  return $errorMsg;
  }
```

```
  }
 $email = "someone@example.321com";
 try
  {
  //检查是否符合条件
  if(filter_var($email, FILTER_VALIDATE_EMAIL) === FALSE) {
  //如果邮件地址无效，则抛出异常
  throw new customException($email);
  }
  }
 catch (customException $e){
  //显示自定义的消息
  echo $e->errorMessage();
  }
?>
</BODY>
</HTML>
```

运行后结果如图 10-11 所示。

图 10-11　自定义异常处理器

【代码详解】

(1)　customException()类是作为旧的 exception 类的一个扩展来创建的。这样它就继承了旧类的所有属性和方法。

(2)　创建 errorMessage()函数。如果邮箱地址不合法，则该函数返回一条错误消息。

(3)　把$email 变量设置为不合法的邮箱地址字符串。

(4)　执行 try 代码块。由于邮箱地址不合法，因此抛出一个异常。

(5)　catch 代码块捕获异常，并显示错误消息。

10.3.3　实例 6——处理多个异常

在上面的案例中，只是检查了邮箱地址是否有效，如果用户想检查邮箱是否为雅虎邮箱，或还想检查邮箱是否有效，等等，这就出现了多个可能发生异常的情况。用户可以使用多个 if…else 代码块，或一个 switch 代码块，或者嵌套多个异常。这些异常能够使用不同的 exception 类，并返回不同的错误消息。

【例 10.9】(实例文件：ch10\10.9.php)

```
<HTML>
<HEAD>
<TITLE>自定义异常处理器</TITLE>
</HEAD>
<BODY>
<?php
 class customException extends Exception{
 public function errorMessage(){
 //定义错误信息
 $errorMsg = '错误消息的行: '.$this->getLine().' in '.$this->getFile()
 .': <b>'.$this->getMessage().'</b> 不是一个有效的邮箱地址';
 return $errorMsg;
 }
 }
 $email = "someone@yahoo.com";
 try{
  //检查是否符合条件
  if(filter_var($email, FILTER_VALIDATE_EMAIL) === FALSE)
   {
   //如果邮箱地址无效，则抛出异常
   throw new customException($email);
   }
   //检查邮箱是否为雅虎邮箱
  if(strpos($email, "yahoo") !== FALSE){
   throw new Exception("$email 是一个雅虎邮箱");
   }
   }
 catch (customException $e) {
  echo $e->errorMessage();
  }
 catch(Exception $e) {
  echo $e->getMessage();
  }
?>
</BODY>
</HTML>
```

运行后结果如图 10-12 所示。上面的代码测试了两种条件，如果任何条件都不成立，则抛出一个异常。

图 10-12　自定义异常处理器

【代码详解】

(1) customException()类是作为旧的 exception 类的一个扩展来创建的。这样它就继承了旧类的所有属性和方法。

(2) 创建 errorMessage()函数。如果邮箱地址不合法，则该函数返回一个错误消息。

(3) 执行 try 代码块，在第一个条件下，不会抛出异常。

(4) 由于邮箱含有字符串"yahoo"，第二个条件会触发异常。

(5) "catch"代码块会捕获异常，并显示恰当的错误消息。

10.3.4 实例7——设置顶层异常处理器

所有未捕获的异常，都可以通过顶层异常处理器来处理。顶层异常处理器是使用 set_exception_handler()函数来实现的。

set_exception_handler()函数是可供用户自定义的异常处理函数。该函数用于创建运行时期间用户自己的异常处理方法。该函数会返回旧的异常处理程序，若失败则返回 null。具体的语法格式如下：

```
set_exception_handler(exception_function)
```

其中 exception_function 参数为必须的参数，规定未捕获的异常发生时调用的函数，该函数必须在调用 set_exception_handler()函数之前定义。这个异常处理函数需要一个参数，即抛出的 exception 对象。

【例 10.10】(实例文件：ch10\10.10.php)

```
<HTML>
<HEAD>
<TITLE>顶层异常处理器</TITLE>
</HEAD>
<BODY>
<?php
  function myException($exception){
  echo "<b>异常是:</b> " , $exception->getMessage();
  }
  set_exception_handler('myException');
  throw new Exception('正在处理未被捕获的异常');
?>
</BODY>
</HTML>
```

运行后结果如图 10-13 所示。上面的代码不存在"catch"代码块，而是触发顶层的异常处理程序。用户应该使用此函数来捕获所有未被捕获的异常。

图 10-13　顶层异常处理器

10.4 实例 8——处理异常或错误

错误处理也叫意外处理。通过使用 try…throw…catch 结构和一个内置函数 Exception()来"抛出"和"处理"错误或意外。

下面通过打开文件的实例介绍意外的处理方法和技巧。

【例 10.11】(实例文件：ch10\10.11.php)

```
<HTML>
<HEAD>
<TITLE>处理异常或错误</TITLE>
</HEAD>
<BODY>
<?php
 $DOCUMENT_ROOT = $_SERVER['DOCUMENT_ROOT'];
 @$fp = fopen("$DOCUMENT_ROOT/book.txt",'rb');
 try{
    if (!$fp){
      throw new Exception("文件路径有误或找不到文件。");
  }
 }catch(Exception $exception){
    echo $exception->getMessage();
  echo "在文件". $exception->getFile()."的".$exception->getLine()."行。<br />";
 }
 @fclose($fp);
?>
</BODY>
</HTML>
```

运行结果如图 10-14 所示。

图 10-14　程序运行结果

【代码详解】

(1) fopen() 函数打开 "$DOCUMENT_ROOT/book.txt" 文件进行读取，但是由于 "book.txt" 文件不存在，则$fp 为 false。

(2) try 区块判断$fp 为 false 时，抛出一个意外。此意外直接通过 new 关键字生成 Exception()类的实例。意外信息是传入参数定义的"文件路径有误或找不到文件"。

(3) catch 区块通过处理传入的 Exception()类实例，显示出错误信息、错误文件、错误发生行。这些是通过直接调用 Exception()类实例$exception 的内置类方法获得。错误信息由 getMessage()生成，错误文件由 getFile()生成，错误发生行由 getLine()生成。

(4) @fclose()和 @$fp= fopen()中的 "@" 表示屏蔽此命令的执行中产生的错误信息。

10.5 高手甜点

甜点 1：处理异常有什么规则？

在处理异常时，以下规则需要用户牢牢掌握。

(1) 需要进行异常处理的代码应该放入 try 代码块内，以便捕获潜在的异常。

(2) 每个 try 或 throw 代码块必须至少拥有一个对应的 catch 代码块。

(3) 使用多个 catch 代码块可以捕获不同种类的异常。

(4) 可以在 try 代码块内的 catch 代码块中再次抛出(re-thrown)异常。

甜点 2：如何隐藏错误信息？

PHP 提供了一种隐藏错误的方法。就是在被调用的函数名前加 "@" 符号，这样会隐藏可能由于这个函数导致的错误信息。例如以下代码：

```php
<?php
    $ab=fopen("123.txt","r");          //打开指定的文件
    fclose();                          //关闭指定的文件
?>
```

由于指定的文件不存在，所以运行后会弹出如图 10-15 所示的错误信息。

图 10-15　程序运行结果

如果在 fopen()函数和 fclose()函数前加上 "@" 符号，再次运行程序时，就不会出现图 10-15 的错误信息。这种隐藏信息的方法对于查找错误的位置是很有帮助的。

10.6　跟我练练手

上机 1：做一个应用 DIE 语句调试的例子。

上机 2：自定义一个错误和错误触发器的例子。

上机 3：做一个通过 E-mail 发送错误信息的例子。

上机 4：自定义一个异常处理器的例子。

上机 5：做一个使用多个 if…else 代码块，或一个 switch 代码块，或者嵌套多个异常的例子。

上机 6：做一个隐藏错误信息的例子。

第 11 章

文件系统与操作

　　前面的表单章节中，已经实现了用 form 发送数据给 PHP，PHP 再处理数据并输出 HTML 给浏览器。在这样的一个流程里，数据会直接被 PHP 代码处理成 HTML。如果想把数据储存起来，并在需要的时候读取和处理，该怎么办呢？这就是本章需要解决的问题。在 PHP 开发网站的过程中，文件的操作大致分为对普通文本的操作和对数据库文件的操作。本章主要讲述如何对普通文件进行写入和读取方法以及目录的操作、文件的上传等操作。

本章要点(已掌握的在方框中打钩)

☐ 掌握文件的基本操作方法

☐ 掌握目录的操作方法

☐ 掌握文件的上传方法

☐ 掌握访客计算器的制作方法

11.1 文 件 操 作

在不使用数据库系统的情况下，数据可以通过文件(file)来实现数据的储存和读取。这个数据存取的过程也是 PHP 处理文件的过程。这里涉及的文件是文本文件(text file)。

11.1.1 实例1——文件数据写入

对于一个文件的"读"或"写"操作，基本步骤如下。

step 01 打开文件。

step 02 从文件里读取数据，或者向文件内写入数据。

step 03 关闭文件。

打开文件的前提是，文件首先是存在的。如果不存在，则需要建立一个文件。并且在所在的系统环境中，代码应该对文件具有"读"或"写"的权限。

以下实例介绍 PHP 处理文件数据。在这个实例中需要把客人订房填写的信息保存到文件中，以便以后使用。

【例 11.1】(实例文件：ch11\11.1.php 和 11.1.1.php)

step 01 在 PHP 文件同目录下建立一个文本名称 booked.txt，然后创建 11.1.php，代码如下：

```
<!DOCTYPE html PUBLIC "-//W3C//DTD XHTML 1.0 Transitional//EN"
"http://www.w3.org/TR/xhtml1/DTD/xhtml1-transitional.dtd">
<HTML xmlns="http://www.w3.org/1999/xhtml">
<HEAD><meta http-equiv="Content-Type" content="text/html; charset=gb2312" />
<h2>GoodHome 在线订房表(文件储存)。</h2></HEAD>
<BODY>
<form action="11.2.php" method="post">
<table>
<tr bgcolor="#3399FF" >
    <td>客户姓名:</td>
    <td><input type="text" name="customername" size="20" /></td>
</tr>
<tr bgcolor="#CCCCCC" >
    <td>客户性别: </td>
    <td>
     <select name="gender">
       <option value="m">男</option>
       <option value="f">女</option>
     </select>
  </td>
</tr>
<tr bgcolor="#3399FF" >
    <td>到达时间:</td>
    <td>
     <select name="arrivaltime">
       <option value="1">一天后</option>
       <option value="2">两天后</option>
```

```
        <option value="3">三天后</option>
        <option value="4">四天后</option>
        <option value="5">五天后</option>
          </select>
  </td>
</tr>
<tr bgcolor="#CCCCCC" >
    <td>电话:</td>
    <td><input type="text" name="phone" size="20" /></td>
</tr>
<tr bgcolor="#3399FF" >
    <td>email:</td>
    <td><input type="text" name="email" size="30" /></td>
</tr>
<tr bgcolor="#666666" >
    <td align="center"><input type="submit" value="确认订房信息" /></td>
</tr>
</table>
</form>
</BODY>
</HTML>
```

step 02 在 11.1.php 文件的同目录下创建 11.2.php 文件，代码如下：

```
<HTML>
<HEAD>
<TITLE> </TITLE>
</HEAD>
<BODY>
<?php
$DOCUMENT_ROOT = $_SERVER['DOCUMENT_ROOT'];
$customername = trim($_POST['customername']);
$gender = $_POST['gender'];
$arrivaltime = $_POST['arrivaltime'];
$phone = trim($_POST['phone']);
$email = trim($_POST['email']);

 if( $gender == "m"){
   $customer = "先生";
}else{
   $customer = "女士";
}

$date = date("H:i:s Y m d");
$string_to_be_added  =  $date."\t".$customername."\t".$customer." 将 在
".$arrivaltime." 天后到达\t 联系电话: ".$phone."\t Email: ".$email ."\n";
$fp = fopen("$DOCUMENT_ROOT/booked.txt",'ab');
if(fwrite($fp, $string_to_be_added, strlen($string_to_be_added))){
  echo $customername."\t".$customer." ,您的订房信息已经保存。我们会通过 Email
    和电话和您联系。";
}else{
    echo "信息储存出现错误。";
}
fclose($fp);
?>
```

```
</BODY>
</HTML>
```

step 03 运行 11.1.php 文件，最终效果如图 11-1 所示。

图 11-1　程序运行结果

step 04 在表单中输入数据，【客户姓名】为"李莉莉"、【到达时间】为"三天后"、【电话】为"159××××266"。单击【确认订房信息】按钮，浏览器会自动跳转到 formfilehandler.php 页面，并且同时会把数据写入 booked.txt。如果之前没有创建 booked.txt 文件，PHP 会自动创建该文件。运行结果如图 11-2 所示。

图 11-2　程序运行结果

连续写入几次不同的数据，都会被保存到 booked.txt 中。用写字板打开 booked.txt，运行结果如图 11-3 所示。

图 11-3　程序运行结果

【代码详解】

(1) $DOCUMENT_ROOT = $_SERVER['DOCUMENT_ROOT'];是通过使用超全局数组 $_SERVER 来确定本系统文件根目录。在 Windows 桌面开发环境中的目录是 C:/wamp/www/。

(2) $customername，$arrivaltime，$phone 为 form4file.html 通过 POST 方法给 formfilehandler.php 传递的数据。

(3) $date 为用 date()函数处理的写入信息时的系统时间。

(4) $string_to_be_added 是要写入 booked.txt 文件的字符串数据。它的格式是通过 "\t" 和 "\n" 完成的。"\t" 是 tab。"\n" 是换新行。

(5) $fp = fopen("$DOCUMENT_ROOT/booked.txt",'ab');是 fopen()函数打开文件并赋值给变量 $fp。fopen() 函数的格式是 fopen(" Path"，"Parameter")。其中，"$DOCUMENT_ ROOT/booked.txt"就是路径(path)，而'ab'是参数(Parameter)。'ab'中的 a 是指在原有文件上继续写入数据，b 则是规定了写入的数据是二进制(binary)的数据模式。

(6) fwrite($fp, $string_to_be_added, strlen($string_to_be_added));是对已经打开的文件进行写入操作。strlen($string_to_be_added)是通过 strlen()函数给出所要写入字符串数据的长度。

(7) 在写入操作完成之后，用 fclose()函数关闭文件。

11.1.2　实例 2——文件数据读取

到目前为止，数据是写入了文件。而且文件也可以直接被打开来查看数据，并对数据进行其他操作。但是，学习 PHP 的一个重要目的，是要完成通过浏览器对数据的读取和使用。那么如何读取数据并且通过浏览器进行展示呢？

下面通过实例对文件数据读取进行讲解。

【例 11.2】(实例文件：ch11\11.3.php)

```
<HTML>
<HEAD>
<TITLE> </TITLE>
</HEAD>
<BODY>
<?php
 $DOCUMENT_ROOT = $_SERVER['DOCUMENT_ROOT'];
 @$fp = fopen("$DOCUMENT_ROOT/booked.txt",'rb');
 if(!$fp){
    echo "没有订房信息。";
  exit;
 }
 while (!feof($fp)){
   $order = fgets($fp, 2048);
  echo $order. "<br />";
 }
 fclose($fp);
?>
</BODY>
</HTML>
```

运行结果如图 11-4 所示。

图 11-4　程序运行结果

【代码详解】

(1)　$DOCUMENT_ROOT = $_SERVER['DOCUMENT_ROOT'];确认文件位置。

(2)　fopen()通过参数 rb 打开 booked.txt 文件进行二进制读取。读取内容赋值给变量$fp。$fp 前的@符号用来排除错误提示。

(3)　if 语句表示，如果变量$fp 为空，则显示"没有订房信息。"且退出。

(4)　在 while 循环中，!feof($fp)表示只要不到文件尾，就继续 while 循环。循环中 fgets()读取变量$fp 中的内容并赋值给$order。

(5)　fgets()中 2048 的参数表示允许读取的最长字节数为 2048-1=2047 字节。

(6)　最后 fclose()关闭文件。

不管是读文件还是写文件，其实对于文件在用 fopen 打开的时候就确定了文件模式。就是说打开某个特定的文件是用来做什么的。fopen()中的参数表明了用途。详述如表 11-1 所示。

表 11-1　fopen()中的参数表明

参　数	意　义	说　明
r	读取	打开文件用于读取，且从文件头开始读取
r+	读取	打开文件用于读取和写入，且从文件头开始读取和写入
w	写入	打开文件用于写入，且从文件头开始写入。如果文件已经存在，则清空原有内容，如果文件不存在，则创建此文件
w+	写入	打开文件用于写入和读取，且从文件头开始写入。如果文件已经存在，则清空原有内容，如果文件不存在，则创建此文件
x	谨慎写入	打开文件用于写入，且从文件头开始写入。如果文件已经存在，则不会被打开，同时 fopen 返回 false，且 PHP 生成警告
x+	谨慎写入	打开文件用于写入和读取，且从文件头开始写入。如果文件已经存在，则不会被打开，同时 fopen 返回 false，且 PHP 生成警告
a	添加	打开文件仅用于添加写入，且在已存在内容之后写入。如果文件不存在，则创建此文件

参　数	意　义	说　明
a+	添加	打开文件用于添加写入和读取，且在已存在内容之后写入。如果文件不存在，则创建此文件
b	二　进　制 (binary)	配合以上的不同参数使用。二进制文件模式不管是在 Linux 或是 Windows 下都是可以使用的。一般情况下，都选择二进制模式
t	文本(text)	文本模式只能在 Windows 下被使用

11.2　实例 3——目录操作

在 PHP 中，利用相关函数可以实现对目录的操作。常见的目录操作函数使用方法和技巧如下。

1. string getcwd (void)

该函数主要是获取当前的工作目录，返回的是字符串。下面举例说明此函数的使用方法。

【例 11.3】(实例文件：ch11\11.4.php)

```
<HTML>
<HEAD>
<TITLE> 获取当前工作目录</TITLE>
</HEAD>
<BODY>
<?php
    $d1=getcwd();          //获取当前路径
    echo getcwd();         //输出当前目录
?>
</BODY>
</HTML>
```

运行结果如图 11-5 所示。

图 11-5　程序运行结果

2. array scandir (string directory [, int sorting_order])

返回一个 array，包含有 directory 中的文件和目录。如果 directory 不是一个目录，则返回布尔型 false，并产生一条 E_WARNING 级别的错误。默认情况下，返回值是按照字母顺序升序排列的。如果使用了可选参数 sorting_order(设为 1)，则按照字母顺序降序排列。

下面举例说明此函数的使用方法。

【例 11.4】(实例文件：ch11\11.5.php)

```
<HTML>
<HEAD>
<TITLE> 获取当前工作目录中的文件和目录</TITLE>
</HEAD>
<BODY>
  <?php
    $dir='d:/ch11';                    //定义指定的目录
    $files1 = scandir($dir);           //列出指定目录中文件和目录
    $files2 = scandir($dir, 1);
    print_r($files1);                  //输出指定目录中文件和目录
    print_r($files2);
  ?>
</BODY>
</HTML>
```

运行结果如图 11-6 所示。

图 11-6　程序运行结果

3. new dir(sting directory)

此函数模仿面向对象机制，将指定的目录名转换为一个对象并返回。使用说明如下：

```
class dir {
dir ( string directory)
string path
resource handle
string read ( void )
void rewind ( void )
void close ( void )
}
```

其中 handle 属性含义为目录句柄、path 属性的含义为打开目录的路径、函数 read(void)含义为读取目录、函数 rewind(void)含义为复位目录、函数 close(void)含义为关闭目录。

下面举例说明此函数的使用方法。

【例 11.5】(实例文件：ch11\11.6.php)

```
<HTML>
<HEAD>
```

```
<TITLE> 将目录转换为对象</TITLE>
</HEAD>
<BODY>
  <?php
  $d2 = dir("d:/ch11");
  echo "Handle: ".$d2->handle."<br>\n";
  echo "Path: ".$d2->path."<br>\n";
  while (false !== ($entry = $d2->read())) {
      echo $entry."<br>\n";
  }
  $d2->close();
  ?>
</BODY>
</HTML>
```

运行结果如图 11-7 所示。

图 11-7　程序运行结果

4. chdir(string directory)

此函数将 PHP 的当前目录改为 directory。如果成功则返回 true，失败则返回 false。下面举例说明此函数的使用方法。

【例 11.6】(实例文件：ch11\11.7.php)

```
<HTML>
<HEAD>
<TITLE> 将当前目录修改 directory</TITLE>
</HEAD>
<BODY>
<?php
  if(chdir("d:/ch11")){
    echo "当前目录更改为：d:/ch11<br>";
    }else{
      echo "当前目录更改失败了";
  }
  ?>
</BODY>
</HTML>
```

运行结果如图 11-8 所示。

图 11-8　程序运行结果

5. void closedir (resource dir_handle)

此函数主要是关闭由 dir_handle 指定的目录流，另外目录流必须已被 opendir()所打开。

6. resource opendir(string path)

返回一个目录句柄。其中 path 为要打开的目录路径。如果 path 不是一个合法的目录或者因为权限限制或文件系统错误而不能打开目录，则返回 fales 并产生一个 E_WARNING 级别的 PHP 错误信息。如果不想输出错误，可以在 opendir()前面加上 "@" 符号。

【例 11.7】(实例文件：ch11\11.8.php)

```
<HTML>
<HEAD>
<TITLE> </TITLE>
</HEAD>
<BODY>
<?php
$dir = "d:/ch11/";
//打开一个目录，然后读取目录中的内容
if (is_dir($dir)) {
    if ($dh = opendir($dir)) {
        while (($file = readdir($dh)) !== false) {
            print "filename: $file : filetype: " . filetype($dir . $file) . "\n";
        }
        closedir($dh);
    }
}
?>
</BODY>
</HTML>
```

运行结果如图 11-9 所示。

其中 is_dir()函数主要是判断给定文件名是否为一个目录，readdir()函数从目录句柄中读取条目，closedir()函数关闭目录句柄。

filename: . : filetype: dir filename:
.. : filetype: dir filename:
11.3.php : filetype: file filename:
11.4.php : filetype: file filename:
11.5.php : filetype: file

图 11-9　程序运行结果

7. string readdir(resource dir_handle)

该函数主要是返回目录中下一个文件的文件名。文件名以在文件系统中的排序返回。

【例 11.8】(实例文件：ch11\11.9.php)

```
<HTML>
<HEAD>
<TITLE> </TITLE>
</HEAD>
<BODY>
<?php
// 注意在 4.0.0-RC2 之前不存在 !== 运算符
if ($handle = opendir('d:/ch11')) {
    echo "Directory handle: $handle\n";
    echo "Files:\n";
    /* 这是正确的遍历目录方法 */
    while (false !== ($file = readdir($handle))) {
        echo "$file\n";
    }
    closedir($handle);
}
?>
</BODY>
</HTML>
```

运行结果如图 11-10 所示。

图 11-10　程序运行结果

在遍历目录中，有的读者会经常写出下面错误的遍历方法。

```
/* 这是错误的遍历目录的方法 */
while ($file = readdir($handle)) {
    echo "$file\n";
}
```

11.3　实例4——文件的上传

用户可以将自己的文件上传到网络中。实现这种功能的方法有很多，用户把一个文件上传到服务器，需要在客户端和服务器端建立一个通道以传递文件的字节流，并在服务器端进行上传操作。下面介绍一种代码最少并且容易理解的方法。

下面实例主要讲述如何实现文件的上传功能，具体操作步骤如下。

【例 11.9】(实例文件：ch11\11.10.php 和 11.10.1.php)

step 01　首先创建一个实现文件上传功能的文件。为了设置保存上传文件的路径，用户需要在创建文件的目录下新建一个名称为 file 的文件夹。然后新建 11.10.1.php 文件，代码如下：

```
<HTML>
<HEAD>
<TITLE>实现上传文件</TITLE>
</HEAD>
<BODY>
<?php
if ($_POST[add]=="上传"){
        //根据现在的时间产生一个随机数
        $rand1=rand(0,9);
        $rand2=rand(0,9);
        $rand3=rand(0,9);
        $filename=date("Ymdhms").$rand1.$rand2.$rand3;
        if(empty($_FILES['file_name']['name'])){
                //$_FILES['file_name']['name']为获取客户端机器文件的原名称
            echo "文件名不能为空";
            exit;
            }
        $oldfilename=$_FILES['file_name']['name'];
        echo "<br>原文件名为: ".$oldfilename;
        $filetype=substr($oldfilename,strrpos($oldfilename,"."),
strlen($oldfilename)-strrpos($oldfilename,"."));
        echo "<br>原文件的类型为: ".$filetype;
        if(($filetype!='.doc')&&($filetype!='.xls')&&($filetype!='.DOC')
&&($filetype!='.XLS')){
            echo "<script>alert('文件类型或地址错误');</script>";
            echo "<script>location.href='11.3.php';</script>";
            exit;
            }
        echo "<br>上传文件的大小为(字节): ".$_FILES['file_name']['size'];
                //$_FILES['file_name']['size']为获取客户端机器文件的大小，单位为B
        if ($_FILES['file_name']['size']>1000000) {
```

```
            echo "<script>alert('文件太大，不能上传');</script>";
            echo "<script>location.href='11.3.php';</script>";
            exit;
          }
        echo "<br>文件上传服务器后的临时文件名为: ".$_FILES['file_name']['tmp_name'];
                        //取得保存文件的临时文件名(含路径)
        $filename=$filename.$filetype;
        echo "<br>新文件名为: ".$filename;
        $savedir="file/".$filename;

if(move_uploaded_file($_FILES['file_name']['tmp_name'],$savedir)){
        $file_name=basename($savedir);          //取得保存文件的文件名(不含路径)
        echo "<br>文件上传成功！保存为: ".$savedir;
        }else{
        echo "<script language=javascript>";
        echo "alert('错误，无法将附件写入服务器!\n本次发布失败！');";
        echo "location.href='11.3.php?';";
        echo "</script>";
        exit;
        }
    }
?>
</BODY>
</HTML>
```

代码分析如下。

(1) 需要首先创建变量设定文件的上传类型、保存路径和程序所在路径。

(2) 实现自定义函数获取文件扩展名和生成随机文件名。在上传过程中，如果上传了大量的文件，可能会出现文件名称重复的现象，所以本实例在文件上传的过程中，首先获取上传文件的扩展名并结合随机产生的数字，生成一个新的文件，避免了文件名称重复的现象。

(3) 判断获取的文件类型是否符合指定类型，如果文件名称符合，则为给该文件生成一个具有随机性质的名称，并使用 move_uploaded_file 函数完成文件的上传，否则显示提示信息。

step 02 下面创建一个获取上传文件的页面。创建文件 11.10.php，代码如下：

```
<HTML>
<HEAD><TITLE>上传文件</TITLE></HEAD>
<h3 align="center">上传文件</h3>
<form method="post" action="11.10.1.php" enctype="multipart/form-data">
    <table    border=0    cellspacing=0    cellpadding=0    align=center
width="100%">
    <tr>
        <td height="16">
    <input name="file" type="file"  value="浏览" >

        <input type="submit" value="上传" name="B1">
        </td>
    </tr>
    </table>
    </form>
</BODY>
</HTML>
```

运行结果如图 11-11 所示。单击【浏览】按钮，即可选择需要上传的文件，最后单击【上传】按钮即可实现上传操作。

图 11-11   程序运行结果

【代码详解】

"<form method="post" action="11.10.1.php" enctype="multipart/form-data">" 语句中 method 属性表示提交信息的方式是 post，即采用数据块，action 属性表示处理信息的页面为 11.10.1.php，ENCTYPE="multipart/form-data"表示以二进制的方式传递提交的数据。

11.4　实例 5——编写文本类型的访客计算器

下面通过对文本文件的操作，利用相关函数编写一个简单的文本类型的访客计算器。

【例 11.10】(实例文件：ch11\11.11.php)

```
<HTML>
    <HEAD>
        <TITLE>访客计数器</TITLE>
    </HEAD>
    <BODY>
        <?php
            if (!@$fp=fopen("coun.txt","r")){
                //只读方式打开 coun.txt 文件
                echo "coun.txt 文件创建成功！<br>";
            }
            @$num=fgets($fp,12);    //读取 11 位数字
            if ($num=="") $num=0;
                //如果文件的内容为空，初始化为 0
            $num++;                 //浏览次数加一
            @fclose($fp);           //关闭文件
            $fp=fopen("coun.txt", "w");//只写方式打开 coun.txt 文件
            fwrite($fp,$num);       //写入加一后结果
            fclose($fp);            //关闭文件
            echo "您是第".$num."位浏览者!";           //浏览器输出浏览次数
        ?>
    </BODY>
</HTML>
```

程序第一次运行结果如图 11-12 所示。

图 11-12   程序运行结果

由结果可以看出，该程序首先创建一个 count.txt 的文本文件，用于保存浏览次数。首先打开这个文件，然后初始化数据为 0，并实现加 1 操作。

11.5   高手甜点

甜点 1：如何批量上传多个文件？

本章讲述了如何上传单个文件，那么如何上传多个文件呢？用户只需要在表单中使用复选框形式的数组式提交语法即可。

提交的表单语句如下：

```
<form method="post" action="11.3.1.php" enctype="multipart/form-data">
    <table border=0 cellspacing=0 cellpadding=0 align=center width="100%">
      <input name="userfile[]" type="file"  value="浏览1" >
      <input name=" userfile[]" type="file"  value="浏览2" >
      <input name="f userfile[]" type="file"  value="浏览3" >
      <input type="submit" value="上传" name="B1">
    </table>
    </form>
```

甜点 2：如何从文件中读取一行？

在 PHP 网站开发中，支持从文件指针中读取一行。使用 string fgets(int handle[,int length]) 函数即可实现上述功能。其中 int handle 是要读入数据的文件流指针，有 fopen()函数返回数值；int length 设置读取的字符个数，读入的字符个数为 length-1。如果没有指定 length，则默认为 1024 个字节。

11.6   跟我练练手

上机 1：做一个用户注册页面，将注册信息保存到指定的 user.txt 中。
上机 2：读取保存在 user.txt 中的信息，并显示出来。

上机 3：获取文件 user.txt 的目录。

上机 4：将文件 user.txt 上传到指定的位置。

上机 5：编写一个文本类型的网站计算器。

第 12 章

图形图像处理技术

PHP 不仅可以输出纯 HTML，还可以创建及操作多种不同图像格式的图像文件，包括 gif、png、jpg、wbmp 和 xpm 等。更为方便的是，PHP 可以直接将图像流输出到浏览器。要处理图像，需要在编译 PHP 时加上图像函数的 GD 库，另外还可以使用第三方的图形库。本章将讲述图形图像的处理方法和技巧。

本章要点(已掌握的在方框中打钩)

☐ 掌握在 PHP 中加载 GD 库的方法

☑ 掌握图形图像创建的基本方法

☐ 掌握 Jpgraph 库的使用方法

☐ 掌握 3D 饼形图的制作方法

12.1　实例1——在 PHP 中加载 GD 库

PHP 中的图形图像处理功能，都要求有一个库文件的支持，这就是 GD 库。PHP 5 自带此库。

如果在 Windows 7 系统环境下，去除 php.ini 中 extension=php_gd2.dll 前面的“；”即可启用，如图 12-1 所示。

图 12-1　修改 php.ini 配置文件

下面了解一下 PHP 中的常用的图像函数的功能。具体如表 12-1 所示。

表 12-1　图像函数的功能

函　　数	功　　能
gd_info	取得当前安装的 GD 库的信息
getimagesize	取得图像大小
image_type_to_mime_type	取得 getimagesize，exif_read_data，exif_thumbnail，exif_imagetype 所返回的图像类型的 MIME 类型
image2wbmp	以 WBMP 格式将图像输出到浏览器或文件
imagealphablending	设定图像的混色模式
imageantialias	是否使用 antialias 功能
imagearc	画椭圆弧
imagechar	水平地画一个字符
imagecharup	垂直地画一个字符
imagecolorallocate	为一幅图像分配颜色
imagecolorallocatealpha	为一幅图像分配颜色并设置 Alpha 值
imagecolorat	取得某像素的颜色索引值
imagecolorclosest	取得与指定的颜色最接近的颜色的索引值
imagecolorclosestalpha	取得与指定的颜色最接近的颜色

函　数	功　能
imagecolorclosesthwb	取得与给定颜色最接近的色度的黑白色的索引
imagecolordeallocate	取消图像颜色的分配
imagecolorexact	取得指定颜色的索引值
imagecolorexactalpha	取得指定的颜色的索引值
imagecolormatch	使一个图像中调色板版本的颜色与真彩色版本更能匹配
imagecolorresolve	取得指定颜色的索引值或有可能得到的最接近的替代值
imagecolorresolvealpha	取得指定颜色的索引值或有可能得到的最接近的替代值
imagecolorset	给指定调色板索引设定颜色
imagecolorsforindex	取得某索引的颜色
imagecolorstotal	取得一幅图像的调色板中颜色的数目
imagecolortransparent	将某个颜色定义为透明色
imagecopy	拷贝图像的一部分
imagecopymerge	拷贝并合并图像的一部分
imagecopymergegray	用灰度拷贝并合并图像的一部分
imagecopyresampled	重采样拷贝部分图像并调整大小
imagecopyresized	拷贝部分图像并调整大小
imagecreate	新建一个基于调色板的图像
imagecreatefromgd2	从 GD2 文件或 URL 新建一图像
imagecreatefromgd2part	从给定的 GD2 文件或 URL 中的部分新建一图像
imagecreatefromgd	从 GD 文件或 URL 新建一图像
imagecreatefromgif	从 GIF 文件或 URL 新建一图像
imagecreatefromjpeg	从 JPEG 文件或 URL 新建一图像
imagecreatefrompng	从 PNG 文件或 URL 新建一图像
imagecreatefromstring	从字符串中的图像流新建一图像
imagecreatefromwbmp	从 WBMP 文件或 URL 新建一图像
imagecreatefromxbm	从 XBM 文件或 URL 新建一图像
imagecreatefromxpm	从 XPM 文件或 URL 新建一图像
imagecreatetruecolor	新建一个真彩色图像
imagedashedline	画一虚线
imagedestroy	销毁一图像
imageellipse	画一个椭圆
imagefill	区域填充
imagefilledarc	画一椭圆弧且填充
imagefilledellipse	画一椭圆并填充
imagefilledpolygon	画一多边形并填充

续表

函　数	功　能
imagefilledrectangle	画一矩形并填充
imagefilltoborder	区域填充到指定颜色的边界为止
imagefontheight	取得字体高度
imagefontwidth	取得字体宽度
imageftbbox	给出一个使用 FreeType 2 字体的文本框
imagefttext	使用 FreeType 2 字体将文本写入图像
imagegd	将 GD 图像输出到浏览器或文件
imagegif	以 GIF 格式将图像输出到浏览器或文件
imagejpeg	以 JPEG 格式将图像输出到浏览器或文件
imageline	画一条直线
imagepng	将调色板从一幅图像拷贝到另一幅
imagepolygon	画一个多边形
imagerectangle	画一个矩形
imagerotate	用给定角度旋转图像
imagesetstyle	设定画线的风格
imagesetthickness	设定画线的宽度
imagesx	取得图像宽度
imagesy	取得图像高度
imagetruecolortopalette	将真彩色图像转换为调色板图像
imagettfbbox	取得使用 TrueType 字体的文本的范围
imagettftext	用 TrueType 字体向图像写入文本

12.2　图形图像的典型应用案例

下面讲述图形图像的经典使用案例。

12.2.1　实例 2——创建一个简单的图像

使用 GD2 库文件，就像使用其他库文件一样。由于它是 PHP 的内置库文件，不需要在
PHP 文件中再用 include 等函数再行调用。以下实例介绍图像的创建方法。

【例 12.1】(实例文件：ch12\12.1.php)

```php
<?php
$im = imagecreate(200,300);                      //创建一个画布
$white = imagecolorallocate($im, 8,2,133);       //设置画布的背景颜色为一种蓝色
imagegif($im);                                   //输出图像
?>
```

运行程序，结果如图 12-2 所示。本实例使用 imagecreate()函数创建了一个宽 200 像素、高 300 像素的画布，并设置画布的 RGB 值为(8,2,133)，最后输出一个 GIF 格式的图像。

图 12-2　程序运行结果

　　　使用 imagecreate(200,300)函数创建基于普通调色板的画布，支持 256 色，其中 200、300 为图像的宽度和高度，单位为像素。

上面的实例只是把图片输出到页面，那么如果保存需要的图片文件呢？下面通过实例介绍图像文件的创建方法。

【例 12.2】(实例文件：ch12\12.2.php)

```php
<?php
  $ysize =200;
  $xsize =300;
  $theimage = imagecreatetruecolor($xsize,$ysize);
  $color2 = imagecolorallocate($theimage, 8,2,133);
  $color3 = imagecolorallocate($theimage, 230,22,22);
  imagefill($theimage, 0, 0,$color2);
  imagearc($theimage,100,100,150,200,0,270,$color3);
  imagejpeg($theimage,"newimage.jpeg");
  header('content-type: image/png');
  imagepng($theimage);
  imagedestroy($theimage);
?>
```

运行程序，结果如图 12-3 所示。同时在程序文件夹下生成一个名为 newimage.jpeg 的图片，其内容与页面显示相同。

图 12-3　程序运行结果

【代码详解】

(1) imagecreatetruecolor()函数是用来创建图片画布的。它需要两个参数，一个是 x 轴的大小，另一个是 y 轴的大小。$xsize =200;$ysize =300 分别设定了这两参数的大小。$theimage = imagecreatetruecolor($xsize,$ysize);使用这两个参数生成了画布，并且赋值为$theimage。

(2) imagearc($theimage,100,100,150,200,0,270,$color3);语句是通过 imagearc()函数在画布上创建一个弧线。它的参数分为以下几个部分。$theimage 为目标画布，"100,100"弧线中心点的 x、y 坐标，"150,200"为弧线的宽度和高度，"0,270"为顺时针画弧线的起始度数和终点度数，数值在 0 到 360 度，$color3 为画弧线所使用的颜色。

(3) imagejpeg() 函数是生成 jpeg 格式的图片的函数。imagejpeg($theimage, "newimage.jpeg");把画布对象$theimage 及其所有操作，生成为一个名为 newimage.jpeg 的 JPEG 图片文件。并且直接储存在当前路径下。

(4) 同时，header('content-type: image/png');和 imagepng($theimage);向页面输出了一张 PNG 格式的图片。

(5) 最后清除对象，释放资源。

12.2.2　实例 3——使用 GD2 函数在照片上添加文字

上面是完全创建一个图片。如图想在图片上添加文字，就需要修改一个图片，具体的过程为先读取一个图片，然后修改这个图片。

【例 12.3】(实例文件：ch12\12.3.php)

```php
<?php
  $theimage = imagecreatefromjpeg('newimage.jpeg');
  $color1 = imagecolorallocate($theimage, 255,255,255);
  $color3 = imagecolorallocate($theimage, 230,22,22);
  imagestring($theimage,5,60,100,'Text added to this image.',$color1);
```

```
header('content-type: image/png');
imagepng($theimage);
imagepng($theimage,'textimage.png');
imagedestroy($theimage);
?>
```

运行程序，结果如图 12-4 所示。同时在程序所在的文件夹下生成一个名为 newimage.jpeg 的图片，其内容与页面显示相同。

图 12-4　程序运行结果

【代码详解】

(1) imagecreatefromjpeg('newimage.jpeg');语句中 imagecreatefromjpeg()函数从当前路径下读取 newimage.jpeg 图形文件，并且传递给$theimage 变量作为对象，以待操作。

(2) 选取颜色后，imagestring($theimage,5,60,100,'Text added to this image.',$color1);语句中的 imagestring()函数向对象图片添加字符串'Text added to this image.'。这里面的参数中 $theimage 为对象图片。"5"为字体类型，这个字体类型的参数从 1 到 5 代表不同的字体。"60,100"为字符串添加的起始 x 与 y 的坐标。'Text added to this image.'为要添加的字符串，现在的情况下只支持 asc 字符。$color1 为写字的颜色。

(3) header('content-type: image/png');和 imagepng($theimage);语句共同处理了输出到页面的 png 图片。之后 imagepng($theimage,'textimage.png');语句就创建文件名为 textimage.png 的 png 图片，并保存在当前路径下。

12.2.3　实例 4——使用 TrueType 字体处理中文生成图片

字体处理在很大程度上是 PHP 图形处理经常要面对的问题。imagestring()函数默认的字体是十分有限的。这就要进入字体库文件。而 TrueType 字体是字体中极其常用的格式。比如在 Windows 下，打开 C:\WINDOWS\Fonts 目录，会出现很多字体文件，其中绝大部分是 TrueType 字体，如图 12-5 所示。

图 12-5　系统中的字体

PHP 使用 GD2 库，在 Windows 环境下，需要给出 TrueType 字体所在的文件夹路径。如在文件开头使用以下语句：

```
putenv('GDFONTPATH=C:\WINDOWS\Fonts');
```

使用 TrueType 字体也可以直接使用 imagettftext()函数。它是使用 ttf 字体的 imagestring()函数。它的格式为：

```
imagettftext(图片对象,字体大小,文字显示角度,起始 x 坐标,起始 y 坐标,文字颜色,字体名称,
文字信息)
```

另外一个很重要的问题，就是 GD 库中的 imagettftext()函数默认是无法支持中文字符，并添加到图片上去的。这是应为 GD 库的 imagettftext()函数对于字符的编码是采用的 UTF-8 的编码格式，而简体中文的默认格式为 GB 2312。

以下就介绍这样的一个例子。具体操作步骤如下。

`step 01` 把 C:\WINDOWS\Fonts 下的字体文件 simhei.ttf 复制到和文件 12.4.php 同目录下。

`step 02` 在网站目录下建立 12.4.php，输入以下代码并保存。

```php
<?php
    $ysize =200;
    $xsize =300;
    $theimage = imagecreatetruecolor($xsize,$ysize);
    $color2 = imagecolorallocate($theimage, 8,2,133);
    $color3 = imagecolorallocate($theimage, 230,22,22);
    imagefill($theimage, 0, 0,$color2);
    $fontname='simhei.ttf';
    $zhtext = "这是一个把中文用黑体显示的图片。";
    $text = iconv("GB2312", "UTF-8", $zhtext);
    imagettftext($theimage,12,0,20,100,$color3,$fontname,$text);
    header('content-type: image/png');
    imagepng($theimage);
```

```
    imagedestroy($theimage);
?>
```

运行程序，运行结果如图 12-6 所示。

图 12-6　程序运行结果

【代码详解】

(1)　imagefill($theimage, 0, 0,$color2);之前的语句是创建画布、填充颜色的。

(2)　$fontname='simhei.ttf';语句确认了当前目录下的黑体字的 TTF 文件，并且把路径赋值给$fontname 变量。

(3)　$zhtext 中为中文字符，它的编码为 GB 2312。可使用$text=iconv("GB2312", "UTF-8", $zhtext);语句把$zhtext 中的中文编码转换为 UTF-8，并赋值给$text 变量。

(4)　imagettftext($theimage,12,0,20,100,$color3,$fontname,$text);语句按照 imagettftext() 函数的格式分别确认了参数。$theimage 为目标图片，"12"为字符的大小，"0"为显示的角度，"20,100"为字符串显示的初始 x 和 y 的值。$fontname 为已经设定的黑体，$text 为已经转换为 UTF-8 格式的中文字符。

12.3　Jpgraph 库的使用

Jpgraph 是一个功能强大且十分流行的 PHP 外部图片处理库文件。它是建立在内部库文件 GD2 库之上的。它的优点是建立了很多方便操作的对象和函数，能够大大简化使用 GD 库对图片进行处理的编程过程。

12.3.1　实例 5——Jpgraph 的安装

Jpgraph 的安装就是 PHP 对 Jpgraph 类库的调用，可以采用多种形式。但是，首先都需要到 Jpgraph 的官方网站下载类库文件的压缩包。到 http://jpgraph.net/download/下载最新的压缩包为 Jpgraph3.5.0b1。

解压以后，如果是 Linux 系统，可以把它放置在 lib 目录下，并且使用下面的语句重命名此类库的文件夹。

```
ln -s jpgraph-3.x jpgraph
```

如果是 Windows 系统，在本机 WAMP 的环境下，则可以把类库文件夹放在 www 目录下，或者放置在项目的文件夹下。

然后在程序中引用的时候，直接使用 require_once()命令，并且指出 Jpgraph 类库相对于此应用的路径。

在本机环境下，把 jpgraph 文件夹，放置在 D:\php5.5\ch12 文件夹之下。在应用程序的文件中加载此库，使用语句 require_once ('jpgraph/src/jpgraph.php');即可。

12.3.2　实例 6——Jpgraph 的配置

使用 Jpgraph 类前，需要对 PHP 系统的一些限制性参数进行修改。具体修改以下 3 个方面的内容。

(1) 需要到 php.ini 中修改内存限制 memory_limit 至少为 32MB，本机环境为 momery_limit = 64m。

(2) 最大执行时间 max_execution_time 要增加，Jpgraph 类的官方推荐时间为 30 秒，即 max_execution_time =30。

(3) 用"；"号注释掉 output_buffering 选项。

12.3.3　实例 7——制作柱形图与折线图统计图

安装设置生效以后，就可以使用此类库了。由于 Jpgraph 有很多实例，所以读者可以轻松地通过实例来学习。

下面通过一个实例来学习 Jpgraph 类的使用方法和技巧。

step 01 找到安装过的 Jpgraph 类库文件夹，在其下的 src 文件夹下找到 Examples 文件夹。找到 barlinealphaex1.php 文件，将其复制到 ch12 文件夹下。在浏览器中打开，代码如下：

```php
<?php // content="text/plain; charset=utf-8"
require_once ('jpgraph/jpgraph.php');
require_once ('jpgraph/jpgraph_bar.php');
require_once ('jpgraph/jpgraph_line.php');
$ydata  = array(10,120,80,190,260,170,60,40,20,230);
$ydata2 = array(10,70,40,120,200,60,80,40,20,5);
$months = $gDateLocale->GetShortMonth();
$graph = new Graph(300,200);
$graph->SetScale("textlin");
$graph->SetMarginColor('white');
$graph->SetMargin(30,1,20,5);
$graph->SetBox();
$graph->SetFrame(false);
$graph->tabtitle->Set('Year 2003');
$graph->tabtitle->SetFont(FF_ARIAL,FS_BOLD,10);
$graph->ygrid->SetFill(true,'#DDDDDD@0.5','#BBBBBB@0.5');
$graph->ygrid->SetLineStyle('dashed');
```

```
$graph->ygrid->SetColor('gray');
$graph->xgrid->Show();
$graph->xgrid->SetLineStyle('dashed');
$graph->xgrid->SetColor('gray');
$graph->xaxis->SetTickLabels($months);
$graph->xaxis->SetFont(FF_ARIAL,FS_NORMAL,8);
$graph->xaxis->SetLabelAngle(45);
$bplot = new BarPlot($ydata);
$bplot->SetWidth(0.6);
$fcol='#440000';
$tcol='#FF9090';
$bplot->SetFillGradient($fcol,$tcol,GRAD_LEFT_REFLECTION);
$bplot->SetWeight(0);
$graph->Add($bplot);
$lplot = new LinePlot($ydata2);
$lplot->SetFillColor('skyblue@0.5');
$lplot->SetColor('navy@0.7');
$lplot->SetBarCenter();
$lplot->mark->SetType(MARK_SQUARE);
$lplot->mark->SetColor('blue@0.5');
$lplot->mark->SetFillColor('lightblue');
$lplot->mark->SetSize(6);
$graph->Add($lplot);
$graph->Stroke();
?>
```

step 02 修改 require_once ('jpgraph/jpgraph.php');为 require_once ('jpgraph/src/jpgraph.php');。
修改 require_once ('jpgraph/ jpgraph_bar.php ');为 require_once ('jpgraph/src/jpgraph_
bar.php');。修改 require_once ('jpgraph/jpgraph_line.php');为 require_once ('jpgraph/src/
jpgraph_line.php'); 以载入本机 Jpgraph 类库。

step 03 运行 barlinealphaex1.php，结果如图 12-7 所示。

图 12-7　程序运行结果

【代码详解】

(1) require_once ('jpgraph/src/jpgraph.php');require_once ('jpgraph/src/jpgraph_bar.php'); 和

require_once ('jpgraph/src/jpgraph_line.php');语句加载了 jpgraph 基本类库 jpgraph.php、柱状图类库 jpgraph_bar.php 和折线图类库/jpgraph_line.php。

(2) $ydata= array(10,120,80,190,260,170,60,40,20,230);和$ydata2 = array(10,70,40,120,200,60,80,40,20,5);语句定义了柱状图和折线图在 y 轴上的数据坐标，也是图形要表示的主要信息。

(3) $months = $gDateLocale->GetShortMonth();定义了月份使用短名表示。

(4) $graph = new Graph(300,200);语句创建图形$graph，高 300 像素，宽 200 像素。

(5) $graph->SetScale("textlin");语句确认刻度为自动生成的刻度形式。$graph->SetMarginColor('white');语句确认图形边框颜色为白色。

(6) $graph->SetMargin(30,1,20,5);语句调整边框宽度。$graph->SetBox();语句在背景图上添加边框。$graph->SetFrame(false);语句取消整个图片的边框。

(7) $graph->tabtitle->Set('Year 2003');语句添加图片标题。$graph->tabtitle->SetFont(FF_ARIAL,FS_BOLD,10);语句设定标题样式。

(8) $graph->ygrid->SetFill(true,'#DDDDDD@0.5','#BBBBBB@0.5');语句设定 y 轴方向上的网格填充颜色和亮度。$graph->ygrid->SetLineStyle('dashed'); 语句设定 y 轴方向上的网格线的样式为虚线。$graph->ygrid->SetColor('gray'); 语句设定 y 轴方向上的网格线的颜色。

$graph->xgrid->Show();语句，$graph->xgrid->SetLineStyle('dashed');语句和$graph->xgrid->SetColor('gray');语句是对 x 轴方向网格的同理设定。

(9) $graph->xaxis->SetTickLabels($months);语句为对 x 轴的设定，它使用的是先前定义的 $months 变量中的数据。$graph->xaxis->SetFont(FF_ARIAL,FS_NORMAL,8);语句设定样式。$graph->xaxis->SetLabelAngle(45);语句设定角度。

(10) $bplot = new BarPlot($ydata);语句采用先前的$ydata 数据生成柱状图。$bplot ->SetWidth(0.6);定义宽度。$bplot->SetFillGradient ($fcol,$tcol,GRAD_LEFT_REFLECTION); 填充柱状图，并且使用填充的渐变样式和两个渐变的颜色。$graph->Add($bplot);语句添加柱状图到图形中。

(11) $lplot = new LinePlot($ydata2);语句用$ydata2 数组生成折线图。$lplot->SetFillColor('skyblue@0.5');和$lplot->SetColor('navy@0.7');语句定义折线区域的颜色和透明度。

(12) $lplot->mark->SetType(MARK_SQUARE);定义折线图标记点的类型。$lplot->mark->SetColor('blue@0.5');定义颜色和透明度。$lplot->mark->SetSize(6);定义大小。$graph->Add($lplot);语句添加折线图到图形中。

(13) $graph->Stroke();语句表示把此图传递到浏览器显示。

12.3.4　实例 8——制作圆形统计图

下面就通过圆形统计图实例的介绍，来了解 Jpgraph 类的使用，具体步骤如下。

step 01 找到安装过的 jpgraph 类库文件夹，在其下的 src 文件夹下找到 Examples 文件夹。找到 balloonex1.php 文件，将其复制到 ch12 文件夹下。代码如下：

```php
<?php
require_once ('jpgraph/jpgraph.php');
require_once ('jpgraph/jpgraph_scatter.php');
$datax = array(1,2,3,4,5,6,7,8);
$datay = array(12,23,95,18,65,28,86,44);
function FCallback($aVal) {
    // This callback will adjust the fill color and size of
    // the datapoint according to the data value according to
    if( $aVal < 30 ) $c = "blue";
    elseif( $aVal < 70 ) $c = "green";
    else $c="red";
    return array(floor($aVal/3),"",$c);
}
$graph = new Graph(400,300,'auto');
$graph->SetScale("linlin");
$graph->img->SetMargin(40,100,40,40);
$graph->SetShadow();
$graph->title->Set("Example of ballon scatter plot");
$graph->yaxis->scale->SetGrace(50,10);
$graph->xaxis->SetPos('min');
$sp1 = new ScatterPlot($datay,$datax);
$sp1->mark->SetType(MARK_FILLEDCIRCLE);
$sp1->value->Show();
$sp1->value->SetFont(FF_FONT1,FS_BOLD);
$sp1->mark->SetCallback("FCallback");
$sp1->SetLegend('Year 2002');
$graph->Add($sp1);
$graph->Stroke();
?>
```

step 02 修改 require_once ('jpgraph/jpgraph.php');为 require_once ('jpgraph/src/jpgraph.php');，
修改 require_once ('jpgraph/jpgraph_scatter.php');为 require_once ('jpgraph/src/jpgraph_
scatter.php');，以载入本机 jpgraph 类库。

step 03 运行 balloonex1.php，结果如图 12-8 所示。

图 12-8　balloonex1.php 页面效果

【代码详解】

(1) require_once ('jpgraph/src/jpgraph.php');语句和 require_once ('jpgraph/src/jpgraph_scatter.php');语句加载了 jpgraph 基本类库 jpgraph.php 和圆形图类库 jpgraph_bar.php。

(2) $datax 和$datay 定义了两组要表现的数据。

(3) function FCallback($aVal){}函数定义了不同数值范围内的图形的颜色。

(4) $graph = new Graph(400,300,'auto');语句生成图形。$graph->SetScale("linlin");生成刻度。$graph->img->SetMargin(40,100,40,40);设置图形边框。$graph->SetShadow();设置阴影。$graph->title->Set("Example of ballon scatter plot");设置标题。$graph->xaxis->SetPos('min');设置 x 轴的位置为初始值。

(5) $sp1 = new ScatterPlot($datay,$datax);生成数据表示图。$sp1->mark->SetType (MARK_FILLEDCIRCLE);设置数据表示图的类型。$sp1->value->Show();展示数据表示图。$sp1->value->SetFont(FF_FONT1,FS_BOLD);设定展示图的字体。$sp1->SetLegend('Year 2002');设置标题。

(6) $graph->Add($sp1);添加数据展示图到整体图形中。

(7) $graph->Stroke();语句表示把此图传递到浏览器显示。

12.4　实例 9——制作 3D 饼形统计图

下面就通过 3D 饼形图例程的介绍，来了解 Jpgraph 类的使用方法和技巧。具体步骤如下。

step 01 找到安装过的 jpgraph 类库文件夹，在其下的 src 文件夹下找到 Examples 文件夹。找到 pie3dex3.php 文件，将其复制到 ch12 文件夹下。打开代码如下：

```php
<?php
require_once ('jpgraph/ jpgraph.php');
require_once ('jpgraph/jpgraph_pie.php');
require_once ('jpgraph/jpgraph_pie3d.php');
$data = array(20,27,45,75,90);
$graph = new PieGraph(450,200);
$graph->SetShadow();
$graph->title->Set("Example 1 3D Pie plot");
$graph->title->SetFont(FF_VERDANA,FS_BOLD,18);
$graph->title->SetColor("darkblue");
$graph->legend->Pos(0.5,0.8);
$p1 = new PiePlot3d($data);
$p1->SetTheme("sand");
$p1->SetCenter(0.4);
$p1->SetAngle(30);
$p1->value->SetFont(FF_ARIAL,FS_NORMAL,12);
$p1->SetLegends(array("Jan","Feb","Mar","Apr","May","Jun","Jul","Aug","Sep","Oct"));
$graph->Add($p1);
$graph->Stroke();
?>
```

step 02 修改 require_once ('jpgraph/jpgraph.php');为 require_once ('jpgraph/src/jpgraph.php');，

修改 require_once('jpgraph/jpgraph_pie.php'); 为 require_once ('jpgraph/src/jpgraph_pie.php ');，修改 require_once ('jpgraph/jpgraph_pie3d.php'); 为 require_once ('jpgraph/src/ jpgraph_pie3d.php ');，以载入本机 jpgraph 类库。

step 03 运行 pie3dex3.php，结果如图 12-9 所示。

图 12-9 pie3dex3.php 页面效果

【代码详解】

(1) require_once ('jpgraph/src/jpgraph.php');语句 require_once ('jpgraph/jpgraph_pie.php');和 require_once ('jpgraph/jpgraph_pie3d.php');语句加载了 jpgraph 基本类库 jpgraph.php、饼形图类库 jpgraph_ pie.php 和 3d 饼形图类库 jpgraph_ pie3d.php。

(2) $data 定义了要表现的数据。

(3) $graph = new PieGraph(450,200);生成图形。$graph->SetShadow();设定阴影。

(4) $graph->title->Set("Example 1 3D Pie plot");设定标题。$graph->title->SetFont(FF_VERDANA,FS_BOLD,18);设定字体和字体大小。$graph->title->SetColor("darkblue");设定颜色。$graph->legend->Pos(0.5,0.8);设定图例在整个图形中的位置。

(5) $p1 = new PiePlot3d($data);生成饼形图。$p1->SetTheme("sand");设置饼形图模板。$p1->SetCenter(0.4);设置饼形图的中心。$p1->SetAngle(30);设置饼形图角度。$p1->value->SetFont(FF_ARIAL,FS_NORMAL,12);设置字体。$p1->SetLegends(array("Jan",…,"Oct"));设置图例文字信息。

(6) $graph->Add($p1);向整个图形添加饼形图。$graph->Stroke();把此图传递到浏览器显示。

12.5 高手甜点

甜点 1：不同格式的图片在使用上有何区别？

JPEG 格式是一个标准。JPEG 经常用来储存照片和拥有很多颜色的图片。它不强调压缩，强调的是对图片信息的保存。如果使用图形编辑软件缩小 JPEG 格式的图片，那么它原本所包含的一部分数据就会丢失。并且这种数据的丢失，通过肉眼是可以察觉到的。这种格式不适合包含简单图形颜色或文字的图片。

PNG 格式即"portable network graghics"，这种图片格式是在 GIF 格式的基础上开发出来的。同样的图片使用 PNG 格式的大小要小于使用 GIF 格式的大小。这种格式是一种低损失压缩的网络文件格式。这种格式的图片适合于包含文字、直线或者色块的信息。PNG 支持透明，伽马校正等。但是 PNG 不像 GIF 一样支持动画功能。并且 IE6 不支持 PNG 的透明功能。低损压缩意味着压缩比不高，所以它不适合用于照片这一类的图片，否则文件将占用较大空间。

GIF 是指"graphics interchange format"，它也是一种低损压缩的格式，适合用于包含文字、直线或者色块的信息的图片。它使用的是 24 位 RGB 色彩中的 256 色。由于色彩有限所以也不适合用于照片一类的大图片。它具有不丧失图片质量却能大幅压缩图片大小的优势。另外，它支持动画。

甜点 2：如何选择自己想要的 RGB 颜色呢？

可以使用 Photoshop 里面的颜色选取工具。在 Linux 系统中可以使用开源的工具 GIMP 中的颜色选取工具。

12.6 跟我练练手

上机 1：在 PHP 中加载 GD 库。

上机 2：使用 imagecreate()函数创建了一个宽 600 像素、高 300 像素的画布，并设置画布的 RGB 值为(100,2,133)，最后输出一个 GIF 格式的图像。

上机 3：使用 GD2 函数在照片上添加文字："无边落木萧萧下，不尽长江滚滚来。"

上机 4：做一个包含制作柱形图与折线图统计图的例子。

上机 5：做一个包含制作圆形统计图的例子。

上机 6：做一个包含制作 3D 饼形统计图的例子。

第 13 章

Cookie 和会话管理

由于 HTTP Web 协议是无状态协议，对于事务处理没有记忆能力。缺少状态意味着如果后续处理需要前面的信息，则它必须重传，这样可能导致每次连接传送的数据量增大。客户端与服务器进行动态交互的 Web 应用程序出现之后，HTTP 无状态的特性严重阻碍了这些应用程序的实现，毕竟交互是需要承前启后的，简单的购物车程序也要知道用户到底在之前选择了什么商品。于是，两种用于保持 HTTP 连接状态的技术就应运而生了，一个是 Cookie，而另一个则是 Session。其中 Cookie 将数据存储在客户端，并显示永久的数据存储。Session 将数据存储在服务器端，保证数据在程序的单次访问中持续有效。本章主要讲述 Cookie 和 Session 的使用方法和应用技巧。

本章要点(已掌握的在方框中打钩)

☐ 掌握 Cookie 的基本操作方法

☐ 熟悉 Session 的基本概念

☐ 熟悉 Cookie 和 Session 的区别与联系

☐ 掌握会话管理的基本操作

13.1 Cookie 基本操作

下面介绍 Cookie 的含义和基本用法。

13.1.1 什么是 Cookie

Cookie 常用于识别用户。Cookie 是服务器留在用户计算机中的小文件。每当相同的计算机通过浏览器请求页面时，它会同时发送 Cookie。

Cookie 的工作原理是：当一个客户端浏览器连接到一个 URL，它会首先扫描本地储存的 Cookie，如果发现其中有和此 URL 相关联的 Cookie，将会把它们返回给服务器端。

Cookie 通常应用于以下几个方面。

(1) 在页面之间传递变量。因为浏览器不会保存当前页面上的任何变量信息，如果页面被关闭，则页面上的所有变量信息也会消失。通过 Cookie，可以把变量值在 Cookie 中保存下来，然后另外的页面可以重新读取这个值。

(2) 记录访客的一些信息。利用 Cookie 可以记录客户曾经输入的信息，或者记录访问网页的次数。

(3) 通过把所查看的页面存放在 Cookie 临时文件夹中，可以提高以后的浏览速度。

用户可以通过 header 以下格式在客户端生成 Cookie：

```
Set-cookie:NAME = VALUE;[expires=DATE;][path=PATH;][domain=DOMAIN_NAME;] [secure]
```

NAME 为 Cookie 的名称，VALUE 为 Cookie 的值，expires=DATE 为到期日，[path=PATH;] [domain=DOMAIN_NAME;]为与某个地址相对应的路径和域名，secure 表示 Cookie 不能通过单一的 HTTP 连接传递。

13.1.2 实例 1——创建 Cookie

通过 PHP，用户能够创建 Cookie。创建 Cookie 使用 setcookie()函数，它的语法格式如下：

```
setcookie(名称,cookie 值,到期日,路径,域名,secure)
```

其中的参数同 Set-cookie 中的参数意义相同。

 setcookie()函数必须位于<HTML>标签之前。

在下面的例子中，将创建名为"user"的 Cookie，为它赋值为"Cookie 保存的值"，并且规定了此 Cookie 在一小时后过期。

【例 13.1】(实例文件：ch13\13.1.php)

```php
<?php
setcookie("user", " Cookie 保存的值", time()+3600);
```

```
?>
<HTML>
<BODY>
</BODY>
</HTML>
```

运行上述程序，会在 Cookies 文件夹下自动生成一个 Cookie 文件，有效期为一个小时，在 Cookie 失效后，Cookies 文件自动被删除。

 　如果用户没有设置 Cookie 的到期时间，则在关闭浏览器时会自动删除 Cookie 数据。

13.1.3　实例 2——读取 Cookie

如何取回 Cookie 的值呢？在 PHP 中，可使用$_COOKIE 变量取回 Cookie 的值。下面通过实例讲解如何取回上面创建的名为"user"的 Cookie 的值，并把它显示在页面上。

【例 13.2】(实例文件：ch13\13.2.php)

```
<?php
// 输出一个 Cookie
echo $_COOKIE["user"];
// 显示所有的 Cookie
print_r($_COOKIE);
?>
```

程序运行结果如图 13-1 所示。

图 13-1　程序运行结果

用户可以通过 isset()函数来确认是否已设置了 Cookie。下面通过实例来讲解。

【例 13.3】(实例文件：ch13\13.3.php)

```
<HTML>
<BODY>
<?php
 if (isset($_COOKIE["user"]))                        //假如 Cookie 文件存在
   echo "Welcome " . $_COOKIE["user"] . "!<br />";
 else                                                //如果 Cookie 文件不存在
   echo "Welcome guest!<br />";
?>
</BODY>
</HTML>
```

程序运行结果如图 13-2 所示。

图 13-2　程序运行结果

13.1.4　实例 3——删除 Cookie

常见的删除 Cookie 的方法有两种，包括在浏览器中手动删除和使用函数删除。

1. 在浏览器中手动删除

由于 Cookie 自动生成的文本会存放在 IE 浏览器的 Cookies 临时文件夹中，在浏览器中删除 Cookie 文件是比较快捷的方法。具体的操作步骤如下。

step 01　在浏览器页面的菜单栏中选择【工具】|【Internet 选项】命令，如图 13-3 所示。

图 13-3　选择【Internet 选项】命令

step 02　打开【Internet 选项】对话框，在【常规】选项卡中单击【删除】按钮，如图 13-4 所示。

step 03　打开【删除浏览的历史记录】对话框，选中 Cookie 复选框，单击【删除】按钮即可，如图 13-5 所示。返回到【Internet 选项】对话框，单击【确定】按钮即可完成删除 Cookie 的操作。

图 13-4 【Internet 选项】对话框

图 13-5 【删除浏览的历史记录】对话框

2. 使用函数删除

删除 Cookie 仍然使用 setcookie() 函数。当删除 Cookie 时，将第二个参数设置为空，第三个参数的过期时间设置为小于系统的当前时间即可。

【例 13.4】(实例文件：ch13\13.4.php)

```php
<?php
    //将 Cookie 的过期时间设置为比当前时间减少 10 秒
    setcookie("user", "", time()-10);
?>
```

在上面的代码中，time()函数返回的是当前的系统时间，把过期时间减少 10 秒，这样过期时间就会变成过去的时间，从而删除 Cookie。如果将过期时间设置为 0，则也可以直接删除 Cookie。

13.2 认识 Session

下面介绍 Session 的一些基本概念和使用方法。

13.2.1 什么是 Session

由于 HTTP 是无状态协议，也就是说 HTTP 的工作过程是请求与回应的简单过程，所以 HTTP 没有一个内置的方法来储存在这个过程中各方的状态。比如，当同一个用户向服务器发出两个不同的请求时，虽然服务器端都会给予相应的回应，但是它并没有办法知道这两个动作是否由同一个用户发出。

由此，会话(session)管理应运而生。通过使用一个会话，程序可以跟踪用户的身份和行为，并且根据这些状态数据，给用户以相应的回应。

13.2.2 Session 基本功能

在 PHP 中，每一个 Session 都有一个 ID。这个 Session ID 是一个由 PHP 随机生成的加密数字。这个 Session ID 通过 Cookie 储存在客户端浏览器当中，或者直接通过 URL 传递至客户端，如果在某个 URL 后面看到一长串加密的数字，这很有可能就是 Session ID 了。

Session ID 就像是一把钥匙用来注册到 Session 变量中。而这些 Session 变量是储存在服务器端的。Session ID 是客户端唯一存在的会话数据。

使用 Session ID 打开服务器端相对应的 Session 变量，跟用户相关的会话数据便一目了然。默认情况下，在服务器端的 Session 变量数据是以文件的形式加以储存的，但是会话变量数据也经常通过数据库进行保存。

13.2.3 Cookie 与 Session

在浏览器中，有些用户出于安全性的考虑，关闭了其浏览器的 Cookie 功能。Cookie 将不能正常工作。

使用 Session 可以不必手动设置 Cookie，PHP Session 可以自动进行处理。可以使用会话管理及 PHP 中的 session_get_cookie_params()函数来访问 Cookie 的内容。这个函数将返回一个数组，包括 Cookie 的生存周期、路径、域名、secure 等。它的格式为：

```
session_get_cookie_params(生存周期,路径,域名,secure)
```

13.2.4 储存 Session ID 在 Cookie 或 URL 中

PHP 默认情况下会使用 Cookie 来储存 Session ID。但是如果客户端浏览器不能正常工作，就需要用 URL 方式传递 Session ID 了。如果在 php.ini 中的 session.use_trans_sid 设置为启用的状态，就可以自动通过 URL 来传递 Session ID 了。

不过通过 URL 传递 Session ID 会产生一些安全问题。如果这个连接被其他用户拷贝并使用，有可能造成用户判断的错误。其他用户可能使用 Session ID 访问目标用户的数据。

或者可以通过程序把 Session ID 储存到常量 SID 中，然后通过一个连接传递。

13.3 会 话 管 理

一个完整的会话包括创建会话、注册会话、使用会话和删除会话。下面介绍有关会话管理的基本操作。

13.3.1 实例 4——创建会话

常见的创建会话的方法有三种，包括 PHP 自动创建、使用 session_start()函数创建和使用

session_register()函数创建。

1. PHP 自动创建

用户可以在 php.ini 中设定 session.auto_start 为启用。但是使用这种方法时，不能把 session 变量对象化。应定义此对象的类，必须在创建会话之前加载，然后新创建的会话才能加载此对象。

2. 使用 session_start()函数

这个函数首先会检查当前是否已经存在一个会话，如果不存在，它将创建一个全新的会话，并且这个会话可以访问超全局变量$_SESSION 数组。如果已经有一个存在的会话，函数会直接使用这个会话，加载已经注册过的会话变量，然后使用。

session_start()函数的语法格式如下：

```
bool session_start(void);
```

提示　　session_start()函数必须位于<HTML>标签之前。

【例 13.5】(实例文件：ch13\13.5.php)

```
<?php
    session_start();
  ?>
<HTML>
<BODY>
</BODY>
</HTML>
```

上面的代码会向服务器注册用户的会话，以便可以开始保存用户信息，同时会为用户会话分配一个 UID。

3. 使用 session_register()函数

在使用 session_register()函数之前，需要在 php.ini 文件中将 register_globals 设置为 on，然后需要重启服务器。session_register()函数是通过为会话登录一个变量来隐性地启动会话。

13.3.2　实例 5——注册会话变量

会话变量被启动后，全部保存在数组$_SESSION 中。用户可以通过对$_SESSION 数组赋值来注册会话变量。

例如，启动会话，创建一个 Session 变量并赋予"xiaoli"的值，代码如下：

```
<?php
    session_start();                  //启动 Session
    $_SESSION['name']='xiaoli';       //声明一个名为 name 的变量，并赋值"xiaoli"
?>
```

这个会话变量值会在此会话结束或是被注销后失效。或者还会根据 php.ini 中的

session.gc_maxlifetime(当前系统设置的 1440 秒，也就是 24 小时)会话最大生命周期数，过期而失效。

13.3.3　实例6——使用会话变量

使用会话变量，首先要判断会话变量是否存在一个会话 ID，如果不存在，则需要创建一个，并且能够通过$_SESSION 变量进行访问。如果已经存在，则将这个已经注册的会话变量载入以供用户使用。

在访问$_SESSION 数组时，先要使用 isset()或 empty()来确定$_SESSION 中会话变量是否为空。

例如，如下代码：

```php
<?php
    If(! empty($_SESSION['session_name']));    //判断会话变量是否为空
    $ssvalue=$_SESSION['session_name'];        //若不为空，则将变量载入
?>
```

下面通过实例讲解存储和取回$_SESSION 变量的方法。

【例 13.6】(实例文件：ch13\13.6.php)

```php
<?php
session_start();
// 存储会话变量的值
$_SESSION['views']=1;
?>
<HTML>
<BODY>
<?php
//读取会话变量的值
echo "浏览量=". $_SESSION['views'];
?>
</BODY>
</HTML>
```

程序运行结果如图 13-6 所示。

图 13-6　程序运行结果

13.3.4　实例7——注销和销毁会话变量

注销会话变量使用 unset()函数就可以，如 unset($_SESSION['name'])。(不再需要使用 PHP 4

中的 session_unregister()或 session_unset()。)unset()函数用于释放指定的 session 变量,代码如下:

```php
<?php
unset($_SESSION['views']);
?>
```

如果要注销所有会话变量,只需要向 $_SESSION 赋值一个空数组就可以了,如 $_SESSION = array()。注销完成后,使用 session_destroy()销毁会话即可,其实就是清除相应的 Session ID。代码如下:

```php
<?php
  session_destroy();
?>
```

13.4   实例 8——会话管理的综合应用

下面通过一个综合案例,讲述会话管理的综合应用。

step 01 在网站根目录下建立一个文件夹,命名为 session。

step 02 在 session 文件夹下建立 opensession.php,输入以下代码并保存:

```php
<?php
  session_start();
  $_SESSION['name'] = "王小明";
   echo "会话变量为:".$_SESSION['name'];
?>
<a href='usesession.php'>下一页</a>
```

step 03 在 session 文件夹下建立 usesession.php,输入以下代码并保存:

```php
<?php
  session_start();
  echo "会话变量为:".$_SESSION['name']."<br />";
  echo $_SESSION['name'].",你好。";
?>
<a href='closesession.php'>下一页</a>
```

step 04 在 session 文件夹下建立 closesession.php,输入以下代码并保存:

```php
<?php
  session_start();
  unset($_SESSION['name']);
  if (isset($_SESSION['name'])){
    echo "会话变量为:".$_SESSION['name'];
  }else{
    echo "会话变量已注销。";
  }
  session_destroy();
?>
```

step 05 运行 opensession.php 文件,结果如图 13-7 所示。

图 13-7　程序运行结果

step 06　单击页面中的【下一页】链接，运行结果如图 13-8 所示。

图 13-8　程序运行结果

step 07　单击页面中的【下一页】链接，运行结果如图 13-9 所示。

图 13-9　程序运行结果

13.5　高 手 甜 点

甜点 1：如果浏览器不支持 Cookie 该怎么办？

如果应用程序涉及不支持 Cookie 的浏览器，那么将不得不采取其他方法在应用程序中从一张页面向另一张页面传递信息。其中一种方式是从表单传递数据。

下面的表单在用户单击提交按钮时向 welcome.php 提交了用户输入：

```
<HTML>
<BODY>
<form action="welcome.php" method="post">
Name: <input type="text" name="name" />
Age: <input type="text" name="age" />
```

```
<input type="submit" />
</form>
</BODY>
</HTML>
```

要取回 welcome.php 中的值，可以使用如下代码设置：

```
<HTML>
<BODY>
Welcome <?php echo $_POST["name"]; ?>.<br />
You are <?php echo $_POST["age"]; ?> years old.
</BODY>
</HTML>
```

甜点 2：Cookie 的生命周期是多久？

如果 Cookie 不设定失效时间，则表示它的生命周期为未关闭浏览器前的时间段，一旦浏览器关闭，Cookie 则会自动消失。

如果设定了过期时间，那么浏览器会把 Cookie 保存到硬盘中，在超过有效期前，用户打开 IE 浏览器会依然有效。

由于浏览器最多存储 300 个 Cookie 文件，每个 Cookie 文件最大支持 4KB，所以一旦超过容量的限制，则浏览器会自动随机地删除 Cookies。

13.6 跟我练练手

上机 1：将创建名为"people"的 Cookie，为它赋值为"Cookie 保存的值"，并且规定了此 Cookie 在一小时后过期。

上机 2：做一个包含会话管理的例子。

上机 3：做一个储存 Session ID 在 URL 中的例子。

第 14 章

PHP 加密技术

从互联网诞生起，网站安全问题就始终是一个困扰网站开发者的问题，尤其是网站数据的安全性显得尤为重要。为此，PHP 提供了一些加密技术，实质上是一些比较复杂的加密算法。加密函数主要是对原来为明文的文件或数据按某种加密算法进行处理，使其成为一段不可读的代码，通过这样的途径来达到保护数据不被非法窃取、阅读的目的。常见的加密算法有 MD5 和 SHA 等，开发者可以通过这些加密算法创建自己的加密函数。本章主要介绍 PHP 加密技术中各个函数的使用方法和技巧。

本章要点(已掌握的在方框中打钩)

- ☐ 掌握使用 md5()函数进行加密的方法
- ☑ 掌握使用 crypt()函数进行加密的方法
- ☐ 掌握使用 sha1()函数进行加密的方法
- ☑ 掌握安装和使用 Mcrypt 扩展库的方法
- ☐ 掌握使用 Mhash 扩展库的方法

14.1 使用 PHP 加密函数

在 PHP 中，常用的加密函数包括 md5()函数、sha1()函数和 crypt()函数。本节将主要介绍这些加密函数的使用方法和技巧。

14.1.1 实例 1——使用 md5()函数进行加密

MD5 是 Message-Digest Algorithm 5(信息-摘要算法)的缩写，它的作用是把任意长度的信息作为输入值，并将其换算成一个 128 位长度的"指纹信息"或"报文摘要"值来代表这个输入值，并以换算后的值作为结果。

md5()函数就是使用的 MD5 算法，其语法格式如下：

```
string md5(string str[,bool raw_output]);
```

上述代码中的参数 str 为需要加密的字符串；参数 raw_output 是可选的，默认值为 false，如果设置为 true，则该函数将返回一个二进制形式的密文。

【例 14.1】(实例文件：ch14\14.1.php)

```php
<?php
echo '使用md5()函数加密字符串 password: ';
echo md5('password');
?>
```

程序运行结果如图 14-1 所示。

图 14-1 程序运行结果

 目前很多网站注册用户的密码都是首先使用 MD5 进行加密，然后将密码保存到数据库中。当用户登录时，程序把用户输入的密码计算成 MD5 值，然后和数据库中保存的 MD5 值进行对比，这种方法可以保护用户的个人隐私，提高安全性。

14.1.2 实例 2——使用 crypt()函数进行加密

crypt()函数主要完成单向加密功能，其语法格式如下：

```
string crypt()(string str[,string salt]);
```

其中的参数 str 为需要加密的字符串；参数 salt 是可选的，表示加密时使用的干扰串，如果不设置该参数，则会随机生成一个干扰串。crypt()函数支持 4 种算法和长度，如表 14-1 所示。

表 14-1　crypt()函数支持 4 种算法和 salt 参数的长度

算　法	salt 参数的长度
CRYPT_STD_DES	2-character(默认)
CRYPT_EXT_DES	9-character
CRYPT_MD5	12-character(以1开头)
CRYPT_BLOWFISH	16-character(以2开头)

【例 14.2】(实例文件：ch14\14.2.php)

```php
<?php
    $str = '清水出芙蓉，天然去雕饰';        //声明字符串变量$str
    echo '$str 加密前的值为: '.$str;
    $cry = crypt($str);                      //对变量$str 加密
    echo '<p>$str 加密后的值为: '.$cry;     //输出加密后的变量
?>
```

程序运行结果如图 14-2 所示。

图 14-2　程序运行结果

按 F5 键刷新页面，程序运行结果如图 14-3 所示。

图 14-3　程序运行结果

253

从结果可以看出，每次生成的加密结果都不相同。如果想让加密结果相同，就需要设置参数 salt 的值。

14.1.3 实例 3——使用 sha1()函数进行加密

sha1()函数使用的是 SHA 算法，SHA 是 Secure Hash Algorithm(安全哈希算法)的缩写，该算法和 MD5 算法类似。sha1()函数的语法格式如下：

```
string sha1()(string str[,bool raw_output]);
```

其中的参数 str 为需要加密的字符串；参数 raw_output 是可选的，默认为 false，此时该函数返回一个 40 位的十六进制数，如果 raw_output 为 true，则返回一个 20 位的二进制数。

【例 14.3】(实例文件：ch14\14.3.php)

```php
<?php
echo '使用 md5()函数加密字符串 password: ';
echo md5('password');
echo '使用 sha1 ()函数加密字符串 password: ';
echo sha1 ('password');
?>
```

程序运行结果如图 14-4 所示。

图 14-4　程序运行结果

14.2　使用 PHP 加密扩展库

除了可以使用上面 3 个常见的加密函数以外，读者还可以使用功能更全面的加密库 Mcrypt 和 Mhash。

14.2.1　实例 4——安装和使用 Mcrypt 扩展库

Mcrypt 扩展库可以实现加密和解密功能，就是既能将明文加密，也可以密文还原。Mcrypt 库支持 20 多种加密算法和 8 种加密模式。Mcrypt 支持的算法有：cast-128、gost、rijndael-128、twofish、arcfour、cast-256、oki97、rijndael-192、saferplus、wake、blowfish-compat、des、rijndael-256、serpent、xtea、blowfish、enigma、rc2 和 tripledes 等。Mcrypt 支

持的加密模式有：cbc、cfb、ctr、ecb、ncfb、nofb、ofb 和 stream。这些算法和模式在应用中要以常量来表示，写的时候加上前缀 MCRYPT_ 和 MCRYPT_MODE_ 来表示，如下面 Mcrypt 应用的例子：

DES 算法表示为：MCRYPT_DES；

ECB 模式表示为：MCRYPT_MODE_ECB；

安装 Mcrypt 扩展库的方法比较简单，在 PHP 的主目录下找到 libmcrypt.dll 和 libmhash.dll 文件(libmhash.dll 是 Mhash 扩展库，这里也一起安装)，然后将这两个文件复制到系统目录 windows\system32 下，在 php.ini 文件中找到 ";extension=php_mcrypt.dll" ";extension=php_mhash.dll" 语句，去除前面的分号，最后重启服务器，即可使用 Mcrypt 和 Mhash 扩展库。

Mcrypt 库支持 20 多种加密算法和 8 种加密模式。具体可以通过函数 mcrypt_list_algorithms()和 mcrypt_list_modes()来显示。

【例 14.4】(实例文件：ch14\14.4.php)

```php
<?php
    $en_dir = mcrypt_list_algorithms();
    echo "Mcrypt 支持的算法有：";
    foreach($en_dir as $en_value){
        echo $en_value." ";
}
    $mo_dir = mcrypt_list_modes();
    echo "<p>Mcrypt 支持的加密模式有：";
    foreach($mo_dir as $mo_value){
        echo $mo_value." ";
}
?>
```

程序运行结果如图 14-5 所示。

图 14-5　程序运行结果

下面通过一个实例来讲解使用 Mcrypt 加密库的方法。

【例 14.5】(实例文件：ch14\14.5.php)

```php
<?php
    $str = "被加密的内容：浮云游子意 落日故人情";        //加密内容
    $key = "key:111";                                      //密钥
    $cipher = MCRYPT_DES;                                  //密码类型
    $modes = MCRYPT_MODE_ECB;                              //密码模式
```

```
$iv = mcrypt_create_iv(mcrypt_get_iv_size($cipher,$modes),MCRYPT_RAND);
                                                        //初始化向量

echo "加密前内容: ".$str."<p>";
$str_encrypt = mcrypt_encrypt($cipher,$key,$str,$modes,$iv);  //加密函数
echo "加密后内容: ".$str_encrypt." <p>";
$str_decrypt = mcrypt_decrypt($cipher,$key,$str_encrypt,$modes,$iv);
                                                        //解密函数

echo "还原原始内容: ".$str_decrypt;
?>
```

程序运行结果如图 14-6 所示。

图 14-6　程序运行结果

【代码详解】

(1) 函数 string mcrypt_create_iv(int size[,int source])作用是初始化向量，其中 size 指定 iv 的大小，参数 source 为 iv 的源。

(2) 函数 nt mcrypt_get_iv_size(string cipher,string mode)返回初始化向量 iv 的大小。其中参数 cipher 是加密算法，参数 mode 是算法模式。

(3) 函数 string mcrypt_encrypt(string cipher,string key,string data,string mode,string mode[,string iv])的作用是对数据进行加密。其中参数 cipher 是加密算法，参数 key 是密钥，参数 data 是需要加密的数据，参数 mode 是算法模式，参数 iv 是初始化向量。

(4) 函数 string mcrypt_decrypt(string cipher,string key,string data,string mode,string mode[,string iv])的作用是对数据进行解密。

14.2.2　实例 5——使用 Mhash 扩展库

前面的章节中讲述了如何安装 Mhash 扩展库，本小节主要讲述 Mhash 扩展库的使用方法。Mcrypt 库支持 MD5、SHA 和 CRC32 等多种散列算法，可以使用函数 mhash_count()和 mhash_hash_name()来显示。

【例 14.6】(实例文件：ch14\14.6.php)

```
<?php
$num = mhash_count();                          //函数返回最大的 hash id
echo "Mhash 库支持的算法有: ";
for($i = 0; $i <= $num; $i++){
    echo $i."=>".mhash_get_hash_name($i)."  ";    //输出每一个 hash id 的名称
```

```
    }
?>
```

程序运行结果如图 14-7 所示。

图 14-7　程序运行结果

Mhash 加密库中包含 5 个函数,除了上面实例中的 2 个函数以外,另外 3 个函数分别如下。

(1) mhash_get_block_size()函数,该函数主要用来获取参数 hash 的区块大小,语法规则如下:

```
int mhash_get_block_size(int hash)
```

(2) mhash()函数,该函数返回一个哈希值,语法规则如下:

```
string mhash(int hash,string data[,string key])
```

其中参数 hash 为要使用的算法,参数 data 为要加密的数据,参数 key 是加密时需要的密钥。

(3) mhash_keygen_s2k()函数,该函数将根据参数 password 和 salt 返回一个长度为 1 字节的 key 值,参数 hash 为要使用的算法。其中 salt 为一个固定 8 字节的值,如果用户给出的数值小于 8 字节,将用 0 补齐。

【**例 14.7**】(实例文件:ch14\14.7.php)

```php
<?php
    $str = '清水出芙蓉';
    $hash = 3;
    $password = '121';
    $salt = '1234';
    $key = mhash_keygen_s2k(1,$password,$salt,10);
    $str_mhash = bin2hex(mhash($hash,$str,$key));
    echo "清水出芙蓉的校验码是: ".$str_mhash;
?>
```

程序运行结果如图 14-8 所示。该实例使用 mhash_keygen_s2k()函数生成一个验证码,然后使用 bin2hex()函数将二进制结果转换为十六进制。

图 14-8　程序运行结果

14.3　高手甜点

甜点 1：对称加密和非对称加密的区别是什么？

对称加密技术的特点如下。

(1)　加密方和解密方使用同一个密钥。

(2)　加密和解密的速度比较快，适合数据比较长时使用。

(3)　密钥传输的过程不安全，且容易被破解，密钥管理也比较麻烦。

非对称加密技术的特点如下。

(1)　每个用户拥有一对密钥加密：公钥和私钥。

(2)　公钥加密，私钥解密；私钥加密，公钥解密。

(3)　公钥传输的过程不安全，易被窃取和替换。

(4)　由于公钥使用的密钥长度非常长，所以公钥加密速度非常慢，一般不使用其加密。

(5)　某一个用户用其私钥加密，其他用户用其公钥解密，实现数字签名的作用。

　　由于非对称加密算法的运行速度比对称加密算法的速度慢很多，当需要加密大量的数据时，建议采用对称加密算法，提高加解密速度。对称加密算法不能实现签名，因此签名只能使用非对称算法。

　　由于对称加密算法的密钥管理是一个复杂的过程，密钥的管理直接决定着它的安全性，因此当数据量很小时，可以考虑采用非对称加密算法。

　　甜点 2：crypt()函数中的干扰串长度如何规定？

　　默认情况下，crypt()函数中使用两个字符的 DES 干扰串，如果系统使用的是 MD5，则会使用一个 12 个字符的干扰串。读者可以通过 CRYPT_SALT_LENGTH 变量来查看当前的干扰串的长度。

14.4　跟我练练手

　　上机 1：做一个注册表，注册密码用 md5()函数进行加密。

　　上机 2：做一个记事本文件，并输入内容："莫笑农家腊酒浑，丰年留客足鸡豚。"，使用 Mhash 扩展库对该文本内容做校验码。

第 3 篇

数据库操作

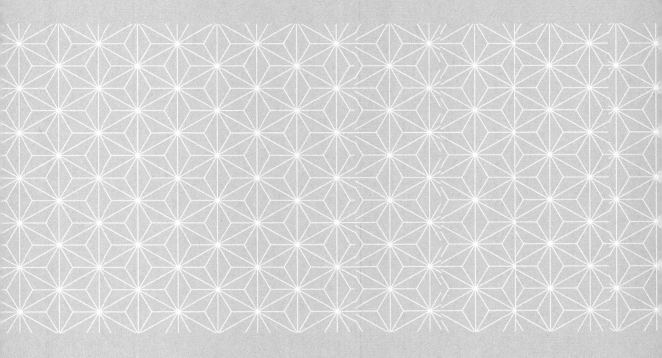

第 15 章

MySQL 数据库基础

MySQL 是一个小型关系数据库管理系统，与其他大型关系数据库管理系统如 Oracle、DB2、SQL Server 等相比，MySQL 规模小、功能有限，但是它体积小、速度快、成本低，且它提供的功能对稍微复杂的应用来说已经够用，这些特性使得 MySQL 成为世界上最受欢迎的开放源代码数据库。MySQL 可在多种平台下工作。在 Windows 平台下可以使用二进制的安装软件包或免安装版的软件包进行安装，二进制的安装包提供了图形化的安装向导过程，免安装版直接解压缩即可以使用。本书以目前最新的版本 MySQL 5.6 为例进行讲解。主要讲述 MySQL 服务器的一些常见的操作。

本章要点(已掌握的在方框中打钩)

- ☐ 熟悉什么是 MySQL
- ☐ 掌握启动和登录 MySQL 的方法
- ☑ 掌握 MySQL 数据库的基本操作
- ☐ 掌握 MySQL 数据表的基本操作
- ☐ 掌握 MySQL 语句的操作
- ☐ 掌握 MySQL 数据库的备份与还原操作

15.1　什么是 MySQL

本节将介绍 MySQL 的基本知识。

15.1.1　客户机—服务器软件

主从式架构(Client-Server model)或客户端—服务器(Client/Server)结构简称 C/S 结构，是一种网络架构，通常将该网络架构下的软件分为客户端(Client)和服务器(Server)。

服务器是整个应用系统资源的存储与管理中心，多个客户端则各自处理相应的功能，共同实现完整的应用。在客户端/服务器结构中，客户端用户的请求被传送到数据库服务器，数据库服务器进行处理后，将结果返回给用户，从而减少了网络数据传输量。

用户使用应用程序时，首先启动客户端通过有关命令告知服务器进行连接以完成各种操作，而服务器则按照此请示提供相应的服务。每一个客户端软件的实例都可以向一个服务器或应用程序服务器发出请求。

这种系统的特点就是，客户端和服务器程序不在同一台计算机上运行，这些客户端和服务器程序通常归属不同的计算机。

主从式架构通过不同的途径应用于大量不同类型的应用程序，比如，现在人们最熟悉的在互联网上使用的网页。例如，当顾客想要在当当网上买书的时候，计算机和网页浏览器就被当作一个客户端，同时，组成当当网的计算机、数据库和应用程序就被当作服务器。当顾客的网页浏览器向当当网请求搜寻数据库中相关的图书时，当当网服务器从当当网的数据库中找出所有该类型的图书信息，结合成一个网页，再发送回顾客的浏览器。服务器端一般使用高性能的计算机，并配合使用不同类型的数据库，比如 Oracle、Sybase 或者是 MySQL 等；客户端需要安装专门的软件，比如浏览器。

15.1.2　MySQL 版本

针对不同用户，MySQL 分为两个不同的版本。

(1) MySQL Community Server(社区版服务器)：该版本完全免费，但是官方不提供技术支持。

(2) MySQL Enterprise Server(企业版服务器)：它能够以很高性价比为企业提供数据仓库应用，支持 ACID 事务处理，提供完整的提交、回滚、崩溃恢复和行级锁定功能。但是该版本需付费使用，官方提供电话技术支持。

　　MySQL Cluster 主要用于架设集群服务器，需要在社区版或企业版基础上使用。

MySQL 的命名机制由三个数字和一个后缀组成，例如：mysql-5.6.10。

(1) 第一个数字"5"是主版本号，描述了文件格式，所有版本 5 的发行版都有相同的文件格式。

(2)　第二个数字"6"是发行级别，主版本号和发行级别组合在一起便构成了发行序列号。

(3)　第三个数字"10"是在此发行系列的版本号，随每次新发行版本递增。通常选择已经发行的最新版本。

在 MySQL 开发过程中，同时存在多个发布系列，每个发布处在成熟度的不同阶段。

(1)　MySQL 5.1 是前一稳定(产品质量)的发布系列。只针对严重漏洞修复和安全修复重新发布，没有增加会影响该系列的重要功能。

(2)　MySQL 5.5 是比较稳定(GA)的发布系列。只针对漏洞修复重新发布，没有增加会影响稳定性的新功能。

(3)　MySQL 5.6 是最新开发的稳定(GA)的发布系列，是将执行新功能的系列，目前已经可以正常使用。

对于 MySQL 3.23、4.0 和 4.1 等低于 5.0 的老版本，官方将不再提供支持。而所有发布的 MySQL(Current Generally Available Release)版本已经经过严格标准的测试，可以保证其安全可靠的使用。针对不同的操作系统，读者可以在 MySQL 官方下载页面(http://dev.mysql.com/downloads/)下载到相应的安装文件。

15.1.3　MySQL 的优势

MySQL 的主要优势如下。

(1)　速度：运行速度快。

(2)　价格：MySQL 对多数个人用户来说是免费的。

(3)　容易使用：与其他大型数据库的设置和管理相比，其复杂程度较低，易于学习。

(4)　可移植性：能够工作在众多不同的系统平台上，例如：Windows、Linux、UNIX、Mac OS X 等。

(5)　丰富的接口：提供了用于 C、C++、Eiffel、Java、Perl、PHP、Python、Ruby 和 TCL 等语言的 API。

(6)　支持查询语言：MySQL 可以利用标准 SQL 语句和支持 ODBC(开放式数据库连接)的应用程序。

(7)　安全性和连接性：十分灵活和安全的权限与密码系统，允许基于主机的验证。连接到服务器时，所有的密码传输均采用加密形式，从而保证了密码安全。并且由于 MySQL 是网络化的，因此可以在互联网上的任何地方访问，提高了数据共享的效率。

15.2　启动服务并登录 MySQL 数据库

用户可以下载 MySQL 并安装，安装完毕之后，需要启动服务器进程，不然客户端无法连接数据库，客户端通过命令行工具登录数据库。本节将介绍如何启动 MySQL 服务器和登录 MySQL 的方法。

15.2.1 实例 1——启动 MySQL 服务

在前面的配置过程中，已经将 MySQL 安装为 Windows 服务，当 Windows 启动、停止时，MySQL 也自动启动、停止。不过，用户还可以使用图形服务工具来控制 MySQL 服务器或在命令行窗口中使用 NET 命令启动或停止服务。

可以通过 Windows 的服务管理器查看，具体的操作步骤如下。

step 01 选择【开始】菜单命令，在弹出的菜单中选择【运行】命令，打开【运行】对话框，如图 15-1 所示。

图 15-1 【运行】对话框

step 02 在【打开】下拉列表框中输入"services.msc"，单击【确定】按钮，打开【服务(本地)】窗口，在其中可以看到服务名为"MySQL56"的服务项，其右边状态为"已启动"，表明该服务已经启动，如图 15-2 所示。

图 15-2 【服务(本地)】窗口

由于设置了 MySQL 为自动启动，在这里可以看到，服务已经启动，而且启动类型为自动。如果没有"已启动"字样，说明 MySQL 服务未启动。启动方法为：选择【开始】菜单命令，在弹出的菜单中选择【运行】命令，在【运行】对话框中输入"cmd"，单击【确定】按钮或按 Enter 键后弹出命令行窗口。然后输入"net start mysql"，按 Enter 键，就能启动 MySQL 服务了，停止 MySQL 服务的命令为"net stop mysql"，如图 15-3 所示。

提示　　　　输入的 MySQL 是服务的名字。如果读者的 MySQL 服务的名字是 DB 或其他名字，应该输入"net start DB"或其他名称。

图 15-3 命令行中启动和停止 MySQL

也可以直接双击 MySQL 服务，打开【MySQL56 的属性(本地计算机)】对话框，在其中通过单击【启动】或【停止】按钮来更改服务状态，如图 15-4 所示。

图 15-4 【MySQL56 的属性(本地计算机)】对话框

15.2.2 实例 2——登录 MySQL 数据库

当 MySQL 服务启动完成后，便可以通过客户端来登录 MySQL 数据库。在 Windows 操作系统下，可以通过两种方式登录 MySQL 数据库。

1. 以 Windows 命令行方式登录

具体的操作步骤如下。

step 01 选择【开始】菜单命令，在弹出的菜单中选择【运行】命令，打开【运行】对话框，在其中输入命令"cmd"，如图 15-5 所示。

图 15-5 【运行】对话框

step 02 单击【确定】按钮，打开命令行窗口，输入以下命令并按 Enter 键确认，如图 15-6
所示。

```
cd C:\Program Files\MySQL\MySQL Server 5.6\bin\
```

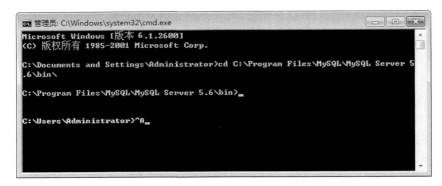

图 15-6 命令行窗口

step 03 在命令行窗口中可以通过登录命令连接到 MySQL 数据库，连接 MySQL 的命令
格式为：

```
mysql -h hostname -u username -p
```

其中 mysql 为登录命令，-h 后面的参数是服务器的主机地址，在这里客户端和服务器在
同一台机器上，所以输入 localhost 或者 IP 地址 127.0.0.1，-u 后面跟登录数据库的用户名称，
在这里为 root，-p 后面是用户登录密码。

接下来，输入如下命令：

```
mysql -h localhost -u root -p
```

按 Enter 键，系统会提示输入密码"Enter password"，这里输入在前面配置向导中自己
设置的密码，验证正确后，即可登录到 MySQL 数据库，如图 15-7 所示。

　　　　当窗口中出现如图 15-7 所示的说明信息且命令提示符变为"mysql>"时，表明
已经成功登录 MySQL 服务器了，此时即可开始对数据库进行操作。

图 15-7 Windows 命令行登录窗口

2. 使用 MySQL Command Line Client 登录

依次选择【开始】|【所有程序】| MySQL | MySQL Server 5.6 | MySQL 5.6 Command Line Client 命令，进入密码输入窗口，如图 15-8 所示。

图 15-8 MySQL 密码输入窗口

输入正确的密码之后，就可以登录到 MySQL 数据库了。

15.2.3 实例 3——配置 Path 变量

在前面登录 MySQL 服务器的时候，不能直接输入 MySQL 登录命令，是因为没有把 MySQL 的 bin 目录添加到系统的环境变量里面，所以不能直接使用 MySQL 命令。如果每次登录都输入 "cd C:\Program Files\MySQL\MySQL Server 5.6\bin"，才能使用 MySQL 等其他命令工具，这样比较麻烦。

下面介绍怎样手动配置 Path 变量。具体的操作步骤如下。

step 01 在桌面上右击【计算机】图标，在弹出的快捷菜单中选择【属性】命令，如图 15-9 所示。

step 02 在打开的【系统】窗口中，单击【高级系统设置】文字链接，如图 15-10 所示。

图 15-9　选择【属性】命令

图 15-10　【系统】窗口

step 03 打开【系统属性】对话框，默认显示【高级】选项卡，如图 15-11 所示。

step 04 在该选项卡中单击【环境变量】按钮，打开【环境变量】对话框，在【系统变量】列表框中选择 Path 变量，如图 15-12 所示。

图 15-11　【系统属性】对话框

图 15-12　【环境变量】对话框

step 05 单击【编辑】按钮，在打开的【编辑系统变量】对话框中，将 MySQL 应用程序的 bin 目录(C:\Program Files\MySQL\MySQL Server 5.6\bin)添加到变量值中，用分号将其与其他路径分隔开，如图 15-13 所示。

step 06 添加完成之后，单击【确定】按钮，这样就完成了配置 Path 变量的操作，然后就可以直接输入 MySQL 命令来登录数据库了。

图 15-13 【编辑系统变量】对话框

15.3 MySQL 数据库的基本操作

本节将详细介绍数据库的基本操作。

15.3.1 实例 4——创建数据库

创建数据库是在系统磁盘上划出一块区域用于数据的存储和管理，如果管理员在设置权限的时候为用户创建了数据库，则可以直接使用，否则，需要用户自己创建数据库。MySQL 中创建数据库的基本 SQL 语法格式为：

```
CREATE DATABASE database_name;
```

上述代码中，"database_name"为要创建的数据库的名称，该名称不能与已经存在的数据库重名。

【例 15.1】创建测试数据库 test_db，输入语句如下：

```
CREATE DATABASE test_db;
```

15.3.2 实例 5——查看数据库

数据库创建好之后，可以使用 SHOW CREATE DATABASE 声明查看数据库的定义。

【例 15.2】查看创建好的数据库 test_db 的定义，输入语句如下：

```
mysql> SHOW CREATE DATABASE test_db\G
***************************** 1. row *****************************
       Database: test_db
Create Database: CREATE DATABASE 'test_db' /*!40100 DEFAULT CHARACTER SET utf8 */
1 row in set (0.00 sec)
```

可以看到，如果数据库创建成功，将显示数据库的创建信息。

再次使用 SHOW DATABASES;语句来查看当前所有存在的数据库，输入语句如下：

```
mysql> SHOW databases;
+--------------------+
| Database           |
+--------------------+
| information_schema |
| mysql              |
| performance_schema |
```

```
| sakila              |
| test                |
| test_db             |
| world               |
+---------------------+
7 rows in set (0.05 sec)
```

可以看到，数据库列表中包含了刚刚创建的数据库 test_db 和其他已经存在的数据库的名称。

15.3.3　实例 6——删除数据库

删除数据库是将已经存在的数据库从磁盘空间中清除，清除之后，数据库中的所有数据也将一同被删除。删除数据库语句和创建数据库的命令相似，MySQL 中删除数据库的基本语法格式为：

```
DROP DATABASE database_name;
```

上述代码中，"database_name"为要删除的数据库的名称，如果指定的数据库不存在，则删除出错。

【例 15.3】删除测试数据库 test_db，输入语句如下：

```
DROP DATABASE test_db;
```

语句执行完毕之后，数据库 test_db 将被删除，再次使用 SHOW CREATE DATABASE 声明查看数据库的定义，结果如下：

```
mysql> SHOW CREATE DATABASE test_db\G
ERROR 1049 (42000): Unknown database 'test_db'
ERROR:
No query specified
```

执行结果给出一条错误信息："ERROR 1049 (42000)：Unknown database 'test_db'"，即数据库 test_db 已不存在，删除成功。

　　使用 DROP DATABASE 命令时要非常谨慎，在执行该命令时，MySQL 不会给出任何提示确认信息，DROP DATABASE 声明删除数据库后，数据库中存储的所有数据表和数据也将一同被删除，而且不能恢复。

15.3.4　实例 7——选择数据库

用户创建了数据库后，并不能使用 SQL 语句操作该数据库，还需要使用 USE 语句选择该数据库。具体的语法如下：

```
USE 数据库名;
```

【例 15.4】选择数据库 test，输入语句如下：

```
USE test;
```

15.4 MySQL 数据表的基本操作

本节将详细介绍数据表的基本操作，主要内容包括创建数据表、查看数据表结构、修改数据表结构、删除数据表。

15.4.1 实例 8——创建数据表

数据表属于数据库，在创建数据表之前，应该使用语句"USE <数据库名>"指定操作是在哪个数据库中进行，如果没有选择数据库，会抛出"No database selected"的错误。

创建数据表的语句为 CREATE TABLE，语法规则如下：

```
CREATE  TABLE <表名>
(
    字段名 1,数据类型 [列级别约束条件] [默认值],
    字段名 2,数据类型 [列级别约束条件] [默认值],
    …
    [表级别约束条件]
);
```

使用 CREATE TABLE 创建表时，必须指定以下信息。

(1) 要创建的表的名称，不区分大小写，不能使用 SQL 中的关键字，如 DROP、ALTER、INSERT 等。

(2) 数据表中每一个列(字段)的名称和数据类型要用逗号隔开，如果创建多个列，也要用逗号隔开。

【例 15.5】创建员工表 tb_emp1，结构如表 15-1 所示。

表 15-1 tb_emp1 表结构

字段名称	数据类型	备 注
id	INT(11)	员工编号
name	VARCHAR(25)	员工名称
deptId	INT(11)	所在部门编号
salary	FLOAT	工资

首先创建数据库，SQL 语句如下：

```
CREATE  DATABASE test_db;
```

选择创建表的数据库，SQL 语句如下：

```
USE test_db;
```

创建 tb_emp1 表，SQL 语句为：

```
CREATE TABLE tb_emp1
(
    id      INT(11),
```

```
    name    VARCHAR(25),
    deptId  INT(11),
    salary  FLOAT
);
```

语句执行后，便创建了一个名称为 tb_emp1 的数据表，使用 SHOW TABLES;语句查看数据表是否创建成功，SQL 语句如下：

```
mysql> SHOW TABLES;
+--------------------+
| Tables_in_ test_db |
+--------------------+
| tb_emp1            |
+--------------------+
1 row in set (0.00 sec)
```

可以看到，test_db 数据库中已经有了数据表 tb_emp1，数据表创建成功。

15.4.2 实例 9——查看数据表结构

使用 SQL 语句创建好数据表之后，可以查看表结构的定义，以确认表的定义是否正确。在 MySQL 中，查看表结构可以使用 DESCRIBE 和 SHOW CREATE TABLE 语句。本小节将针对这两个语句分别进行详细的讲解。

DESCRIBE/DESC 语句可以查看表的字段信息，其中包括：字段名、字段数据类型、是否为主键、是否有默认值等。语法规则如下：

```
DESCRIBE 表名;
```

或者简写为：

```
DESC 表名;
```

【例 15.6】使用 DESCRIBE 查看表 tb_emp1 的表结构。

查看 tb_emp1 表结构，SQL 语句如下：

```
mysql> DESC tb_emp1;
+--------+-------------+------+-----+---------+-------+
| Field  | Type        | Null | Key | Default | Extra |
+--------+-------------+------+-----+---------+-------+
| id     | int (11)    | YES  |     | NULL    |       |
| name   | varchar(25) | YES  |     | NULL    |       |
| deptId | int (11)    | YES  |     | NULL    |       |
| salary | float       | YES  |     | NULL    |       |
+--------+-------------+------+-----+---------+-------+
```

其中，各个字段的含义分别解释如下。

Null：表示该列是否可以存储 NULL 值。

Key：表示该列是否已编制索引。PRI 表示该列是表主键的一部分；UNI 表示该列是 UNIQUE 索引的一部分；MUL 表示在列中某个给定值允许出现多次。

Default：表示该列是否有默认值，如果有的话值是多少。

Extra：表示可以获取的与给定列有关的附加信息，例如 AUTO_INCREMENT 等。

SHOW CREATE TABLE 语句可以用来显示创建表时的 CREATE TABLE 语句，语法格式如下：

```
SHOW CREATE TABLE <表名\G>;
```

> 提示　　使用 SHOW CREATE TABLE 语句，不仅可以查看表创建时的详细语句，而且还可以查看存储引擎和字符编码。

如果不加 "\G" 参数，显示的结果可能非常混乱，加上参数 "\G" 之后，可使显示结果更加直观，易于查看。

【例 15.7】使用 SHOW CREATE TABLE 查看表 tb_emp1 的详细信息，SQL 语句如下：

```
mysql> SHOW CREATE TABLE tb_emp1;
+--------+----------------------------------------------------------------
----------------------------------------------------------------------------
-------------------------------------------------------------------------+
| Table  | Create Table|
+--------+----------------------------------------------------------------
----------------------------------------------------------------------------
-------------------------------------------------------------------------+
| fruits | CREATE TABLE 'fruits' (
  'f_id' char(10) NOT NULL,
  's_id' int(11) NOT NULL,
  'f_name' char(255) NOT NULL,
  'f_price' decimal(8,2) NOT NULL,
  PRIMARY KEY ('f_id'),
  KEY 'index_name' ('f_name'),
  KEY 'index_id_price' ('f_id','f_price')
) ENGINE=InnoDB DEFAULT CHARSET=gb2312 |
+--------+----------------------------------------------------------------
----------------------------------------------------------------------------
-------------------------------------------------------------------------+
```

使用参数 "\G" 之后的结果如下：

```
mysql> SHOW CREATE TABLE tb_emp1\G
*************************** 1. row ***************************
      Table: tb_emp1
Create Table: CREATE TABLE 'tb_emp1' (
  'id' int(11) DEFAULT NULL,
  'name' varchar(25) DEFAULT NULL,
  'deptId' int(11) DEFAULT NULL,
  'salary' float DEFAULT NULL
) ENGINE=InnoDB DEFAULT CHARSET=gb2312
1 row in set (0.00 sec)
```

15.4.3　实例 10——修改数据表结构

MySQL 是通过 ALTER TABLE 语句来修改表结构，具体的语法规则如下：

ALTER[IGNORE] TABLE 数据表名 alter_spec[，alter_spec]…

其中 alter_spec 字句定义要修改的内容，语法如下：

```
Slter_spercification:
    ADD [COLUMN] create_definition [FIRST|AFTER column_name]  //添加新字段
  | ADD INDEX [index_name](index_col_name,…)                  //添加索引名称
  | ADD PRIMARY KEY (index_col_name,…)                        //添加主键名称
  | ADD UNIQUE[index_name](index_col_name,…)                  //添加唯一索引
  | ALTER [COLUMN] col_name{SET DEFAULT literal |DROP DEFAULT} //修改字段名称
  | CHANGE [COLUMN] old_col_name create_definition            //修改字段类型
  | MODIFY [COLUMN] create_definition              //添加子句定义类型
  | DROP [COLUMN] col_name                                    //删除字段名称
  | DROP  PRIMARY KEY                                         //删除主键名称
  | DROP INDEX idex_name                                      //删除索引名称
  | RENAME [AS] new_tbl_name                                  //更改表名
  | table_options
```

【例 15.8】将数据表 tb_dept1 中 name 字段的数据类型由 VARCHAR(22)修改成 VARCHAR(30)。

输入如下 SQL 语句并执行：

```
ALTER TABLE tb_dept1 MODIFY name VARCHAR(30);
```

15.4.4 实例 11——删除数据表

删除数据表就是将数据库中已经存在的表从数据库中删除。注意，在删除表的同时，表的定义和表中所有的数据均会被删除。因此，在进行删除操作前，最好对表中的数据做个备份，以免造成无法挽回的后果。

在 MySQL 中，使用 DROP TABLE 可以一次删除一个或多个没有被其他表关联的数据表。语法格式如下：

```
DROP TABLE [IF EXISTS]表1，表2，…，表n;
```

上述代码中，"表 n"指要删除的表的名称，后面可以同时删除多个表，只需将要删除的表名依次写在后面，相互之间用逗号隔开即可。如果要删除的数据表不存在，MySQL 将会提示一条错误信息，"ERROR 1051 (42S02): Unknown table '表名'"。参数"IF EXISTS"用于在删除前判断删除的表是否存在，加上该参数后，在删除表的时候，如果表不存在，SQL 语句可以顺利执行，但是会发出警告(warning)。

【例 15.9】删除数据表 tb_dept2，SQL 语句如下：

```
DROP TABLE IF EXISTS tb_dept2;
```

15.5 MySQL 语句操作

本节讲述 MySQL 语句的基本操作。

15.5.1　实例 12——插入记录

使用基本的 INSERT 语句插入数据要求指定表名称和插入到新记录中的值。基本语法格式为：

```
INSERT INTO table_name (column_list) VALUES (value_list);
```

上述代码中，table_name 指定要插入数据的表名；column_list 指定要插入数据的那些列；value_list 指定每个列应对应插入的数据。注意，使用该语句时字段列和数据值的数量必须相同。

在 MySQL 中，可以一次性插入多行记录，各行记录直接用逗号分隔即可。

【例 15.10】创建数据表 tmp7，定义数据类型为 TIMESTAMP 的字段 ts，向表中插入值" 19950101010101 "" 950505050505 "" 1996-02-02　02:02:02 "" 97@03@03　03@03@03 ""121212121212"，NOW()，SQL 语句如下：

```
CREATE TABLE tmp7( ts TIMESTAMP);
```

向表中插入数据：

```
INSERT INTO tmp7 (ts) values ('19950101010101'),
                             ('950505050505'),
                             ('1996-02-02 02:02:02'),
                             ('97@03@03 03@03@03'),
                             (121212121212),
                             ( NOW() );
```

15.5.2　实例 13——查询记录

MySQL 从数据表中查询数据的基本语句为 SELECT 语句。SELECT 语句的基本格式为：

```
SELECT
    {* | <字段列表>}
    [
        FROM <表 1>,<表 2>…
        [WHERE <表达式>
        [GROUP BY <group by definition>]
        [HAVING <expression> [{<operator> <expression>}…]]
        [ORDER BY <order by definition>]
        [LIMIT [<offset>,] <row count>]
    ]
SELECT [字段 1,字段 2,…,字段 n]
FROM [表或视图]
WHERE [查询条件];
```

其中，各条子句的含义如下。

{* | <字段列表>}：包含星号通配符及可选字段列表，表示查询的字段，其中字段列至少包含一个字段名称，如果要查询多个字段，多个字段之间用逗号隔开，最后一个字段后不要加逗号。

FROM <表 1>,<表 2>…：表 1 和表 2 表示查询数据的来源，可以是单个或者多个。

WHERE<表达式>：该子句是可选项，如果选择该项，将限定查询行必须满足的查询条件。

GROUP BY <字段>：该子句告诉 MySQL 如何显示查询出来的数据，并按照指定的字段分组。

[ORDER BY <字段 >]：该子句告诉 MySQL 按什么样的顺序显示查询出来的数据，可以进行的排序有：升序(ASC)、降序(DESC)。

[LIMIT [<offset>,] <row count>]：该子句告诉 MySQL 每次显示查询出来的数据条数。

【例 15.11】从 fruits 表中获取 f_name 和 f_price 两列，SQL 语句如下：

```
SELECT f_name, f_price FROM fruits;
```

15.5.3　实例 14——修改记录

表中有数据之后，接下来可以对数据进行更新操作，MySQL 中使用 UPDATE 语句更新表中的记录，可以更新特定的行或者同时更新所有的行。基本语法结构如下：

```
UPDATE table_name
SET column_name1 = value1,column_name2=value2,…,column_namen=valuen
WHERE (condition);
```

上述代码中，column_name1,column_name2,…,column_namen 为指定更新的字段的名称；value1,value2,…,valuen 为相对应的指定字段的更新值；condition 指定更新的记录需要满足的条件。更新多个列时，每个"列-值"对之间用逗号隔开，最后一列之后不需要逗号。

【例 15.12】在 person 表中，更新 id 值为 11 的记录，将 age 字段值改为 15，将 name 字段值改为 LiMing，SQL 语句如下：

```
UPDATE person SET age = 15, name='LiMing' WHERE id = 11;
```

15.5.4　实例 15——删除记录

从数据表中删除数据使用 DELETE 语句，DELETE 语句允许 WHERE 子句指定删除条件。DELETE 语句基本语法格式如下：

```
DELETE FROM table_name [WHERE <condition>];
```

上述代码中，table_name 指定要执行删除操作的表；"[WHERE <condition>]"为可选参数，指定删除条件，如果没有 WHERE 子句，DELETE 语句将删除表中的所有记录。

【例 15.13】在 person 表中，删除 id 等于 11 的记录，SQL 语句如下：

```
DELETE FROM person WHERE id = 11;
Query OK, 1 row affected (0.02 sec)
```

15.6　MySQL 数据库的备份与还原

MySQL 提供了多种方法对数据进行备份和还原。本节将介绍数据备份和数据还原的相关知识。

15.6.1 实例 16——数据备份

数据备份是数据库管理员非常重要的工作。系统意外崩溃或者硬件的损坏都可能导致数据库的丢失，因此 MySQL 管理员应该定期地备份数据库，使得在意外情况发生时，尽可能减少损失。本小节将介绍数据备份的三种方法。

1. 使用 mysqldump 命令备份

mysqldump 是 MySQL 提供的一个非常有用的数据库备份工具。mysqldump 命令执行时，可以将数据库备份成一个文本文件，该文件中实际上包含了多个 CREATE 和 INSERT 语句，使用这些语句可以重新创建表和插入数据。

mysqldump 备份数据库语句的基本语法格式如下：

```
mysqldump -u user -h host -password dbname[tbname, [tbname…]]> filename.sql
```

上述代码中，user 表示用户名称；host 表示登录用户的主机名称；password 为登录密码；dbname 为需要备份的数据库名称；tbname 为 dbname 数据库中需要备份的数据表，可以指定多个需要备份的表；右箭头符号 ">" 告诉 mysqldump 将备份数据表的定义和数据写入备份文件；filename.sql 为备份文件的名称。

【例 15.14】使用 mysqldump 命令备份数据库中的所有表，执行过程如下。

为了更好地理解 mysqldump 工具如何工作，本节给出一个完整的数据库例子。首先登录 MySQL，按下面数据库结构创建 booksDB 数据库和各个表，并插入数据记录。数据库和表定义如下：

```
CREATE DATABASE booksDB;
use booksDB;

CREATE TABLE books
(
    bk_id INT NOT NULL PRIMARY KEY,
    bk_title VARCHAR(50) NOT NULL,
    copyright YEAR NOT NULL
);
INSERT INTO books
VALUES (11078, 'Learning MySQL', 2010),
       (11033, 'Study Html', 2011),
       (11035, 'How to use php', 2003),
       (11072, 'Teach yourself javascript', 2005),
       (11028, 'Learning C++', 2005),
       (11069, 'MySQL professional', 2009),
       (11026, 'Guide to MySQL 5.6', 2008),
       (11041, 'Inside VC++', 2011);

CREATE TABLE authors
(
    auth_id INT NOT NULL PRIMARY KEY,
    auth_name VARCHAR(20),
```

```
        auth_gender CHAR(1)
);
INSERT INTO authors
VALUES (1001, 'WriterX' ,'f'),
        (1002, 'WriterA' ,'f'),
        (1003, 'WriterB' ,'m'),
        (1004, 'WriterC' ,'f'),
        (1011, 'WriterD' ,'f'),
        (1012, 'WriterE' ,'m'),
        (1013, 'WriterF' ,'m'),
        (1014, 'WriterG' ,'f'),
        (1015, 'WriterH' ,'f');

CREATE TABLE authorbook
(
    auth_id INT NOT NULL,
    bk_id INT NOT NULL,
    PRIMARY KEY (auth_id, bk_id),
    FOREIGN KEY (auth_id) REFERENCES authors (auth_id),
    FOREIGN KEY (bk_id) REFERENCES books (bk_id)
);

INSERT INTO authorbook
VALUES (1001, 11033), (1002, 11035), (1003, 11072), (1004, 11028),
        (1011, 11078), (1012, 11026), (1012, 11041), (1014, 11069);
```

完成数据插入后打开操作系统命令行输入窗口，输入备份命令如下：

```
C:\ >mysqldump -u root -p booksdb > C:/backup/booksdb_20130301.sql
Enter password: **
```

输入密码之后，MySQL 便对数据库进行了备份，在 C:\backup 文件夹下面查看刚才备份过的文件，使用文本查看器打开文件可以看到其部分文件内容大致如下：

```
-- MySQL dump 10.13  Distrib 5.6.10, for Win32 (x86)
--
-- Host: localhost    Database: booksDB
-- ------------------------------------------------------
-- Server version    5.6.10

/*!40101 SET @OLD_CHARACTER_SET_CLIENT=@@CHARACTER_SET_CLIENT */;
/*!40101 SET @OLD_CHARACTER_SET_RESULTS=@@CHARACTER_SET_RESULTS */;
/*!40101 SET @OLD_COLLATION_CONNECTION=@@COLLATION_CONNECTION */;
/*!40101 SET NAMES utf8 */;
/*!40103 SET @OLD_TIME_ZONE=@@TIME_ZONE */;
/*!40103 SET TIME_ZONE='+00:00' */;
/*!40014 SET @OLD_UNIQUE_CHECKS=@@UNIQUE_CHECKS, UNIQUE_CHECKS=0 */;
/*!40014 SET @OLD_FOREIGN_KEY_CHECKS=@@FOREIGN_KEY_CHECKS, FOREIGN_KEY_
CHECKS=0 */;
/*!40101 SET @OLD_SQL_MODE=@@SQL_MODE, SQL_MODE=
'NO_AUTO_VALUE_ON_ZERO' */;
/*!40111 SET @OLD_SQL_NOTES=@@SQL_NOTES, SQL_NOTES=0 */;


--
-- Table structure for table 'authorbook'
```

```
--
DROP TABLE IF EXISTS 'authorbook';
/*!40101 SET @saved_cs_client = @@character_set_client */;
/*!40101 SET character_set_client = utf8 */;
CREATE TABLE 'authorbook' (
  'auth_id' int(11) NOT NULL,
  'bk_id' int(11) NOT NULL,
  PRIMARY KEY ('auth_id','bk_id'),
  KEY 'bk_id' ('bk_id'),
  CONSTRAINT 'authorbook_ibfk_1' FOREIGN KEY ('auth_id')
  REFERENCES 'authors' ('auth_id'),
  CONSTRAINT 'authorbook_ibfk_2' FOREIGN KEY ('bk_id')
REFERENCES 'books' ('bk_id')
) ENGINE=InnoDB DEFAULT CHARSET=utf8;
/*!40101 SET character_set_client = @saved_cs_client */;

--
-- Dumping data for table 'authorbook'
--

LOCK TABLES 'authorbook' WRITE;
/*!40000 ALTER TABLE 'authorbook' DISABLE KEYS */;
INSERT INTO 'authorbook' VALUES
(1012,11026),(1004,11028),(1001,11033),(1002,11035),(1012,
11041),(1014,11069),(1003,11072),(1011,11078);
/*!40000 ALTER TABLE 'authorbook' ENABLE KEYS */;
UNLOCK TABLES;

…
…省略部分内容
…
/*!40103 SET TIME_ZONE=@OLD_TIME_ZONE */;

/*!40101 SET SQL_MODE=@OLD_SQL_MODE */;
/*!40014 SET FOREIGN_KEY_CHECKS=@OLD_FOREIGN_KEY_CHECKS */;
/*!40014 SET UNIQUE_CHECKS=@OLD_UNIQUE_CHECKS */;
/*!40101 SET CHARACTER_SET_CLIENT=@OLD_CHARACTER_SET_CLIENT */;
/*!40101 SET CHARACTER_SET_RESULTS=@OLD_CHARACTER_SET_RESULTS */;
/*!40101 SET COLLATION_CONNECTION=@OLD_COLLATION_CONNECTION */;
/*!40111 SET SQL_NOTES=@OLD_SQL_NOTES */;
-- Dump completed on 2011-08-18 10:44:08
```

可以看到，备份文件包含了一些信息，文件开头首先表明了备份文件使用的 mysqldump 工具的版本号；然后是备份账户的名称和主机信息，以及备份的数据库的名称，最后是 MySQL 服务器的版本号，在这里为 5.6.10。

备份文件接下来的部分是一些 SET 语句，这些语句将一些系统变量值赋给用户定义变量，以确保被恢复的数据库的系统变量和原来备份时的变量相同，例如：

```
/*!40101 SET @OLD_CHARACTER_SET_CLIENT=@@CHARACTER_SET_CLIENT */;
```

该 SET 语句将当前系统变量 CHARACTER_SET_CLIENT 的值赋给用户定义变量 @OLD_CHARACTER_ SET_CLIENT。其他变量与此类似。

备份文件的最后几行 MySQL 使用 SET 语句恢复服务器系统变量原来的值，例如：

```
/*!40101 SET CHARACTER_SET_CLIENT=@OLD_CHARACTER_SET_CLIENT */;
```

该语句将用户定义的变量@OLD_CHARACTER_SET_CLIENT 中保存的值赋给实际的系统变量 CHARACTER_SET_CLIENT。

备份文件中的 "--" 为字符开头的行为注释语句；以 "/*!" 开头、"*/" 结尾的语句为可执行的 MySQL 注释，这些语句可以被 MySQL 执行，但在其他数据库管理系统中将被作为注释忽略，这可以提高数据库的可移植性。

另外需要注意的是，备份文件开始的一些语句以数字开头，这些数字代表了 MySQL 的版本号，该数字告诉我们，这些语句只有在指定的 MySQL 版本或者比该版本高的情况下才能执行。例如 40101，表明这些语句只有在 MySQL 版本号为 4.01.01 或者更高的条件下才可以被执行。

在前面 mysqldump 语法中介绍过，mysqldump 还可以备份数据中的某个表，其语法格式为：

```
mysqldump -u user -h host -p dbname [tbname, [tbname…]] > filename.sql
```

上述语句中 tbname 表示数据库中的表名，多个表名之间用空格隔开。

备份表和备份数据库中所有表的语句中不同的地方在于，要在数据库名称 dbname 之后指定需要备份的表名称。

【例 15.15】备份 booksDB 数据库中的 books 表，输入语句如下：

```
mysqldump -u root -p booksDB books > C:/backup/books_20130301.sql
```

该语句创建名称为 books_20130301.sql 的备份文件，文件中包含了前面介绍的 SET 语句等内容，不同的是，该文件只包含 books 表的 CREATE 和 INSERT 语句。

如果要使用 mysqldump 备份多个数据库，需要使用--databases 参数。备份多个数据库的语句格式如下：

```
mysqldump -u user -h host -p --databases [dbname, [dbname…]] > filename.sql
```

使用--databases 参数之后，必须指定至少一个数据库的名称，多个数据库名称之间用空格隔开。

【例 15.16】使用 mysqldump 备份 booksDB 和 test 数据库，输入语句如下：

```
mysqldump -u root -p --databases booksDB test> C:\backup\books_testDB_20130301.sql
```

该语句创建名称为 books_testDB_20130301.sql 的备份文件，文件中包含了创建两个数据库 booksDB 和 test_db 所必需的所有语句。

另外，使用--all-databases 参数可以备份系统中所有的数据库，语句如下：

```
mysqldump -u user -h host -p --all-databases > filename.sql
```

使用--all-databases 参数时，不需要指定数据库名称。

【例 15.17】使用 mysqldump 备份服务器中的所有数据库，输入语句如下：

```
mysqldump -u root -p --all-databases > C:/backup/alldbinMySQL.sql
```

该语句创建名称为 alldbinMySQL.sql 的备份文件，文件中包含了对系统中所有数据库的备份信息。

 如果在服务器上进行备份，并且表均为 MyISAM 表，应考虑使用 mysqlhotcopy，因为可以更快地进行备份和恢复。

mysqldump 还有一些其他选项可以用来制定备份过程，例如--opt 选项，该选项将打开--quick、--add-locks、--extended-insert 等多个选项。使用--opt 选项可以提供最快速的数据库转储。

mysqldump 其他常用选项如下。

- --add-drop-database 在每个 CREATE DATABASE 语句前添加 DROP DATABASE 语句。

- --add-drop-tables 在每个 CREATE TABLE 语句前添加 DROP TABLE 语句。

- --add-locking 用 LOCK TABLES 和 UNLOCK TABLES 语句引用每个表转储。重载转储文件时插入得更快。

- --all--database，-A 转储所有数据库中的所有表。与使用--database 选项相同，在命令行中命名所有数据库。

- --comments[=0|1] 如果设置为 0，禁止转储文件中的其他信息，例如程序版本、服务器版本和主机。--skip-comments 与--comments=0 的结果相同。默认值为 1，即包括额外信息。

- --compact 产生少量输出。该选项禁用注释并启用--skip-add-drop-tables、--no-set-names、--skip-disable-keys 和--skip-add-locking 选项。

- --compatible=name 产生与其他数据库系统或旧的 MySQL 服务器更兼容的输出。值可以为 ansi、mysql323、mysql40、postgresql、oracle、mssql、db2、maxdb、no_key_options、no_tables_options 或者 no_field_options。

- --complete-insert，-c 使用包括列名的完整的 INSERT 语句。

- ---debug[=debug_options]，-# [debug_options] 写调试日志。

- --delete，-D 导入文本文件前清空表。

- --default-character-set=charset 使用 charsetas 默认字符集。如果没有指定，mysqldump 使用 utf8。

- --delete-master-logs 在主复制服务器上，完成转储操作后删除二进制日志。该选项自动启用-master-data。

- --extended-insert，-e 使用包括几个 VALUES 列表的多行 INSERT 语法。这样使转储文件更小，重载文件时可以加速插入。

- --flush-logs，-F 开始转储前刷新 MySQL 服务器日志文件。该选项要求 RELOAD 权限。

- --force，-f 在表转储过程中，即使出现 SQL 错误也会继续执行操作。

- --lock-all-tables，-x 对所有数据库中的所有表加锁。在整体转储过程中通过全局锁定来实现。该选项自动关闭--single-transaction 和--lock-tables。

- --lock-tables，-l 开始转储前锁定所有表。用 READ LOCAL 锁定表以允许并行插入 MyISAM 表。对于事务表(例如 InnoDB 和 BDB)，--single-transaction 是一个更好的选项，因为它根本不需要锁定表。

- --no-create-db，-n 该选项禁用 CREATE DATABASE /*!32312 IF NOT EXISTS*/ db_name 语句，如果给出--database 或--all--database 选项，则包含到输出中。

- --no-create-info，-t 只导出数据，而不添加 CREATE TABLE 语句。

- --no-data，-d 不写表的任何行信息，只转储表的结构。

- --opt 选项是速记，等同于指定--add-drop-tables--add-locking，--create-option，--disable-keys--extended-insert，--lock-tables-quick 和--set-charset。它可以快速进行转储操作并产生一个能很快装入 MySQL 服务器的转储文件。该选项默认开启，但可以用--skip-opt 禁用。要想禁用使用-opt 启用的选项，可以使用--skip 形式，例如--skip-add-drop-tables 或--skip-quick。

- --password[=password]，-p[password]为当连接服务器时使用的密码。如果使用短选项形式(-p)，选项和密码之间不能有空格。如果在命令行中--password 或-p 选项后面没有密码值，则提示输入一个密码。

- --port=port_num，-P port_num 用于连接的 TCP/IP 端口号。

- --protocol={TCP | SOCKET | PIPE | MEMORY}使用的连接协议。

- --replace，-r --replace 和--ignore 选项控制替换或复制唯一键值已有记录的输入记录的处理。如果指定--replace，新行替换有相同的唯一键值的已有行；如果指定--ignore，复制已有的唯一键值的输入行被跳过。如果不指定这两个选项，当发现一个复制键值时会出现一个错误，并且忽视文本文件的剩余部分。

- --silent，-s 沉默模式。只有出现错误时才输出。

- --socket=path，-S path：为当连接 localhost 时使用的套接字文件(为默认主机)。

- --user=user_name，-u user_name：为当连接服务器时 MySQL 使用的用户名。

- --verbose，-v 冗长模式。打印出程序操作的详细信息。

- --version，-V 显示版本信息并退出。

- --xml，-X 产生 XML 输出。

mysqldump 提供许多选项，包括用于调试和压缩的，在这里只是列举最有用的。运行帮助命令 mysqldump --help，可以获得特定版本的完整选项列表。

> 如果运行 mysqldump 没有--quick 或--opt 选项，mysqldump 在转储结果前将整个结果集装入内存。如果转储大数据库可能会出现问题。该选项默认启用，但可以用--skip-opt 禁用。如果使用最新版本的 mysqldump 程序备份数据，并用于还原到比较旧的版本的 MySQL 服务器中，则不要使用--opt 或-e 选项。

2. 直接复制整个数据库目录

因为 MySQL 表保存为文件方式，所以可以直接复制 MySQL 数据库的存储目录及对文件进行备份。MySQL 的数据库目录位置不一定相同，在 Windows 平台下，MySQL 5.6 存放数据库的目录通常默认为 C:\Documents and Settings\All Users\Application Data\MySQL\MySQL

Server 5.6\data，或者其他用户自定义目录；在 Linux 平台下，数据库目录位置通常为 /var/lib/mysql/，不同 Linux 版本下目录会有所不同，读者应在自己使用的平台下查找该目录。

这是一种简单、快速、有效的备份方式。要想保持备份的一致性，备份前需要对相关表执行 LOCK TABLES 操作，然后对表执行 FLUSH TABLES。这样当复制数据库目录中的文件时，允许其他客户继续查询表。需要 FLUSH TABLES 语句来确保开始备份前将所有激活的索引页写入硬盘。当然，也可以停止 MySQL 服务再进行备份操作。

这种方法虽然简单，但并不是最好的方法。因为这种方法对 InnoDB 存储引擎的表不适用。使用这种方法备份的数据最好还原到相同版本的服务器中，不同的版本可能不兼容。

　　　　　在 MySQL 版本号中，第一个数字表示主版本号，主版本号相同的 MySQL 数据库文件格式相同。

3. 使用 mysqlhotcopy 工具快速备份

mysqlhotcopy 是一个 Perl 脚本，最初由 Tim Bunce 编写并提供。它使用 LOCK TABLES、FLUSH TABLES 和 cp 或 scp 来快速备份数据库。它是备份数据库或单个表的最快的途径，但它只能运行在数据库目录所在的机器上，并且只能备份 MyISAM 类型的表。mysqlhotcopy 在 UNIX 系统中运行。

mysqlhotcopy 命令语法格式如下：

```
mysqlhotcopy db_name_1, … db_name_n  /path/to/new_directory
```

上述语句中，db_name_1,…,db_name_n 分别为需要备份的数据库的名称；/path/to/new_directory 指定备份文件目录。

【例 15.18】使用 mysqlhotcopy 备份 test 数据库到/usr/backup 目录下，输入语句如下：

```
mysqlhotcopy -u root -p test /usr/backup
```

要想执行 mysqlhotcopy，必须有可以访问备份的表文件，具有那些表的 SELECT 权限、RELOAD 权限(以便能够执行 FLUSH TABLES)和 LOCK TABLES 权限。

　　　　　mysqlhotcopy 只是将表所在的目录复制到另一个位置，只能用于备份 MyISAM 和 ARCHIVE 表。备份 InnoDB 类型的数据表时会出现错误信息。由于它复制本地格式的文件，故也不能移植到其他硬件或操作系统下。

15.6.2 实例 17——数据还原

管理人员操作的失误、计算机故障以及其他意外情况，都会导致数据的丢失和破坏。当数据丢失或意外破坏时，可以通过还原已经备份的数据尽量减少数据丢失和破坏造成的损失。本小节将介绍数据还原的方法。

1. 使用 mysql 命令还原

对于已经备份的包含 CREATE、INSERT 语句的文本文件，可以使用 MySQL 命令导入到数据库中。本小节将介绍使用 MySQL 命令导入 SQL 文件的方法。

备份的 SQL 文件中包含 CREATE、INSERT 语句(有时也会有 DROP 语句)。MySQL 命令可以直接执行文件中的这些语句。其语法如下：

```
mysql -u user -p [dbname] < filename.sql
```

上述语句中，user 是执行 backup.sql 中语句的用户名；-p 表示输入用户密码；dbname 是数据库名。如果 filename.sql 文件为 mysqldump 工具创建的包含创建数据库语句的文件，执行的时候不需要指定数据库名。

【例 15.19】使用 MySQL 命令将 C:\backup\booksdb_20130301.sql 文件中的备份导入到数据库中，输入语句如下：

```
mysql -u root -p booksDB < C:/backup/booksdb_20130301.sql
```

执行该语句前，必须先在 MySQL 服务器中创建 booksDB 数据库，如果数据库不存在，恢复过程将会出错。命令执行成功之后 booksdb_20130301.sql 文件中的语句就会在指定的数据库中恢复以前的表。

如果已经登录 MySQL 服务器，还可以使用 source 命令导入 SQL 文件。source 语句语法如下：

```
source filename
```

【例 15.20】使用 root 用户登录到服务器，然后使用 source 导入本地的备份文件 booksDB_20130301.sql，输入语句如下：

```
--选择要恢复到的数据库
mysql> use booksDB;
Database changed

--使用 source 命令导入备份文件
mysql> source C:\backup\booksDB_20130301.sql
```

命令执行后，会列出备份文件 booksDB_20130301.sql 中每一条语句的执行结果。source 命令执行成功后，booksDB_20130301.sql 中的语句会全部导入到现有数据库中。

 执行 source 命令前，必须使用 use 语句选择数据库。不然，恢复过程中会出现 "ERROR 1046 (3D000): No database selected" 的错误。

2. 直接复制到数据库目录

如果数据库通过复制数据库文件备份，可以直接复制备份的文件到 MySQL 数据目录下实现还原。通过这种方式还原时，必须保存备份数据的数据库和待还原的数据库服务器的主版本号相同。而且这种方式只对 MyISAM 引擎的表有效，对于 InnoDB 引擎的表不可用。

执行还原以前关闭 MySQL 服务，将备份的文件或目录覆盖 MySQL 的 data 目录，启动 MySQL 服务。对于 Linux/UNIX 操作系统来说，复制完文件需要将文件的用户和组更改为 MySQL 运行的用户和组，通常用户是 MySQL，组也是 MySQL。

3. mysqlhotcopy 快速恢复

mysqlhotcopy 备份后的文件也可以用来恢复数据库，在 MySQL 服务器停止运行时，将备份的数据库文件复制到 MySQL 存放数据的位置(MySQL 的 data 文件夹)，重新启动 MySQL 服务即可。如果以根用户执行该操作，必须指定数据库文件的所有者，输入语句如下：

```
chown -R mysql.mysql /var/lib/mysql/dbname
```

【例 15.21】从 mysqlhotcopy 复制的备份恢复数据库，输入语句如下：

```
cp -R /usr/backup/test usr/local/mysql/data
```

执行完该语句，重启服务器，MySQL 将恢复到备份状态。

 　　如果需要恢复的数据库已经存在，则在使用 DROP 语句删除已经存在的数据库之后，恢复才能成功。另外 MySQL 不同版本之间必须兼容，恢复之后的数据才可以使用。

15.7 高 手 甜 点

甜点 1：每一个表中都要有一个主键吗？

并不是每一个表中都需要主键，一般来说，如果多个表之间进行连接操作时，需要用到主键。因此并不需要为每个表建立主键，而且有些情况最好不使用主键。

甜点 2：mysqldump 备份的文件只能在 MySQL 中使用吗？

mysqldump 备份的文本文件实际是数据库的一个副本，使用该文件不仅可以在 MySQL 中恢复数据库，而且通过对该文件的简单修改，可以使用该文件在 SQL Server 或者 Sybase 等其他数据库中恢复数据。这在某种程度上实现了数据库之间的迁移。

甜点 3：如何选择备份工具？

直接复制数据文件是最为直接、快速的备份方法，但缺点是基本上不能实现增量备份。备份时必须确保没有使用这些表。如果在复制一个表的同时服务器正在修改它，则复制无效。备份文件时，最好关闭服务器，然后重新启动服务器。为了保证数据的一致性，需要在备份文件前，执行以下 SQL 语句：

```
FLUSH TABLES WITH READ LOCK;
```

也就是把内存中的数据都刷新到磁盘中，同时锁定数据表，以保证复制过程中不会有新的数据写入。这种方法备份出来的数据恢复时也很简单，直接复制回原来的数据库目录下即可。

mysqlhotcopy 是一个 Perl 程序，它使用 LOCK TABLES、FLUSH TABLES 和 cp 或 scp 来快速备份数据库。它是备份数据库或单个表的最快途径，但它只能运行在数据库文件所在的机器上，并且 mysqlhotcopy 只能用于备份 MyISAM 表。mysqlhotcopy 适合于小型数据库的备份，数据量不大，可以使用 mysqlhotcopy 程序每天进行一次完全备份。

mysqldump 将数据表导成 SQL 脚本文件，在不同的 MySQL 版本之间升级时相对比较合适，这也是最常用的备份方法。mysqldump 比直接复制要慢些。

15.8 跟我练练手

上机 1：创建数据表 pet，并对表进行插入、更新与删除操作，pet 表结构如表 15-2 所示。

(1) 首先创建数据表 pet，使用不同的方法将表 15-3 中的记录插入到 pet 表中。

(2) 使用 UPDATE 语句将名称为 Fang 的狗的主人改为 Kevin。

(3) 将没有主人的宠物的 owner 字段值都改为 Duck。

(4) 删除已经死亡的宠物记录。

(5) 删除所有表中的记录。

表 15-2 pet 表结构

字 段 名	字段说明	数据类型	主 键	外 键	非 空	唯 一	自 增
name	宠物名称	VARCHAR(20)	否	否	是	否	否
owner	宠物主人	VARCHAR(20)	否	否	否	否	否
species	种类	VARCHAR(20)	否	否	是	否	否
sex	性别	CHAR(1)	否	否	是	否	否
birth	出生日期	YEAR	否	否	是	否	否
death	死亡日期	YEAR	否	否	否	否	否

表 15-3 pet 表中记录

name	owner	species	sex	birth	death
Fluffy	Harold	cat	f	2003	2010
Claws	Gwen	cat	m	2004	NULL
Buffy	NULL	dog	f	2009	NULL
Fang	Benny	dog	m	2000	NULL
Bowser	Diane	dog	m	2003	2009
Chirpy	NULL	bird	f	2008	NULL

上机 2：使用 MySQL 命令导出员工表 tb_emp1 表中记录，并将查询结果以垂直方式显示，再导出文件。

第 16 章
使用 MySQL
Workbench 管理
MySQL 数据库

  MySQL 数据库的管理工具很多，MySQL Workbench 无疑是其中非常好的管理工具之一，MySQL Workbench 5.2 提供了图形化界面下的数据库基本的管理，数据库建立物理模型，以及通过物理模型转换成执行的 SQL 脚本，另外 MySQL Workbench 5.2 提供了对 MySQL 数据库性能的监控、用户的管理以及备份和还原数据库数据等功能。

  本章中通过使用 MySQL Workbench 5.2 管理 MySQL 数据库，来对数据库的一些基本操作进行阐述，希望对读者朋友有一定的帮助。

本章要点(已掌握的在方框中打钩)

- ☐ 了解什么是 MySQL Workbench
- ☑ 掌握 SQL Development 的基本操作
- ☐ 掌握 Data Modeling 的基本操作
- ☐ 掌握 Server Administration 的基本操作

16.1　MySQL Workbench 简介

MySQL Workbench 是 MySQL 图形界面管理工具，跟其他数据库图形界面管理工具一样，该工具可以对数据库进行创建数据库表、增加数据库表、删除数据库操作和修改数据库等操作。

16.1.1　MySQL Workbench 概述

MySQL Workbench 是一款专门供用户创建、修改、执行和优化 SQL 的可视化工具，开发人员可以很轻松地管理数据库。该工具还为开发者提供了一整套可视化工具，以用于创建、编辑和管理 SQL 查询与管理数据库连接。在可视化 SQL 编辑工作模式下，用户创建表、删除表、修改表信息等只需要使用简单的可编辑列表即可完成。

MySQL Workbench 在数据库管理这方面也提供了可视化的操作，如管理用户，授予和收回用户权限，并且在数据库管理中还可以查看到数据库的状态，其中包括数据库中开启多少个客户端、数据库缓存的大小以及管理数据库日志等信息。

MySQL Workbench 在数据库管理中导入、导出数据库信息这方面提供了比较方便的操作，可以参考本章 16.4.2 小节的详细介绍。

另外，MySQL Workbench 提供了数据库建模管理设计，可以说是著名的数据库设计工具 DBDesigner4 的继承者，可以使用该工具设计和创建新的数据库物理模型，该工具可以说是下一代数据库可视化设计管理工具的佼佼者，目前 MySQL Workbench 提供了开源和商业化两个版本，同时支持 Windows 和 Linux 系统。

16.1.2　MySQL Workbench 的优势

目前流行的 MySQL GUI Tools 有很多，常见的有 MySQL Query Brower、MySQL Administrator 和 MySQL System Tray Monitor 等工具，MySQL Workbench 跟大部分 MySQL 管理工具一样，提供了 MySQL 语法校验，可视化操作下创建数据 SCHEMA、表和视图等数据库对象。

除此之外，MySQL Workbench 管理工具在 MySQL 管理方面也独树一帜，提供了对数据库服务的启动/停止的管理，以及查看用户连接次数和数据库运行状况。

用户通常认为 MySQL Workbench 是一个 MySQL 数据库 E-R 模型设计的工具，可以说是专门为 MySQL 数据库提供的数据库设计工具，用户使用 MySQL Workbench 可以很容易地设计、编辑数据库 E-R 模型。这一功能可以说是 MySQL Workbench 的一大亮点。

16.1.3　MySQL Workbench 的安装

了解 MySQL Workbench 的功能后，下面需要在 MySQL 的官方网站下载 Workbench 软件，下载地址是 http://www.mysql.com/downloads/workbench/ ，如图 16-1 所示。

图 16-1　MySQL Workbench 下载页面

这里下载 mysql-workbench-gpl-5.2.47-win32.mis，值得注意的是，只有登录该网站之后才能下载，下载完成之后就可以安装该软件。

 第一次安装 MySQL Workbench 时，需要保证安装环境，包括 Windows XP with SP3 系统和.NET Framework 4 Client Profile，如果没有上述安装环境，将会提示以下错误信息：

```
The operation system is not adequate for running MySQL Workbench 5.2 CE.
You need Windows XP with SP3 and .Net 4.0 Client Profile install.
```

可以在 http://www.microsoft.com/zh-cn/download/details.aspx?id=24872 下载.NET Framework 4 Client Profile，如图 16-2 所示。

图 16-2　下载.NET Framework 4 Client Profile 页面

下载完成后，即可直接双击安装程序，开始安装.NET Framework 4 Client Profile 程序，如图 16-3 所示。按照提示一直单击【下一步】按钮，即可完成安装过程。

 如果操作系统不是 Microsoft Windows XP SP3，可以在下面的地址下载并安装 Microsoft Windows XP SP3，下载地址：　http://down.tech.sina.com.cn/page/37717.html。

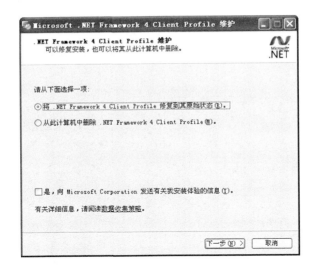

图 16-3 安装.NET Framework 4 Client Profile

接下来我们开始安装 mysql-workbench-gpl-5.2.47-win32.msi 程序，安装过程比较简单，按提示逐步进行安装即可，安装完成之后，打开 MySQL Workbench 工作空间，如图 16-4 所示。

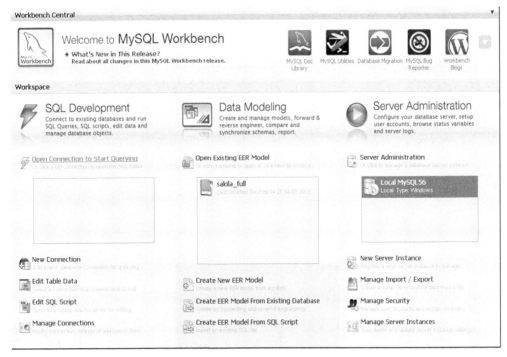

图 16-4 MySQL Workbench 的工作空间

MySQL Workbench 的工作空间有三个工作模式，分别是 SQL Development、Data Modeling 和 Server Administration。MySQL Workbench 软件可以进行数据库 SQL 编辑、错误提示、可视化数据库设计，此外还有非常强大的后台管理功能和性能分析工具。

16.2 SQL Development 的基本操作

MySQL Workbench 工作空间的 SQL Development 工作模式下，可以创建一个新的数据库连接，编辑并运行 SQL 语句，跟其他数据库管理软件一样，可以在图形化界面中管理数据库表的基本信息，本节将学习通过 MySQL Workbench 在图形化界面中创建并管理数据库信息。

16.2.1 创建数据库连接

在 MySQL Workbench 工作空间下对数据库数据进行管理之前，需要先创建数据库连接，具体操作步骤如下。

step 01 在 MySQL Workbench 工作空间中，单击 New Connection 按钮，如图 16-5 所示。

图 16-5 MySQL Workbench 的工作空间

step 02 打开 Setup New Connection(创建新的连接)对话框，在 Connection Name(连接名称)对话框中输入数据库连接的名称，接着需要输入 MySQL 服务器 IP 地址和用户名和密码，如图 16-6 所示。

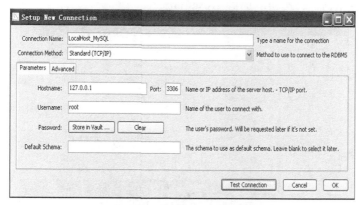

图 16-6 创建连接

step 03 单击 OK 按钮，连接 MySQL 数据后的界面如图 16-7 所示。左侧展示的是 test

库中的 Tables、Views 以及 Routines。Query 1 窗口用来执行 SQL 语句的窗口，右侧的 SQL Additions 窗口是用来帮助用户编辑 SQL 语句的提示窗口。

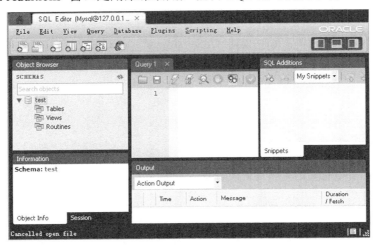

图 16-7　连接 MySQL 数据库后的界面

16.2.2　创建新的数据库

成功创建数据库连接后，在左侧的 SCHEMAS 下面可以看到 test 数据库。用户可以创建新的数据库，具体操作步骤如下。

step 01　单击工具栏中的创建数据库的小图标，如图 16-8 所示。

图 16-8　创建新的数据库

step 02　展现如下所示的界面，此时需要输入新的数据库名字，在这里输入的是 crm，然后单击 Apply(确认)按钮，如图 16-9 所示。

图 16-9　创建新的数据库

step 03 弹出一个新的界面，即可看到创建数据库的语句，然后单击 Apply(确认)按钮，如图 16-10 所示。

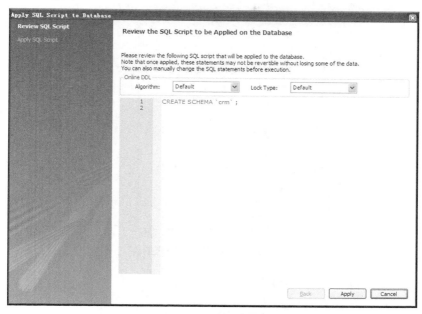

图 16-10 创建新的数据库

step 04 弹出一个新的界面，然后单击 Finish(完成)按钮，完成创建数据库的操作，如图 16-11 所示。

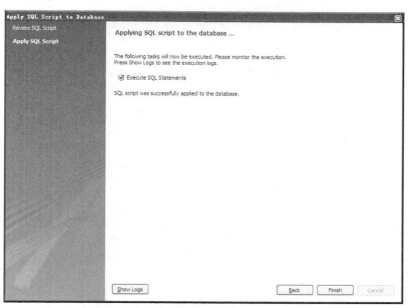

图 16-11 完成创建对话框

step 05 在 SCHEMAS 下面即可看到 crm 数据库。如果想删除该数据库，可以选择后右击，并在弹出的快捷菜单中选择 Drop Schema 命令，即可删除 crm 数据库，如图 16-12 所示。

图 16-12 查看和删除新数据库

16.2.3 创建和删除新的数据表

成功创建 crm 数据库后，即可创建、编辑和删除数据表。具体操作步骤如下。

step 01 在左侧的 SCHEMAS 列表中展开 crm 节点，选择 Tables 选项，右击并在弹出的快捷菜单中选择 Create Table 命令，如图 16-13 所示。

图 16-13 选择 Create Table 命令

step 02 在右侧弹出的 products-Table 对话框中可以添加表的信息，比如表的名称和表中各列的相关信息，如图 16-14 所示。

> 在创建表的时候，默认的数据存储引擎是 InnoDB，Comments 表示表述信息，增加该表各字段信息可以用鼠标直接单击列表框中 Column Name 下面的选项，直接输入表列的名称和数据类型，比如需要创建主键 id，直接选中后面的 PK(Primary Key) 和 AI(Auto Increment)复选框即可。

step 03 设置完数据表的基本信息后，单击 Apply(确认)按钮。弹出一个确认数据表的对话框，该对话框中有自动生成的 SQL 语句，如图 16-15 所示。

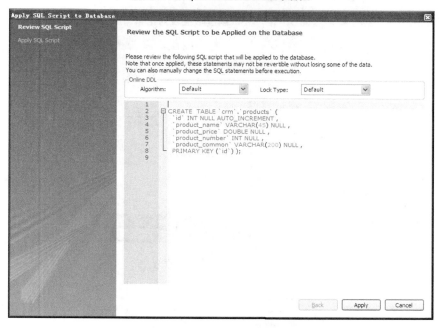

图 16-14　products-Table 对话框

图 16-15　确认数据表对话框

step 04　确定无误后单击 Apply(确认)按钮，然后在弹出的对话框中单击 Finish(完成)按钮，即可完成创建数据表的操作，如图 16-16 所示。

step 05　创建完表 products 之后，会在 Tables 节点下面展现出来，如图 16-17 所示。

step 06　如果想删除表，可以右击需要删除的表，并在弹出的快捷菜单中选择 Drop Table 命令，即可删除 products 数据表，如图 16-18 所示。

图 16-16　完成创建数据表对话框

图 16-17　创建的新数据表

图 16-18　删除数据表

16.2.4　添加、修改表记录

用户可以通过执行添加表记录的 SQL 来添加数据，也可以在 Query1 的窗口执行 SQL 语句，但这种方法效率不高。下面介绍的是 MySQL Workbench 在图形界面下对数据库表的维护，这种操作方式是非常方便的，具体操作步骤如下。

step 01 右击节点 Tables 下面的 products 表，在弹出的快捷菜单中选择 Edit Table Data 命令，如图 16-19 所示。

图 16-19　选择 Edit Table Data 命令

step 02 用户即可在右侧弹出的窗口中编辑数据表中的数据，如图 16-20 所示。编辑完成后，单击 Apply(确认)按钮即可。

图 16-20　在 products 表中添加记录

　　　　跟其他 MySQL 管理程序一样，用户可以在添加记录的时候添加多条记录，然后单击 Apply(确认)按钮，会直接将多条记录同时写入到数据库中。

16.2.5　查询表记录

在添加了若干条记录到数据库的 products 表中后，即可对数据库中的数据进行查询。具体操作步骤如下。

step 01 右击节点 Tables 下面的 products 表，在弹出的快捷菜单中选择 Select Rows-Limit 1000 命令，如图 16-21 所示。

step 02 在右侧打开的窗口中即可查询数据表中的数据，如图 16-22 所示。

图 16-21 选择 Select Rows - Limit 1000 命令

图 16-22 查询 products 表的记录

16.2.6 修改表结构

根据工作的实际需求，用户可以修改表的结构。具体操作步骤如下。

step 01 右击节点 Tables 下面的 products 表，在弹出的快捷菜单中选择 Alter Table 命令，如图 16-23 所示。

step 02 在右侧打开的窗口中即可修改数据表中的结构，如图 16-24 所示。在修改某列数据类型时，比如需要将 VARCHAR(45)改成 VARCHAR(200)，可以直接在下面的文本框中修改成 VARCHAR(200)。

图 16-23 选择需要修改的数据表

图 16-24 修改 products 表的结构

16.3　Data Modeling 的基本操作

MySQL Workbench 为 MySQL 提供了 E-R 图设计和数据库物理建模，用户可以建立 E-R 图，可以使用它生成数据库对象。本节将通过一个例子来学习如何在 MySQL Workbench 中建立物理模型，然后导出 SQL 语句。

16.3.1　建立 E-R 模型

以购物系统为例，建立数据的物理模型，购物系统中包括以下几个物理模型：用户、商品和订单等。用户和订单之间是 1 个用户对应 1 个订单，是 1:1 的关系，而订单和商品之间的关系是一对多(1:m)的关系。具体的操作步骤如下。

step 01　在 MySQL Workbench 的 Data Modeling 工作模式下，单击 Create New EER Model 文字链接，如图 16-25 所示。

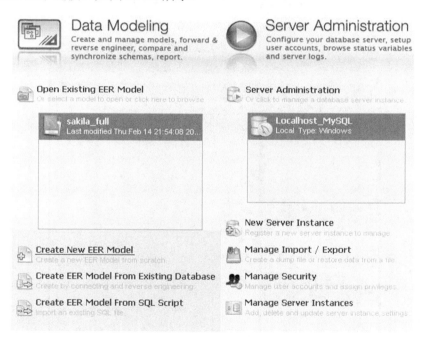

图 16-25　单击 Create New EER Model 文字链接

step 02　打开 Model Overview 窗口，在该窗口下首先需要创建新的 SCHEMA，如图 16-26 所示。单击【新增】按钮 ➕，此时会产生一个新的 SCHEMA，然后输入 SCHEMA 的名字 shopping，输入完成后，单击【关闭】按钮 ✖，最后单击 Add Diagram 按钮。

step 03　打开 EER Diagram 窗口，单击创建表按钮 ▦，在 Schema 下拉列表框中的默认选项 mydb 改成前面所添加的 shopping，如图 16-27 所示。

图 16-26   创建一个新的模型

图 16-27   开始添加数据库物理模型

step 04 ▶ 接下来单击窗口中空白的地方,此时会创建一个 Table1,如图 16-28 所示。

step 05 ▶ 双击 Table1 之后会出现编辑 Table1 的窗口,如图 16-29 所示。窗口下方出现 shopping_user-Table 面板,在该页面中修改 Table Name 为 shopping_user,然后添加主键 user_id,以及添加各个列的相关信息。添加列之后,可以选择数据类型和约束。

图 16-28　创建 Table1

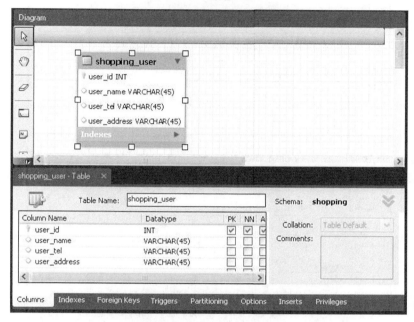

图 16-29　编辑 Table1

step 06　使用相同的方法创建两个表 shopping_order 和 shopping_products，然后给表添加各个列的相关信息，如图 16-30 所示。

图 16-30　添加 shopping_order 和 shopping_products

step 07　单击 1:1 按钮，然后分别单击 shopping_user 表和 shopping_order 表，使两个表建立 1:1 的关系，如图 16-31 所示。

step 08　修改刚刚建立的一个外键的名字，此时双击表 "shopping_user"，然后修改表中列的信息，如图 16-32 所示。

图 16-31　使 shopping_order 和 shopping_products 建立 1:1 的关系

图 16-32　修改外键的名称

step 09　切换到 Foreign Keys 选项界面，可以很清楚地看到 shopping_user 表的外键直接
引用的是 order 表。用户表和订单表是 1:1 的关系，关系建立设计完成，如图 16-33
所示。

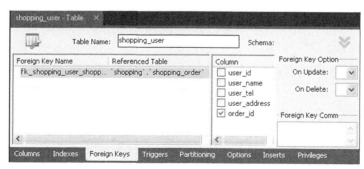

图 16-33　外键连接

step 10　单击 1:n 按钮，然后分别单击"shopping_products"表和"shopping_order"表，

此时会建立两表之间 1:n 的关系，如图 16-34 所示。

图 16-34　建立 1:n 的关系

step 11 双击"shopping_products"表会显示如下界面，用户可以修改该表的列的相关信息，此时已经建立了一个 shopping_order_order_id 的外键，如图 16-35 所示。

图 16-35　建立 1:n 的关系

16.3.2　导入 E-R 模型

16.3.1 小节中讲述了如何创建 E-R 图模型，下面学习如何将 E-R 图模型直接转换成 SQL 脚本，具体操作步骤如下。

step 01 可以将创建的物理模型保存起来，在菜单栏中选择 File | Export | Forward Engineer SQL CREATE Script 命令，如图 16-36 所示。

图 16-36　选择 Forward Engineer SQL CREATE Script 命令

step 02　在打开的对话框中输入导出 SQL 的地址，也可以单击 Browse 按钮，在弹出的对话框中选择导出的路径，如图 16-37 所示。单击 Next 按钮，即可依次按照提示进行导出脚本操作。至此，完成导出 SQL 脚本。

图 16-37　导出 SQL 脚本

step 03　在 SQL Development 工作模式下可以导入脚本，单击【导入文件】按钮🗔，如图 16-38 所示。然后根据提示打开上一步保存的 SQL 脚本文件即可。

step 04　单击【执行】按钮⚡，即可开始自动执行脚本，如图 16-39 所示。

step 05　执行脚本后，单击左侧窗口中的【刷新】按钮↻，此时会出现 shopping 数据库，如图 16-40 所示。

图 16-38　导入 SQL 脚本

图 16-39　执行 SQL 脚本

图 16-40　执行 SQL 脚本的结果

16.4　Server Administration 的基本操作

在 MySQL Workbench 工作空间的 Server Administration 工作模式下数据库管理中提供了数据库状态监控、服务器开关，以及数据库日志管理、用户授权管理以及备份和还原数据库信息。

16.4.1　管理 MySQL 用户

MySQL Workbench 数据库管理中提供了对 MySQL 用户的管理，用户可以在图形界面下很方便地管理数据用户。具体操作步骤如下。

step 01 在 MySQL Workbench 的 Server Administration 工作模式下，选择 Manage Server Instances 选项，如图 16-41 所示。

图 16-41　创建新的 Server Instance

step 02 在弹出的窗口中单击左下角的 New 按钮，在 Instance Profile Name 文本框中输入 Server Instances 的名字，然后在 Connection 下拉列表框中选择我们已经连接的数据库实例，如图 16-42 所示。

图 16-42　设置参数

step 03 单击 Close 按钮，之后在 Server Adminitration 下面就会出现可用的 Server Instance，如图 16-43 所示。

图 16-43　可用的 Server Instances

step 04 双击 Server Administration 下面新出现的 Localhost_MySQL 选项，此时会出现数据库管理的界面，如图 16-44 所示。

图 16-44　数据库管理界面

step 05 单击界面左侧的 Users and Privileges 选项，然后单击右侧界面下方的 Add Account 按钮，接着开始添加 test 用户，如图 16-45 所示。输入用户名和密码，其中 Limit Connectivity to Hosts Matching 表示限制连接 MySQL 服务器的远程地址。%表示不受限制。

step 06 下面开始对 test 用户进行授权操作。切换到 Administrative Roles 选项卡，在该选项卡的列表框中选择需要的角色和权限，单击 Apply 按钮之后，test 用户创建成功，如图 16-46 所示。

图 16-45　数据库用户添加界面

图 16-46　数据库用户授权界面

16.4.2　备份 MySQL 数据库

MySQL Workbench 工作空间的 Server Administration 提供了管理数据库的备份和恢复的功能。具体操作步骤如下。

step 01 在 MySQL Workbench 的 Server Administration 工作模式下，选择 Manage Import/Export 选项，如图 16-47 所示。

step 02 在弹出的窗口中，选择左侧的 DATA EXPORT / RESTORE 选项，该选项下面有两个选项，其中 Data Export 选项表示数据库导出，Data Import/Restore 选项表示数据库还原，如图 16-48 所示。

图 16-47　选择 Manage Import/Export 选项

图 16-48　设置 DATA EXPORT/RESTORE 选项

step 03　在开始备份之前，用户还需要设置 MySQL Workbench 中备份 MySQL 的 mysqldump 的路径，MySQL Workbench 默认的 mysqldump 版本是 5.5，如果需要备份更高版本的数据库，可能会发生错误。下面介绍设置 mysqldump 的版本的方法。在菜单栏中选择 Edit | Preferences 命令，如图 16-49 所示。

图 16-49　选择 Preferences 命令

step 04　在弹出的对话框中切换到 Administrator 选项卡，然后设置 mysqldump 和 mysql 的路径，如图 16-50 所示。

图 16-50　设置 mysqldump 和 mysql 的路径

step 05 ▶ 单击 OK 按钮，返回到数据库备份页面，选择需要备份的数据库，在 Options 选项组中，可以选中 Export to Dump Project Folder 单选按钮，此时备份数据库数据会将数据备份到系统默认的路径中，如图 16-51 所示。

图 16-51　数据库备份

step 06 ▶ 单击 Start Export 按钮，即可开始备份并显示备份的进度，如图 16-52 所示。

step 07 ▶ 数据库数据备份到 C:\Documents and Settings\ivan\My Documents\dumps\Dump20130317-1 目录中，如果一天备份多次，那么文件夹日期后面会加上相应的序号。打开备份文件夹后，发现备份生成的文件都是以"数据库名_表名"的格式来备份脚本文件的，如图 16-53 所示。

图 16-52　开始备份数据库

图 16-53　备份的数据库脚本文件

16.4.3　还原 MySQL 数据库

数据库备份完成后，如果需要可以进行还原数据库的操作。具体操作步骤如下。

step 01　选择 Data Import/Restore 选项(见图 16-48)，右侧窗口中如果选中 Import from Dump Project Folder 单选按钮，则表示该选项表是还原之前备份的某个文件夹所有的脚本；如果选中 Import from Self-Contained File 单选按钮，则该选项要求只还原其中的某个备份的脚本，如图 16-54 所示。

图 16-54　数据库脚本还原

step 02 本实例选中 Import from Dump Project Folder 单选按钮，然后选择需要还原的数据库和表，单击 Start Import 按钮。系统将自动进行还原操作，如图 16-55 所示。

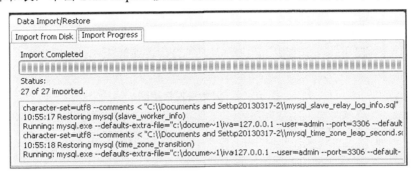

图 16-55　数据库还原进度

16.5　高手甜点

甜点 1：数据库还原的时候没反应怎么办？

如果不能够正常还原的话，可以在菜单栏中选择 Edit | Preferences 命令。切换到 Administrator 选项卡，可以使用默认的 MySQL 的路径(保留空白的 Workbench 将会使用默认的版本)。设置如图 16-56 所示。

图 16-56　使用默认的 MySQL 的路径

甜点 2：MySQL Workbench 5.2 CE 不能正常安装怎么办？

某些用户使用的操作系统是 Windows XP SP1，安装 MySQL Workbench 5.2 CE 之前需要安装.NET Framework 4 Client Profile 和 Windows XP with SP3，详细步骤请参考 16.1.3 章节内容。

甜点 3：Windows 7 用户安装好 MySQL Workbench 5.2 CE 后不能运行怎么办？

某些 Windows 7 的用户，不能够正常运行 MySQL Workbench 5.2 CE 程序，此时需要安装两个插件，安装.netframework4 和 vcredist_x86.exe 即可。

16.6 跟我练练手

上机 1：在 SQL Development 模式下面建立一个数据库连接。

上机 2：在 SQL Development 模式下面创建一个名字是 crm 的 SCHEMA。

上机 3：在 SQL Development 模式下面创建一个 products 表，然后修改表结构。

上机 4：向 products 表中添加若干条数据记录。

上机 5：在 SQL Development 模式下面修改之前添加的数据。

上机 6：在 Data Modeling 模式下面建立一个新的账户并授予 DBA 权限。

上机 7：在 Data Modeling 模式下面导出刚刚插入的 products 表的数据。

上机 8：删除 products 表的数据，然后还原刚刚备份的数据。

上机 9：在 MySQL Workbench 的 Data Modeling 模式下面创建一个新的 EER 模型。

上机 10：在 MySQL Workbench 的 Data Modeling 模式下面将创建的 EER 模型导入到 SQL 脚本。

第 17 章

PHP 操作
MySQL 数据库

　　PHP 是一种简单的、面向对象的、解释型的、健壮的、安全的、性能非常之高的、独立于架构的、可移植的和动态的脚本语言。而 MySQL 是快速和开源的网络数据库系统。PHP 和 MySQL 的结合是目前 Web 开发中的黄金组合，那么 PHP 是如何操作 MySQL 数据库的呢？本章将开始学习 PHP 操作 MySQL 数据库的各种函数和技巧。

本章要点(已掌握的在方框中打钩)

- ☐ 熟悉 PHP 访问 MySQL 数据库的一般步骤
- ☐ 熟悉数据库连接前的准备方法
- ☐ 掌握 PHP 操作 MySQL 数据库的基本操作
- ☐ 掌握添加动态用户信息的方法
- ☐ 掌握查询数据信息的方法

17.1　PHP 访问 MySQL 数据库的一般步骤

对于一个通过 Web 访问数据库的工作过程。一般分为以下几个步骤。

(1)　用户使用浏览器对某个页面发出 HTTP 请求。

(2)　服务器端接收到请求，并发送给 PHP 程序进行处理。

(3)　PHP 解析代码。在代码中有连接 MySQL 数据库命令和请求特定数据库的某些特定数据的 SQL 命令。根据这些代码，PHP 打开一个和 MySQL 的连接，并且发送 SQL 命令到 MySQL 数据库。

(4)　MySQL 接收到 SQL 语句之后，加以执行。执行完毕后返回执行结果到 PHP 程序。

(5)　PHP 执行代码，并根据 MySQL 返回请求的结果数据，生成特定格式的 HTML 文件，且传递给浏览器。HTML 经过浏览器渲染，就是用户请求的展示结果。

17.2　实例 1——连接数据库前的准备工作

默认情况下，从 PHP5 开始，PHP 不再自动开启对 MySQL 的支持，而是放到扩展函数库中。所以用户需要在扩展函数库中开启 MySQL 函数库。

首先打开 php.ini 文件，找到"；extension=php_mysql.dll"，将该语句前的分号"；"去掉，如图 17-1 所示，保存 php.ini 文件，重新启动 IIS 或 Apache 服务器即可。

图 17-1　修改 php.ini 文件

配置文件设置完成后，可以通过 phpinfo()函数来检查是否配置成功，如果显示出的 PHP 的环境配置信息中有 MySQL 的项目，表示已经开启了对 MySQL 数据库的支持，如图 17-2 所示。

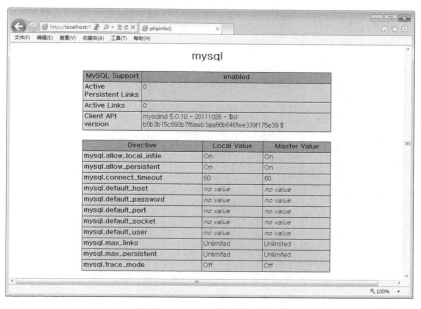

图 17-2　PHP 的环境配置页面

17.3　PHP 操作 MySQL 数据库的函数

下面介绍 PHP 操作 MySQL 数据库所使用的各个函数的含义和使用方法。

17.3.1　实例 2——通过 mysqli 类库访问 MySQL 数据库

PHP 操作 MySQL 数据库是通过 PHP 的 mysqli 类库完成的。这个类是 PHP 专门针对 MySQL 数据库的扩展接口。

下面以通过 Web 向 user 数据库请求数据为例，介绍使用 PHP 函数处理 MySQL 数据库数据的方法。具体操作步骤如下。

step 01 在网址主目录下创建 phpmysql 文件夹。

step 02 在 phpmysql 文件夹下建立文件 htmlform.html，输入代码如下：

```
<HTML>
<HEAD>
  <TITLE>Finding User</TITLE>
</HEAD>
<BODY>
 <h2>Finding users from mysql database.</h2>
 <form action="formhandler.php" method="post">
   Fill user name:
   <input name="username" type="text" size="20"/> <br />
    <input name="submit" type="submit" value="Find"/>
 </form>
</BODY>
</HTML>
```

step 03 ▶ 在 phpmysql 文件夹下建立文件 formhandler.php，输入代码如下：

```
<HTML>
<HEAD>
  <TITLE>User found</TITLE>
</HEAD>
<BODY>
  <h2>User found from mysql database.</h2>
<?php
  $username = $_POST['username'];
  if(!$username){
     echo "Error: There is no data passed.";
     exit;
  }

  if(!get_magic_quotes_gpc()){
     $username = addslashes($username);
  }

     @ $db = mysqli_connect('localhost','root','753951','adatabase');

     if(mysqli_connect_errno()){
      echo "Error: Could not connect to mysql database.";
      exit;
     }

     $q = "SELECT * FROM user WHERE name = '".$username."'";

     $result = mysqli_query($db,$q);
     $rownum = mysqli_num_rows($result);

     for($i=0; $i<$rownum; $i++){
        $row = mysqli_fetch_assoc($result);
        echo "Id:".$row['id']."<br />";
        echo "Name:".$row['name']."<br />";
        echo "Age:".$row['age']."<br />";
        echo "Gender:".$row['gender']."<br />";
        echo "Info:".$row['info']."<br />";
     }
     mysqli_free_result($result);

     mysqli_close($db);

?>
</BODY>
</HTML>
```

step 04 ▶ 运行 htmlform.html，结果如图 17-3 所示。

step 05 ▶ 在文本框中输入用户名"lilili"，单击 find 按钮，页面跳转至 formhandler.php，并且返回请求结果，如图 17-4 所示。

在运行本实例前，用户可以参照前面章节的知识，在 MySQL 服务器上创建 adatabase 数据库，添加数据表 user，然后添加一些演示数据。

图 17-3　htmlform.html 页面

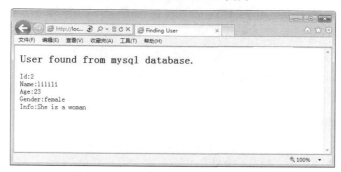

图 17-4　formhandler.php 页面

在下面的小节中，将详细分析此案例中所用函数的含义和使用方法。

17.3.2　实例 3——使用 mysqli_connect()函数连接 MySQL 服务器

PHP 是用 mysqli_connect()函数连接到 MySQL 数据库的。

mysqli_connect()函数的格式如下：

```
mysqli_connect('MYSQL 服务器地址', '用户名', '用户密码', '要连接的数据库名')
```

例如上例的语句如下：

```
$db=mysqli_connect('localhost','root','753951','adatabase');
```

该语句就是通过此函数连接到 MySQL 数据库并且把此连接生成的对象传递给名为$db 的变量，也就是对象$db。其中"MySQL 服务器地址"为"localhost"，"用户名"为"root"，"用户密码"为本环境 root 设定的密码"753951"，"要连接的数据库名"为"adatabase"。

默认情况下，MySQL 服务的端口号为 3360，如果采用默认的端口号，可以不用指定，如果采用了其他的端口号，比如采用 1066 端口，则需要特别指定，例如：127.0.0.1:1066，表示 MySQL 服务于本地机器的 1066 端口。

提示　　将其中的 localhost 换成本地地址或者 127.0.0.1，也能实现同样的效果。

17.3.3 实例4——使用 mysqli_select_db()函数选择数据库文件

连接到数据库以后，就需要选择数据库，只有选择了数据库，才能对数据表进行相关的操作。这里需要使用函数 mysqli_select_db()来选择。它的格式为：

```
mysqli_select_db(数据库服务器连接对象,目标数据库名)
```

在 17.3.1 小节实例中的$db = mysqli_connect('localhost','root','753951','adatabase');语句已经通过传递参数值 "adatabase" 确定了需要操作的数据库。如果不传递此参数，mysqli_connect()函数只提供 "MYSQL 服务器地址"，"用户名" 和 "用户密码" 一样可以连接到 MySQL 数据库服务器并且以相应的用户登录。如上例的语句变为：$db = mysqli_connect('localhost','root','753951');一样是可以成立的。

但是，在这样的情况下，就必须继续选择具体的数据库来进行操作。

如果把上例中的 formhandler.php 文件中的下面的语句：

```
@ $db = mysqli_connect('localhost','root','753951','adatabase');
```

修改为以下两个语句替代：

```
@ $db = mysqli_connect('localhost','root','753951');
mysqli_select_db($db,'adatabase');
```

程序运行效果将完全一样。

在新的语句中 mysqli_select_db($db,'adatabase');语句确定了 "数据库服务器连接对象" 为$db，"目标数据库名" 为'adatabase'。

17.3.4 实例5——使用 mysqli_query()函数执行 SQL 语句

使用 mysqli_query()函数执行 SQL 语句，需要向此函数中传递两个参数，一个是 MySQL 数据库服务器连接对象，另一个是以字符串表示的 SQL 语句。mysqli_query()函数的格式如下：

```
mysqli_query(数据库服务器连接对象,SQL 语句)
```

在 17.3.1 小节的实例中 mysqli_query($db,$q);语句中就表明了 "数据库服务器连接对象" 为$db，"SQL 语句" 为$q，而 $q 用$q = "SELECT * FROM user WHERE name = '".$username."'";语句赋值。

更重要的是 mysqli_query()函数执行 SQL 语句之后会把结果返回。上例中就是返回结果并且赋值给$result 变量。

17.3.5 实例6——使用 mysqli_fetch_assoc ()函数从数组结果集中获取信息

使用 mysqli_fetch_assoc()函数从数组结果集中获取信息，只要确定 SQL 请求返回的对象就可以了。

所以$row = mysqli_fetch_assoc($result);语句直接从$result 结果中取得一行，并且以关联数

组的形式返回给$row。

由于获得的是关联数组，所以在读取数组元素的时候是要通过字段名称确定数组元素的。17.3.1 小节的实例中 echo "Id:".$row['id']."
";语句就是通过"id"字段名确定数组元素的。

17.3.6　实例 7——使用 mysqli_fetch_object()函数从结果中获取一行作为对象

使用 mysqli_fetch_object()函数从结果中获取一行作为对象，同样是确定 SQL 请求返回的对象就可以了。

把 17.3.1 小节中实例中的程序：

```php
for($i=0; $i<$rownum; $i++){
 $row = mysqli_fetch_assoc($result);
 echo "Id:".$row['id']."<br />";
 echo "Name:".$row['name']."<br />";
 echo "Age:".$row['age']."<br />";
 echo "Gender:".$row['gender']."<br />";
 echo "Info:".$row['info']."<br />";
 }
```

修改如下：

```php
for($i=0; $i<$rownum; $i++){
 $row = mysqli_fetch_object($result);
 echo "Id:".$row->id."<br />";
 echo "Name:".$row->name."<br />";
 echo "Age:".$row->age."<br />";
 echo "Gender:".$row->gender."<br />";
 echo "Info:".$row->info."<br />";
}
```

之后，程序的整体运行结果相同。不同的是，修改之后的程序采用了对象和对象属性的表示方法。但是最后输出的数据结果是相同的。

17.3.7　实例 8——使用 mysqli_num_rows()函数获取查询结果集中的记录数

使用 mysqli_num_rows()函数获取查询结果包含的数据记录的条数，只需要给出返回的数据对象就可以了。

例如 17.3.1 小节实例中，$rownum = mysqli_num_rows($result);语句查询了$result 的记录的条数，并且赋值给$rownum 变量。然后程序利用这个条数的数值，实现了一个 for 循环，遍历所有记录。

17.3.8　实例 9——使用 mysqli_free_result()函数释放资源

释放资源的函数为：mysqli_free_result()，函数的格式为：

mysqli_free_result(SQL 请求所返回的数据库对象)

在一切操作都基本完成以后，17.3.1 小节实例中程序通过 mysqli_free_result($result);语句
释放了 SQL 请求所返回的对象$result 所占用的资源。

17.3.9　实例 10——使用 mysqli_close()函数关闭连接

在连接数据库时，可以使用 mysqli_connect()函数。与之相对应，在完成了一次对服务器
的使用的情况下，需要关闭此连接，以免出现对 MySQL 服务器中数据的误操作和对资源的
释放。一个服务器的连接也是一个对象型的数据类型。

mysqli_connect()函数的格式为：

mysqli_connect(需要关闭的数据库连接对象)

在 17.3.1 小节中实例的程序中 mysqli_close($db);语句关闭了"需要关闭的数据库连接对
象"的$db 对象。

17.4　实例 11——使用 insert 语句动态添加用户信息

在 17.3.1 小节的实例中，程序通过 form 查询了特定用户名的用户信息。下面将使用其他
SQL 语句实现 PHP 的数据请求。

下例通用使用 adatabase 的 user 数据库表格，添加新的用户信息。具体操作步骤如下。

step 01　在 phpmysql 文件夹下建立文件 insertform.html，并且输入代码如下：

```
<HTML>
<HEAD>
  <TITLE>Adding User</TITLE>
</HEAD>
<BODY>
 <h2>Adding users to mysql database.</h2>
 <form action="formhandler.php" method="post">
  Select gender:
   <select name="gender">
     <option value="male">man</option>
     <option value="female">woman</option>
   </select><br />
  Fill user name:
   <input name="username" type="text" size="20"/> <br />
  Fill user age:
   <input name="age" type="text" size="3"/> <br />
  Fill user info:
   <input name="info" type="text" size="60"/> <br />
   <input name="submit" type="submit" value="Add"/>
 </form>
</BODY>
</HTML>
```

step 02　在 phpmysql 文件夹下建立文件 insertformhandler.php，并且输入代码如下：

```
<HTML>
<HEAD>
  <TITLE>User adding</TITLE>
</HEAD>
<BODY>
  <h2>adding new user.</h2>
<?php
  $username = $_POST['username'];
  $gender = $_POST['gender'];
  $age = $_POST['age'];
  $info = $_POST['info'];
  if(!$username and !$gender and !$age and !$info){
     echo "Error: There is no data passed.";
     exit;
  }
  if(!$username or !$gender or !$age or !$info){
     echo "Error: Some data did not be passed.";
     exit;
  }
  if(!get_magic_quotes_gpc()){
     $username = addslashes($username);
     $gender = addslashes($gender);
     $age = addslashes($age);
     $info = addslashes($info);
  }
     @ $db = mysqli_connect('localhost','root','753951');
     mysqli_select_db($db,'adatabase');
     if(mysqli_connect_errno()){
      echo "Error: Could not connect to mysql database.";
      exit;
     }
     $q = "INSERT INTO user( name, age, gender, info) VALUES
('$username',$age,'$gender', '$info')";
     if( !mysqli_query($db,$q)){
        echo "no new user has been added to database.";
     }else{
        echo "New user has been added to database.";
     };
     mysqli_close($db);
?>
</BODY>
</HTML>
```

step 03 运行 insertform.html，运行结果如图 17-5 所示。

图 17-5　程序运行结果

step 04 单击 Add 按钮，页面跳转至 insertformhandler.php，并且返回信息结果如图 17-6 所示。

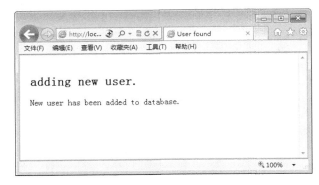

图 17-6 insertformhandler.php 页面

这时数据库 user 表格中，就被添加了一个新的元素。

【代码详解】

(1) insertform.html 文件中，建立了 user 表格中除 "id" 外每个字段的信息输入框。

(2) insertformhandler.php 文件中，建立 MySQL 连接，生成连接对象等操作都与 17.3.1 小节的实例中的程序相同。只是改变了 SQL 请求语句的内容为$q = "INSERT INTO user(name, age, gender, info) VALUES ('$username',$age,'$gender', '$info')";插入语句。

(3) 其中 name, gender, info 字段为字符串型，所以'$username', '$gender', '$info'三个变量要以字符串形式加入。

17.5 实例 12——使用 select 语句查询数据信息

本例讲述如何使用 select 语句查询数据信息。具体操作步骤如下。

step 01 在 phpmysql 文件夹下建立文件 selectform.html，并且输入代码如下：

```
<HTML>
<HEAD>
  <TITLE>Finding User</TITLE>
</HEAD>
<body>
 <h2>Finding users from mysql database.</h2>
 <form action="selectformhandler.php" method="post">
   Select gender:
   <select name="gender">
     <option value="male">man</option>
     <option value="female">woman</option>
   </select><br />
   <input name="submit" type="submit" value="Find"/>
 </form>
</BODY>
</HTML>
```

在 phpmysql 文件夹下建立文件 selectformhandler.php，并且输入代码如下：

```
<HTML>
<HEAD>
  <TITLE>User found</TITLE>
</HEAD>
<BODY>
  <h2>User found from mysql database.</h2>
<?php
    $gender = $_POST['gender'];
    if(!$gender){
       echo "Error: There is no data passed.";
       exit;
    }
    if(!get_magic_quotes_gpc()){
       $gender = addslashes($gender);
    }

       @ $db = mysqli_connect('localhost','root','753951');
       mysqli_select_db($db,'adatabase');
       if(mysqli_connect_errno()){
        echo "Error: Could not connect to mysql database.";
        exit;
       }
       $q = "SELECT * FROM user WHERE gender = '".$gender."'";
       $result = mysqli_query($db,$q);
       $rownum = mysqli_num_rows($result);
       for($i=0; $i<$rownum; $i++){
         $row = mysqli_fetch_assoc($result);
         echo "Id:".$row['id']."<br />";
         echo "Name:".$row['name']."<br />";
         echo "Age:".$row['age']."<br />";
         echo "Gender:".$row['gender']."<br />";
         echo "Info:".$row['info']."<br />";
       }
       mysqli_free_result($result);
       mysqli_close($db);
?>
</BODY>
</HTML>
```

运行 selectform.html，结果如图 17-7 所示。

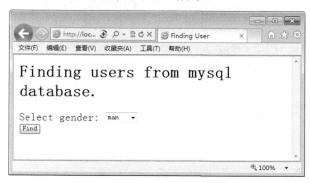

图 17-7　程序运行结果

step 04 单击 Find 按钮，页面跳转至 selectformhandler.php，并且返回信息如图 17-8 所示。

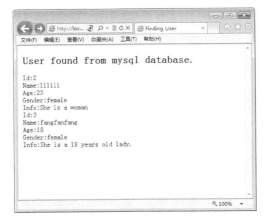

图 17-8 selectformhandler.php 页面

这样程序就给出了所有 gender 为 female 的用户信息。

17.6 高 手 甜 点

甜点 1: 修改 php.ini 文件后仍然不能调用 MySQL 数据库怎么办？

有时候修改 php.ini 文件不能保证一定可以加载 MySQL 函数库。此时如果使用 phpinfo() 函数不能显示 MySQL 的信息，说明配置失败了。重新按照 17.2 小节的内容检查配置是否正确，如果正确，则把 PHP 安装目录下的 libmysql.dll 库文件直接复制，然后复制到系统的 system32 目录下，然后重新启动 IIS 或 Apache，最好再次使用 phpinfo()进行验证，如果可以看到 MySQL 信息，表示此时已经配置成功。

甜点 2: 为什么尽量省略 MySQL 语句中的分号？

在 MySQL 语句中，每一行的命令都是用分号(;)作为结束，但是，当一行 MySQL 被插入 PHP 代码中时，最好把后面的分号省略掉。这主要是因为 PHP 也是以分号作为一行的结束的，额外的分号有时会让 PHP 的语法分析器搞不明白，所以还是省略掉的好。在这种情况下，虽然省略了分号，但是 PHP 在执行 MySQL 命令时会自动加上的。

另外还有一个不要加分号的情况。当用户想把字段竖着排列显示下来，而不是像通常的那样横着排列时，可以用 G 来结束一行 SQL 语句，这时就用不上分号了，例如：

```
SELECT * FROM paper WHERE USER_ID =1G
```

17.7　跟我练练手

上机 1：检验 PHP 是否支持 MySQL 数据库。

上机 2：通过 mysqli 类库访问 MySQL 数据库。

上机 3：使用 mysqli_connect()函数连接 MySQL 服务器。

上机 4：添加用户信息表到 MySQL 数据库。

上机 5：使用 select 语句查询用户信息表的内容并显示出来。

第4篇

高级应用

第 18 章

PDO 数据库
抽象类库

　　PHP 的数据库抽象类的出现是 PHP 发展过程中重要的一步。PDO 扩展为 PHP 访问数据库定义了一个轻量级的、一致性的接口，它提供了一个数据访问抽象层，这样，无论使用什么数据库，都可以通过一致的函数执行查询和获取数据。PDO 随 PHP 5.1 发行，在 PHP 5 的 Pecl 扩展中也可以使用，无法运行于之前的 PHP 版本。本章主要讲述 PDO 数据库抽象类库的使用方法。

本章要点(已掌握的在方框中打钩)

- ☐ 熟悉 PDO 的基本概念
- ☑ 熟悉 PDO 的安装方法
- ☐ 掌握 PDO 操作 MySQL 数据库的方法
- ☐ 掌握 PDO 的 prepare 表述

18.1　PDO 概述

随着 PHP 应用的快速增长和通过 PHP 开发跨平台的应用，不同的数据库使用是十分常见的。PHP 需要支持从 MySQL 到 MS SQL 再到 Oracle 数据库的多种数据库。

如果只是通过单一的接口针对单一的数据库编写程序，比如用 MySQL 函数处理 MySQL 数据库，用其他函数处理 Oracle 数据库，这在很大程度上增添了 PHP 程序在数据库方面的灵活性和提高了编程的复杂性并降低了工作量。

如果通过 PHP 开发一个跨数据库平台的应用，比如对于一类数据需要到两个不同的数据库中提取数据，在使用传统方法的情况下必须编写两个不同的数据库连接程序，并且要对两个数据库连接的工作过程进行协调。

为了解决这个问题，程序员们开发出了"数据库抽象层"。通过这个抽象层，把数据处理业务逻辑和数据库连接区分开来。也就是说，不管 PHP 连接的是什么数据库，都不影响 PHP 业务逻辑程序。这样对于一个应用来说，可以采用若干个不同的数据库支持方案。

PDO 就是 PHP 中最为主流的实现"数据库抽象层"的数据库抽象类。PDO 类是 PHP 5 中最为突出的功能之一。PHP 5 版本以前，PHP 都是只能通过针对 MySQL 的类库、针对 pgsql 的类库、针对 mssql 的类库等实现针对性的数据库连接。

PDO 是 PHP Data Objects 的缩写，为 PHP 访问数据库定义了一个轻量级的、一致性的接口。它提供了一个数据访问抽象层，这样，无论使用什么数据库，都可以通过一致的函数执行查询和获取数据。PDO 随 PHP 5.1 发行，在 PHP 5 的 Pecl 扩展中也可以使用，但无法运行于之前的 PHP 版本。

而 PDO 通过数据库抽象层实现了以下特性。

(1)　灵活性，可以在 PHP 运行期间，直接加载新的数据库而不需要在新的数据库使用时，重新设置和编译。

(2)　面向对象性，这个特性完全配合了 PHP 5，通过对象来控制数据库的使用。

(3)　速度极快，由于 PDO 是使用 C 语言编写并且编译进 PHP 的，所以比那些用 PHP 编写的抽象类要快得多。

18.2　实例 1——PDO 的安装

由于 PDO 类库是 PHP 5 自带的类库，所以要使用 PDO 类库，只需要在 php.ini 中把关于 PDO 类库的语句前面的注释符号去掉即可。

首先启用 extension=php_pdo.dll 类库，这个类库是 PDO 类库本身。然后是不同的数据库驱动类库选项。extension=php_pdo_mysql.dll 适用于 MySQL 数据库的连接。如果使用 MS SQL 可以启用 extension=php_pdo_mssql.dll 类库。如果使用 Oracle 数据库可以启用 extension=php_pdo_oci.dll。除了这些还有支持 pgsql 和 sqlite 等的类库。

本机环境下启用的类库为 extension=php_pdo.dll 类库和 extension=php_pdo_mysql.dll 类库。

18.3 使用 PDO 操作 MySQL

在本机环境下使用的数据库是 MySQL，所以在使用 PDO 操作数据库之前，需要首先连接到 MySQL 服务器和特定的 MySQL 数据库。

实现这个操作，是通过 PDO 类库内部的构造函数来完成的。PDO 的构造函数的结构为：

```
PDO::__construct(DSN, username, password, driver_options)
```

上述语句中，DSN 是一个"数据源名称"，username 是接入数据源的用户名，password 是用户密码，driver_options 是特定连接要求的其他参数。

DSN 是一个字符串，它是由"数据库服务器类型"，"数据库服务器地址"和"数据库名称"组成的。它们组合的格式为：

```
'数据库服务器类型:host=数据库服务器地址;dbname=数据库名称'
```

driver_options 是一个数组，它有很多的选项。

- PDO::ATTR_AUTOCOMMIT：此选项定义 PDO 在执行时是否注释每条请求。
- PDO::ATTR_CASE：通过此选项，可以控制在数据库中取得的数据的字母的大小写。具体来说就是，可以通过 PDO::CASE_UPPER 使所有读取的数据字母变为大写，可以通过 PDO::CASE_LOWER 使所有读取的数据字母变为小写，可以通过 PDO::CASE_NATURL 使用特定的在数据库中发现的字段。
- PDO::ATTR_EMULATE_PREPARES：使用此选项可以利用 MySQL 的请求缓存功能。
- PDO::ATTR_ERRMODE：使用此选项定义 PDO 的错误报告模型。具体的三种模式分别为 PDO::ERRMODE_EXCEPTION 例外模式、PDO::ERRMODE_SILENT 沉默模式和 PDO::ERRMODE_WARNING 警报模式。
- PDO::ATTR_ORACLE_NULLS：使用此选项，在使用 Oracle 数据库时，会把空字符串转换为 NULL 值。一般情况下，此选项默认为关闭。
- PDO::ATTR_PERSISTENT：使用此选项来确定此数据库连接是否可持续。但是其默认值为 false，不启用。
- PDO::ATTR_PREFETCH：此选项确定是否要使用数据库的 prefetch 功能。此功能是在用户取得一条记录操作之前就取得多条记录，以准备给其下一次请求数据操作提供数据。并且减少了执行数据库请求的次数，提高了效率。
- PDO::ATTR_TIMEOUT：此选项设置超时时间为多少秒。但是 MySQL 不支持此功能。
- PDO::DEFAULT_FETCH_MODE：此选项可以设定默认的 fetch 模型，是以联合数据的形式取得数据，或者以数字索引数组的形式取得数据，或者以对象的形式取得数据。

18.3.1 实例 2——连接 MySQL 数据库的方法

当建立一个连接对象的时候，只需要使用 new 关键字，生成一个 PDO 的数据库连接实例即可。例如使用 MySQL 作为数据库生成一个数据库连接，代码如下：

```
$dbconnect = new PDO('mysql:host=localhost;dbname=pdodatabase','root','753951')
```

18.3.2　实例 3——使用 PDO 时的 try catch 错误处理结构

使用 PDO 的时候经常是伴随着 PHP 5 中的 try catch 这一个处理异常的结构进行的。
例如：

```php
<?php
try {
  $dbconnect = new
PDO('mysql:host=localhost;dbname=pdodatabase','root','753951');
} catch (PDOException $exception) {
  echo "Connection error message: " . $exception->getMessage();
}
?>
```

由于使用这样的结构，PDO 可以配合其他的对象属性获得更多的信息。

以下案例通过对数据库请求的错误处理来说明此结构。具体操作步骤如下。

step 01 在 MySQL 数据库中建立 pdodatabase 数据库，并且在 SQL 编辑框中执行以下
SQL 语句。

```
CREATE TABLE IF NOT EXISTS 'user' (
  'id' int(10) NOT NULL AUTO_INCREMENT,
  'name' varchar(30) DEFAULT NULL,
  'age' int(10) NOT NULL,
  'gender' varchar(10) NOT NULL,
  'info' varchar(255) NOT NULL,
  PRIMARY KEY ('id')
) ENGINE=MyISAM  DEFAULT CHARSET=utf8 AUTO_INCREMENT=8;
```

插入数据，SQL 语句如下：

```
INSERT INTO 'user' ('id', 'name', 'age', 'gender', 'info') VALUES
(1, 'wangxiaoming', 32, 'male', 'He is a man'),
(2, 'lilili', 23, 'female', 'She is a woman'),
(3, 'fangfanfang', 18, 'female', 'She is a 18 years old lady.'),
(7, 'liuxiaoyong', 17, 'male', 'He is a young boy.');
```

至此，数据库 pdodatabase 和数据库表格 user 以及其中的数据都已创建。

step 02 在网站下建立 pdodemo.php 文件，输入代码如下：

```php
<?php
try {
  $dbconnect = new PDO('mysql:host=localhost;dbname=pdodatabase','root','
');
} catch (PDOException $exception) {
  echo "Connection error message: " . $exception->getMessage();
}
?>
```

step 03 运行 pdodemo.php 网页，结果如图 18-1 所示。

图 18-1 程序运行结果

【代码详解】

(1) 由于在创建 PDO 实例的过程中没有给出必要的 password 的参数，PDO 通过 try catch 结构抛出错误信息。

(2) 在 pdodemo.php 文件中，catch (PDOException $exception){}使用了 PDOException 类。在前面提到的 PDO::ATTR_ERRMODE 选项的 PDO:: ERRMODE_EXCEPTION 例外模式是使用 PDOException 类来抛出错误信息的，如果有错误产生，它会即时终止程序执行，并输出错误信息。这个类在此程序的实例是$exception。

以上是建立 PDO 数据库连接的时候，发生错误时，以获得错误信息。那么如果 SQL 请求在执行的过程中出错，其错误信息应当如何获取呢？以下通过实例进行介绍。具体操作步骤如下。

step 01 在网站目录下建立 pdodemo2.php 文件，输入代码如下：

```php
<?php
try {
  $dbconnect = new
PDO('mysql:host=localhost;dbname=pdodatabase','root','753951');
} catch (PDOException $exception) {
  echo "Connection error message: " . $exception->getMessage();
}
$sqlquery = "SELECT * FROM users";
$dbconnect->exec($sqlquery);
echo $dbconnect->errorCode()."<br />";
print_r($dbconnect->errorInfo());
?>
```

step 02 运行 pdodemo2.php 网页，结果如图 18-2 所示。

图 18-2 程序运行结果

【代码详解】

(1) $sqlquery 定义了 SQL 请求语句。$dbconnect->exec($sqlquery);语句通过实例 $dbconnect 的实例方法 exec()执行$sqlquery 的 SQL 请求语句。

(2) 由于$sqlquery 定义的 SQL 请求语句中'users'不正确(应为'user'),所以,$dbconnect-> errorCode();语句直接输出 SQL 请求的错误代码 42S02,如图 18-2 所示,表示目标数据库不存在。

(3) $dbconnect-> errorInfo();语句则是获得所有错误信息,包括错误代码。但是由于类方法 error::Info()返回的是一个数字索引数组,所以使用 print_r()显示。此数组拥有 3 个数组元素。第一元素为遵循 SQL 标准的状态码。第二个元素为遵循数据库标准的错误代码。第三个元素为具体的错误信息。

(4) 实例$dbconnect 其实是使用 PDO 类的类方法 PDOStatment::errorCode()来获得 SQL 错误代码的。错误信息则是通过 PDO 类的类方法 PDOStatment:: errorInfo()来获得的。

18.3.3 实例4——使用 PDO 执行 SQL 的选择语句

PDO 执行 SQL 的选择语句会返回结果对象。可以通过 foreach 来遍历对象内容。以下通过实例进行介绍。具体操作步骤如下。

step 01 在网站目录下建立 pdoselect.php 文件,输入代码如下:

```php
<?php
try {
    $dbconnect = new
PDO('mysql:host=localhost;dbname=pdodatabase','root','753951');
} catch (PDOException $exception) {
    echo "Connection error message: " . $exception->getMessage();
}
$sqlquery = "SELECT * FROM user";
$result = $dbconnect->query($sqlquery);
foreach ($result as $row){
    $name = $row['name'];
    $gender = $row['gender'];
    $age = $row['age'];
    echo "user $name , is $gender ,and is $age years old. <br />";
}
?>
```

step 02 运行 pdoselect.php 网页,结果如图 18-3 所示。

图 18-3　程序运行结果

【代码详解】

(1) $sqlquery 定义了 SQL 请求语句。$dbconnect->query($sqlquery);语句通过实例 $dbconnect 的实例方法 query()执行$sqlquery 的 SQL 请求语句。在执行 SQL 语句的 select 操作的时候一定要使用 query()方法。而不能使用执行其他操作时使用的 exec()方法。

(2) foreach($result as $row)语句以默认的方法获取$result 这一返回数据对象的所有数据，并且以关联数组的形式表现出来。

18.3.4 实例 5——使用 PDO 获取返回数据的类方法

当使用 select 语句向数据库请求数据时，query()方法会返回一个包含所有请求数据的对象。如何对这个对象的数据进行读取操作，将通过下面的类方法来讲解。

通过 fetch()方法读取请求所返回的数据对象一条记录。fetch 方法的使用是 PDOStatement::fetch()类方法在实例化之后的使用。可以选择 fetch_style 的选项作为其参数。例如 PDO::FETCH_ASSOC 选项是把返回的数据读取为关联数组。PDO::FETCH_NUM 选项是把返回的数据读取为数字索引数组。PDO_FETCH_BOTH 选项是把返回的数据读取为数组，包括数字索引数组和关联数组。PDO::FETCH_OBJ 选项是把返回的数据读取为一个对象，不同字段的数据作为其对象属性。

通过 fetchAll()方法读取请求所返回的数据对象的所有记录。

下面通过例子来讲解 fetch()方法的使用技巧。

step 01 在网站目录下建立 **pdofetch.php** 文件，输入代码如下：

```php
<?php
try {
   $dbconnect = new
PDO('mysql:host=localhost;dbname=pdodatabase','root','753951');
} catch (PDOException $exception) {
   echo "Connection error message: " . $exception->getMessage();
}
$sqlquery = "SELECT * FROM user";
$result = $dbconnect->query($sqlquery);
$rownum = $result->rowCount();
echo "There are total ".$rownum." users:<br />";
while ($row = $result->fetch(PDO::FETCH_ASSOC)){
   $name = $row['name'];
   $gender = $row['gender'];
   $age = $row['age'];
   echo "user $name , is $gender ,and is $age years old. <br />";
}
?>
```

step 02 运行 **pdofetch.php**，结果如图 18-4 所示。

图 18-4　程序运行结果

【代码详解】

(1) $sqlquery 定义了 SQL 请求语句。$dbconnect->query($sqlquery);语句通过实例 $dbconnect 的实例方法 query()执行$sqlquery 的 SQL 请求语句。返回对象为$result。

(2) $row = $result->fetch(PDO::FETCH_ASSOC)语句直接以关联数组的方式取得$result 的一条记录，并且赋值给$row。

(3) 使用 while 循环按照输出格式打印。

以下实例介绍 fetchAll()方法的使用技巧。

step 01　在网站目录下建立 pdofetchall.php 文件，输入代码如下：

```php
<?php
  try {
    $dbconnect = new
PDO('mysql:host=localhost;dbname=pdodatabase','root','753951');
  } catch (PDOException $exception) {
    echo "Connection error message: " . $exception->getMessage();
  }
  $sqlquery = "SELECT * FROM user";
  $result = $dbconnect->query($sqlquery);
  $rownum = $result->rowCount();
  echo "There are total ".$rownum." users:<br />";
  $rowall = $result->fetchAll();
  foreach ($rowall as $row){
    $id = $row[0];
    $name = $row[1];
    $gender = $row[3];
    $age = $row[2];
    $info = $row['info'];
    echo "ID: $id . User $name , is $gender ,and is $age years old. and
info: $info<br />";
  }
?>
```

step 02　运行 pdofetchall.php 网页，结果如图 18-5 所示。

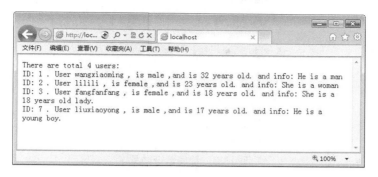

图 18-5　程序运行结果

【代码详解】

(1) $sqlquery 定义了 SQL 请求语句。$dbconnect->query($sqlquery);语句通过实例 $dbconnect 的实例方法 query()执行$sqlquery 的 SQL 请求语句。返回对象为$result。rowCount() 方法是返回数据对象的记录的条数。

(2) $rowall = $result->fetchAll();语句方式取得$result 的所有记录，并且赋值给$rowall。然后使用 foreach 循环遍历数组元素。

(3) 由于 fetchAll()方法是读取$result 对象为数字索引数组和关联数组两种类型，所以，在遍历的时候可以使用两种方式指定数组元素。

18.3.5　实例 6——使用 PDO 执行 SQL 的添加、修改语句

用 PDO 执行添加和修改的 SQL 命令不同于 select 操作。以下通过实例进行介绍。具体操作步骤如下。

step 01 在网站目录下建立 pdoinsertupdate.php 文件，输入代码如下：

```php
<?php
  try {
    $dbconnect = new
PDO('mysql:host=localhost;dbname=pdodatabase','root','753951');
  } catch (PDOException $exception) {
    echo "Connection error message: " . $exception->getMessage();
  }
  $sqlquery = "INSERT INTO user (id,name,age,gender,info )VALUES
(NULL,'zhangdaguang', '39', 'male', 'he is a middle-age male.')";
  if($dbconnect->exec($sqlquery)){
    echo "A new record has been inserted.<br />";
  }
  $sqlquery2 = "UPDATE user SET age='45' WHERE name='zhangdaguang'";
  if($dbconnect->exec($sqlquery2)){
    echo "The record has been updated.";
  }
?>
```

step 02 运行 pdoinsertupdate.php，结果如图 18-6 所示。

图 18-6　程序运行结果

【代码详解】

(1)　$sqlquery 定义了 insert 的 SQL 请求语句。$dbconnect->exec($sqlquery);语句通过实例 $dbconnect 的实例方法 exec()执行$sqlquery 的 SQL 请求语句，若正确执行则返回语句如图 18-6 所示。

(2)　$sqlquery2 定义了 update 的 SQL 请求语句。$dbconnect->exec($sqlquery2);语句通过实例$dbconnect 的实例方法 exec()执行$sqlquery 的 SQL 请求语句，若正确执行则返回语句如图 18-6 所示。

18.3.6　实例 7——使用 PDO 执行 SQL 的删除语句

删除一个记录也可以使用 exec()类方法。下面通过实例来讲解这方面的知识。

step 01 在网站目录下建立 pdodelete.php 文件，输入代码如下：

```php
<?php
  try {
    $dbconnect = new
PDO('mysql:host=localhost;dbname=pdodatabase','root','753951');
  } catch (PDOException $exception) {
    echo "Connection error message: " . $exception->getMessage();
  }
  $sqlquery = "DELET FROM user WHERE name = 'zhangdaguang'";
  if($dbconnect->exec($sqlquery)){
    echo "A new record has been deleted.";
  }
?>
```

step 02 运行 pdodelete.php，结果如图 18-7 所示。

图 18-7　程序运行结果

【代码详解】

$sqlquery 定义了 delete 的 SQL 请求语句。$dbconnect->exec($sqlquery);语句通过实例 $dbconnect 的实例方法 exec()执行$sqlquery 的 SQL 请求语句，若正确执行则返回语句如图 18-7 所示。

18.4　实例 8——PDO 的 prepare 表述

在 PHP 中执行一个 SQL 语句，需要 PDO 对语句进行执行。正常的情况下可以逐句执行，且每执行一句都需要 PDO 首先对语句进行解析然后传递给 MySQL 执行。这都需要 PDO 的工作。如果是不同 SQL 语句，则这是必要过程。但如果是一种 SQL 语句，如 insert，则语句结构都相同，仅每一项具体的数值都不同。在这种情况下 PDO 的 prepare 表述可只提供改变的变量值，而不改变 SQL 语句，以起到减少解析过程、节省资源、提高效率的作用。

使用 prepare 表述需要通过两个方法：一个是 prepare()方法；另一个是 execute()方法。

以下通过实例介绍此方面的知识。具体操作步骤如下。

<kbd>step 01</kbd> 在网站目录下建立 pdoprepare.php 文件，输入代码如下：

```php
<?php
  try {
    $dbconnect = new
PDO('mysql:host=localhost;dbname=pdodatabase','root','753951');
  } catch (PDOException $exception) {
    echo "Connection error message: " . $exception->getMessage();
  }
  $sqlquery = "INSERT INTO user SET id = :id, name = :name, age
= :age,gender = :gender ,info = :info ";
  $prepareddb = $dbconnect->prepare($sqlquery);
  if($prepareddb->execute(array(
    ':id'=> 'NULL',
    ':name'=> 'lixiaoyun',
    ':age'=> '16',
    ':gender'=> 'female',
    ':info'=> 'She is a school girl.'
  ))){
    echo "A new user, lixiaoyun, has been inserted.<br />";
  }
  if($prepareddb->execute(array(
    ':id'=> 'NULL',
    ':name'=> 'liuxiaoyu',
    ':age'=> '18',
    ':gender'=> 'male',
    ':info'=> 'he is a school boy.'
  ))){
    echo "A new user, liuxiaoyu, has been inserted.<br />";
  }
?>
```

<kbd>step 02</kbd> 运行 pdoprepare.php，结果如图 18-8 所示。

图 18-8　程序运行结果

【代码详解】

(1) $sqlquery 定义了 delete 的 SQL 请求语句。这个请求语句定义了字段的变量，如 id = :id, name = :name,等。

(2) $dbconnect->prepare($sqlquery)语句使用 prepare()类方法表述 prepare，并且赋值给对象$prepareddb。$prepareddb->execute(array(…))语句使用 execute()类方法执行 SQL 语句。execute()类方法中通过一个数组为 SQL 请求语句中定义的变量赋值。其中变量值为键值，具体值为数组元素。

(3) $prepareddb->execute(array(…))语句可以很方便地重复进行使用。只要修改数组中的元素值即可。

18.5　高手甜点

甜点 1：PDO 中事务如何处理？

在 PDO 中同样可以实现事务处理的功能，具体方法如下。

(1) 开启事务：使用 beginTransaction()方法将关闭自动提交模式，直到事务提交或者回滚以后才恢复。

(2) 提交事务：使用 commit()方法完成事务的提交操作，成功则返回 true，否则返回 false。

(3) 事务回滚：使用 rollBack()方法执行事务的回滚操作。

甜点 2：如何通过 PDO 连接 MS SQL Server 数据库？

通过 PDO 可以实现和 MS SQL Server 数据库连接操作。下面通过实例的方式来讲解具体的连接方法。代码如下：

```php
<?php
 header("Content-Type:text/html;charset=utf-8");         //设置页面的编码风格
 $host='PC-201405212233';                                //设置主机名称
 $user='sa';                                             //设置用户名
 $pwd='123456';                                          //设置密码
 $dbName='mydatabase';                                   //设置需要连接的数据库
 $dbms='mssql';//
```

```
$dsn="mssql:host=$host;dbname-$dbName";
try{
    $pdo=new PDO($dsn,$user,$pwd);          //利用 try…catch 捕获异常情况
    echo " 成功连接 MS SQL Server 数据库 "
}catch(Exception $e){
        Die("错误提示! ".$e->getMessage())
    }
?>
```

18.6　跟我练练手

上机 1：安装 PDO 并查询 PDO 的使用方法。

上机 2：使用 PDO 执行 SQL 的选择语句。

上机 3：使用 PDO 获取指定数据表的数据信息。

第 19 章

JavaScript
编程基础

无论是传统编程语言，还是脚本语言，都具有数据类型、常量和变量以及运算符、表达式、注释语句、流程控制语句等基本元素，这些基本元素构成了编程基础。本章将主要讲述 JavaScript 编程的基本知识。

本章要点(已掌握的在方框中打钩)

☐ 熟悉 JavaScript 的基本概念

☐ 掌握 JavaScript 在 HTML 中的使用方法

☐ 掌握 JavaScript 的基本语法

☐ 熟悉 JavaScript 的数据结构

☐ 掌握 JavaScript 的数据类型

☐ 掌握条件判断语句的使用方法

☐ 掌握循环控制语句的使用方法

☐ 掌握在 PHP 中调用 JavaScript 的方法

19.1 认识 JavaScript

JavaScript 作为一种可以给网页增加交互性的脚本语言，拥有近 20 年的发展历史。它的简单、易学易用的特性，使其立于不败之地。

19.1.1 什么是 JavaScript

JavaScript 最初由网景公司的 Brendan Eich 设计，是一种动态、弱类型、基于原型的语言，内置支持类。经过近 20 年的发展，它已经成为健壮的基于对象和事件驱动并具有相对安全性的客户端脚本语言。同时也是一种广泛用于客户端 Web 开发的脚本语言，常用来给 HTML 网页添加动态功能，比如响应用户的各种操作。

JavaScript 可以弥补 HTML 语言的缺陷，实现 Web 页面客户端动态效果，其主要作用如下。

(1) 动态改变网页内容。

HTML 语言是静态的，一旦编写，内容是无法改变的。JavaScript 可以弥补这种不足，可以将内容动态地显示在网页中。

(2) 动态改变网页的外观。

JavaScript 通过修改网页元素的 CSS 样式，达到动态地改变网页的外观。例如，修改文本的颜色、大小等属性，图片的位置动态地改变等。

(3) 验证表单数据。

为了提高网页的效率，用户在编写表单时，可以在客户端对数据进行合法性验证，验证成功之后再提交到服务器上，进而减轻服务器的负担和网络带宽的压力。

(4) 响应事件。

JavaScript 是基于事件的语言，因此可以影响用户或浏览器产生的事件。只有事件产生时才会执行某段 JavaScript 代码，如用户当单击计算按钮时，程序才显示运行结果。

 几乎所有浏览器都支持 JavaScript，如 Internet Explorer(IE)、Firefox、Netscape、Mozilla、Opera 等。

19.1.2 JavaScript 的特点

JavaScript 的主要特点有以下几个方面。

(1) 语法简单，易学易用。

JavaScript 语法简单、结构松散。可以使用任何一种文本编辑器来进行编写。JavaScript 程序运行时不需要编译成二进制代码，只需要支持 JavaScript 的浏览器进行解释即可。

(2) 解释性语言。

非脚本语言编写的程序通常需要经过编写→编译→链接→运行 4 个步骤，而脚本语言 JavaScript 只需要经过编写→运行 2 个步骤。

（3）跨平台。

由于 JavaScript 程序的运行依赖于浏览器，只要操作系统中安装有支持 JavaScript 的浏览器即可，因此 JavaScript 与平台(操作系统，例如，无论 Windows 操作系统、UNIX 操作系统、Linux 操作系统，还是用于手机的 Android 操作系统、iPhone 操作系统等)无关。

（4）基于对象和事件驱动。

JavaScript 把 HTML 页面中的每个元素都当作一个对象来处理，并且这些对象都具有层次关系，像一棵倒立的树，这种关系被称为"文档对象模型(DOM)"。在编写 JavaScript 代码时会接触到大量对象及对象的方法和属性。可以说学习 JavaScript 的过程，就是了解 JavaScript 对象及其方法和属性的过程。因为基于事件驱动，所以 JavaScript 可以捕捉到用户在浏览器中的操作，可以将原来静态的 HTML 页面变成可以和用户交互的动态页面。

（5）用于客户端。

尽管 JavaScript 分为服务器端和客户端两种，但目前应用最多的还是客户。

19.2　JavaScript 在 HTML 中的使用

创建好 JavaScript 脚本后，下面就可以在 HTML 中使用 JavaScript 脚本了。把 JavaScript 嵌入 HTML 中有多种形式：在 HTML 网页头中嵌入、在 HTML 网页中嵌入、在 HTML 网页的元素事件中嵌入、在 HTML 中调用已经存在的 JavaScript 文件等。

19.2.1　实例 1——在 HTML 网页头中嵌入 JavaScript 代码

如果不是通过 JavaScript 脚本生成 HTML 网页的内容，JavaScript 脚本一般放在 HTML 网页的头部的<HEAD>与</HEAD>标签对之间。这样，不会因为 JavaScript 影响整个网页的显示结果。

在 HTML 网页头部的<HEAD>与</HEAD>标签对之间嵌入 JavaScript 的格式如下：

```
<HTML>
<HEAD>
<TITLE>在 HTML 网页头中嵌入 JavaScript 代码</TITLE>
<script language="JavaScript " >
<!--
…
JavaScript 脚本内容
…
-->
</script>
</HEAD>
<BODY>
…
</BODY>
</HTML>
```

在<script>与</script>标签中添加相应的 JavaScript 脚本，这样就可以直接在 HTML 文件中调用 JavaScript 代码，以实现相应的效果。

【例 19.1】(实例文件：ch19\19.1.html)在 HTML 网页头中嵌入 JavaScript 代码：

```
<HTML>
<HEAD>
  <script language = "javascript">
    document.write("欢迎来到javascript动态世界");
  </script>
</HEAD>
<BODY>
  <p>学习javascript！！！
</BODY>
</HTML>
```

该实例功能是在 HTML 文档里输出一个字符串，即"欢迎来到 JavaScript 动态世界"；在 IE 9.0 中浏览效果如图 19-1 所示，可以看到网页输出了两句话，其中第一句就是 JavaScript 代码的输出语句。

图 19-1　嵌入 JavaScript 代码

在 JavaScript 的语法中，分号";"是 JavaScript 程序作为一个语句结束的标识符。

19.2.2　实例2——在 HTML 网页中嵌入 JavaScript 代码

当需要使用 JavaScript 脚本生成 HTML 网页内容时，如某些 JavaScript 实现的动态树，就需要把 JavaScript 放在 HTML 网页主题部分的<BODY>与</BODY>标签对中。

具体的代码格式如下：

```
<HTML>
<HEAD>
<TITLE>在 HTML 网页中嵌入 JavaScript 代码</TITLE>
</HEAD>
<BODY>
<script language="JavaScript " >
<!--
…
JavaScript 脚本内容
…
//-->
</script>
```

```
</BODY>
</HTML>
```

另外，JavaScript 代码可以在同一个 HTML 网页的头部与主题部分同时嵌入，并且在同一个网页中可以多次嵌入 JavaScript 代码。

【例 19.2】(实例文件：ch19\19.2.html)在 HTML 网页中嵌入 JavaScript 代码：

```
<HTML>
<HEAD>
</HEAD>
<BODY>
  <p>学习 JavaScript！！！ </p>
  <script language = "JavaScript">
    document.write("欢迎来到 JavaScript 动态世界");
  </script>
</BODY>
</HTML>
```

该实例功能是在 HTML 文档里输出一个字符串，即"欢迎来到 JavaScript 动态世界"；在 IE 9.0 中浏览效果如图 19-2 所示，可以看到网页输出了两句话，其中第二句就是 JavaScript 代码的输出语句。

图 19-2　嵌入 JavaScript 代码

19.2.3　实例 3——在 HTML 网页的元素事件中嵌入 JavaScript 代码

在开发 Web 应用程序的过程中，开发者可以给 HTML 文档设置不同的事件处理器，一般是设置某 HTML 元素的属性来引用一个脚本，如可以是一个简单的动作，该属性一般以 on 开头，如按下鼠标事件 OnClick()等。这样，当需要对 HTML 网页中的该元素进行事件处理时 (验证用户输入的值是否有效)，如果事件处理的 JavaScript 代码量较少，就可以直接在对应的 HTML 网页的元素事件中嵌入 JavaScript 代码。

【例 19.3】(实例文件：ch19\19.3.html)在 HTML 网页的元素事件中嵌入 JavaScript 代码。

下面的 HTML 文档的作用是对文本框是否为空进行判断，如果为空则弹出提示信息，其具体内容如下：

```
<HTML>
<HEAD>
<TITLE>判断文本框是否为空</TITLE>
<script language="JavaScript">
function validate()
```

```
{
 var _txtNameObj = document.all.txtName;
 var _txtNameValue = _txtNameObj.value;
 if((_txtNameValue == null) || (_txtNameValue.length < 1))
 {
   window.alert("文本框内容为空，请输入内容");
       _txtNameObj.focus();
       return;
 }
}
</script>
</HEAD>
<BODY>
<form method=post action="#">
<input type="text" name="txtName">
<input type="button" value="确定" onclick="validate()">
</form>
</BODY>
</HTML>
```

在上面的 HTML 文档中使用 JavaScript 脚本，其作用是当文本框失去焦点时，就会对文本框的值进行长度检验，如果值为空，即可弹出"文本框内容为空，请输入内容"的提示信息。上面的 HTML 文档在 IE 9.0 浏览器中的显示结果如图 19-3 所示。直接单击其中的【确定】按钮，即可看到相应的提示信息，如图 19-4 所示。

图 19-3　显示结果

图 19-4　文本框内容为空，请输入内容提示信息

19.2.4　实例 4——在 HTML 中调用已经存在的 JavaScript 文件

如果 JavaScript 的内容较长，或者多个 HTML 网页中都调用相同的 JavaScript 程序，可以将较长的 JavaScript 或者通用的 JavaScript 写成独立的.js 文件，直接在 HTML 网页中调用。

【例 19.4】(实例文件：ch19\19.4.html)在 HTML 调用已经存在的 JavaScript 文件。

下面的 HTML 文件就是使用 JavaScript 脚本来调用外部 JavaScript 的文件 hello.js：

```
<HTML>
<HEAD>
<TITLE>使用外部文件</TITLE>
<script src = "hello.js"></script>
</HEAD>
```

```
<BODY>
<p>此处引用了一个 javascript 文件</p>
</BODY>
</HTML>
```

在 IE 9.0 中浏览效果如图 19-5 所示，可以看到网页首先弹出一个对话框，显示提示信息。单击【确定】按钮后，会显示网页内容。

图 19-5　导入 JavaScript 文件

可见通过这种外部引用 JavaScript 文件的方式，也可以实现相应的功能，这种功能具有下面的几个优点。

- 通过外部脚本，可以轻易实现多个页面完成同一功能的脚本文件，可以很方便地通过更新一个脚本内容实现批量更新。
- 浏览器可以实现对目标脚本文件的高速缓存，这样可以避免引用同样功能的脚本代码而导致下载时间的增加。

与 C 语言使用外部头文件(.h 文件等)相似，引入 JavaScript 脚本代码时使用外部脚本文件的方式符合结构化编程思想，但也有一些缺点，具体表现在以下两个方面。

- 并不是所有支持 JavaScript 脚本的浏览器都支持外部脚本，如 Netscape 2.0 和 Internet Explorer 3.0 以及以下都不支持外部脚本。
- 外部脚本文件功能过于复杂，或其他原因导致的加载时间过长，则可能导致页面事件得不到处理或得不到正确的处理，程序员必须小心使用并确保脚本加载完成后，其中定义的函数才被页面事件调用，否则浏览器会报错。

综上所述，引入外部 JavaScript 脚本文件的方法是效果与风险并存的，设计人员应该权衡其优缺点，以决定是将脚本代码嵌入到目标 HTML 文件中，还是通过引用外部脚本的方式来实现相同的功能。一般情况下，将实现通用功能的 JavaScript 脚本代码作为外部脚本文件引用，而实现特有功能的 JavaScript 代码则直接嵌入到 HTML 文件中的<HEAD>与</HEAD>标签对之间载入使其及时并正确响应页面事件。

19.2.5　实例 5——通过 JavaScript 伪 URL 引入 JavaScript 脚本代码

在多数支持 JavaScript 脚本的浏览器中，可以通过 JavaScript 伪 URL 地址调用语句来引入 JavaScript 脚本代码。伪 URL 地址的一般格式：JavaScript:alert("已点击文本框！")。由上可
知：伪 URL 地址语句一般以 JavaScript 开始，后面就是要执行的操作。

【例 19.5】(实例文件：ch19\19.5.html)使用伪 URL 地址来引入 JavaScript 代码：

```
<HTML>
<HEAD>
<meta http-equiv=content-type content="text/html; charset=gb2312">
<TITLE>伪 URL 地址引入 JavaScript 脚本代码</TITLE>
</HEAD>
<BODY>
<center>
<p>使用伪 URL 地址引入 JavaScript 脚本代码</p>
<form name="Form1">
  <input type=text name="Text1" value="点击"
         onclick="JavaScript:alert('已经用鼠标点击文本框!')">
</form>
</center>
</BODY>
</HTML>
```

在 IE 浏览器中预览上面的 HTML 文件，然后用鼠标单击其中的文本框，就会看到"已
经用鼠标点击文本框！"的提示信息，其显示结果如图 19-6 所示。伪 URL 地址可用于文档中
的任何地方，同时触发任意数量的 JavaScript 函数或对象固有的方法。由于这种方式的代码短
而精且效果好，所以在表单数据合法性验证上，如验证某些字段是否符合要求等方面应用
广泛。

图 19-6　使用伪 URL 地址引入 JavaScript 脚本代码

19.3　JavaScript 的基本语法

JavaScript 可以直接用记事本编写，其中包括语句、与语句相关的语句块以及注释。在一
条语句内可以使用变量、表达式等。本节就来介绍相关的编程语法基础。

19.3.1　执行顺序

JavaScript 程序按照在 HTML 文件中出现的顺序逐行执行。如果需要在整个 HTML 文件中执行，最好将其放在 HTML 文件的<HEAD>与</HEAD>标签对中。某些代码，如函数体内的代码，不会被立即执行，只有当所在的函数被其他程序调用时，该代码才被执行。

19.3.2　区分大小写

JavaScript 对字母大小写敏感，也就是说在输入语言的关键字、函数、变量以及其他标识符时，一定要严格区分字母的大小写。例如变量 username 与变量 userName 是两个不同的变量。

　　　　HTML 不区分大小写。由于 JavaScript 与 HTML 紧密相关，这一点很容易混淆，许多 JavaScript 对象和属性都与其代表的 HTML 标签或属性同名，在 HTML 中，这些名称可以以任意的大小写方式输入而不会引起混乱，但在 JavaScript 中，这些名称通常都是小写的。例如，在 HTML 中的事件处理器属性 ONCLICK 通常被声明为 onClick 或 Onclick，而在 JavaScript 中只能使用 onclick。

19.3.3　分号与空格

在 JavaScript 语句中，分号是可有可无的，这一点与 Java 语言不同，JavaScript 并不要求每行必须以分号作为语句的结束标志。如果语句的结束处没有分号，JavaScript 会自动将该代码的结尾作为语句的结尾。

例如，下面的两行代码书写方式都是正确的：

```
Alert("hello,JavaScript")
Alert("hello,JavaScript");
```

　　　　鉴于最好的编写习惯，最好在每行的最后加上一个分号，这样能保证每行代码的准确性。

另外，JavaScript 会忽略多余的空格，用户可以向脚本添加空格，来提高其可读性。下面的两行代码是等效的：

```
var name="Hello";
var name = "Hello";
```

19.3.4　对代码行进行折行

当一段代码比较长时，用户可以在文本字符串中使用反斜杠对代码行进行换行。下面的例子会正确地显示：

```
document.write("Hello \
World!");
```

不过，用户不能像这样折行：

```
document.write \
("Hello World!");
```

19.3.5 实例6——注释

注释通常用来解释程序代码的功能(增加代码的可读性)或阻止代码的执行(调试程序)，不参与程序的执行。在JavaScript中注释分为单行注释和多行注释两种。

1．单行注释

在 JavaScript 中，单行注释以双斜杠"//"开始，直到这一行结束。单行注释"//"可以放在一行的开始或一行的末尾，无论放在哪里，只要从"//"符号开始到本行结束为止的所有内容都不会执行。在一般情况下，如果"//"位于一行的开始，则用来解释下一行或一段代码的功能；如果"//"位于一行的末尾，则用来解释当前行代码的功能。如果用来阻止一行代码的执行，也常将"//"放在一行的开始，如下加粗代码所示。

【例19.6】(实例文件：ch19\19.6.html)单行注释语句，代码如下：

```
<HTML>
<HEAD>
<TITLE>date 对象</TITLE>
<script type="text/javascript">
function disptime( )
{
  //创建日期对象 now，并实现当前日期的输出
  var now= new Date( );
  //document.write("<h1>河南旅游网</h1>");
  document.write("<H2>今天日期:"+now.getFullYear()+"年"+(now.getMonth( )+1)+"
月"+now.getDate()+"日</H2>");       //在页面上显示当前年月日
}
</script>
<body onload="disptime( )">
</BODY>
</HTML>
```

以上代码中，共使用了三个注释语句。第一个注释语句将"//"符号放在了行首，通常用来解释下面代码的功能与作用。第二个注释语句放在了代码的行首，阻止了该行代码的执行。第三个注释语句放在了一行的末尾，主要是对该行的代码进行解释说明。

在IE 9.0中浏览效果如图19-7所示。可以看到代码中的注释不被执行。

图19-7　程序运行结果

2. 多行注释

单行注释语句只能注释一行的代码，假设在调试程序时，希望有一段代码都不被浏览器执行或者对代码的功能说明一行书写不完，那么就需要使用多行注释语句。多行注释语句以/*开始，以/*结束，可以注释一段代码。

【例 19.7】(实例文件：ch19\19.7.html)多行注释语句，代码如下：

```
<HTML>
<BODY>
<h1 id="myH1"></h1>
<p id="myP"></p>
<script type="text/javascript">
/*
下面的这些代码会输出
一个标题和一个段落
并将代表主页的开始
*/
document.getElementById("myH1").innerHTML="Welcome to my Homepage";
document.getElementById("myP").innerHTML="This is my first paragraph.";
</script>
<p><b>注释：</b>注释块不会被执行。</p>
</BODY>
</HTML>
```

在 IE 9.0 中浏览效果如图 19-8 所示。可以看到代码中的注释不被执行。

图 19-8　程序运行结果

19.4　JavaScript 的数据结构

每一种计算机编程语言都有自己的数据结构，JavaScript 脚本语言的数据结构包括标识符、关键字、保留字、常量、变量等。

19.4.1　标识符

JavaScript 编写程序时，很多地方都要求用户给定名称，例如，JavaScript 中的变量、函数等要素定义时都要求给定名称。可以将定义要素时使用的字符序列称为标识符。这些标识符必须遵循如下命名规则。

- 标识符只能由字母、数字下划线和中文组成，而不能包含空格、标点符号、运算符等其他符号。
- 标识符的第一个字符必须是字母、下划线或者中文。
- 标识符不能与 JavaScript 中的关键字名称相同，例如 if、else 等。

例如，下面为合法的标识符：

```
UserName
Int2
_File_Open
Sex
```

例如，下面为不合法的标识符：

```
99BottlesofBeer
Namespace
It's-All-Over
```

19.4.2　关键字

关键字标识了 JavaScript 语句的开头或结尾。根据规定，关键字是保留的，不能用作变量名或函数名。JavaScript 中的关键字如表 19-1 所示。

表 19-1　JavaScript 中的关键字

break	case	catch	continue
default	delete	do	else
finally	for	function	if
in	instanceof	new	return
switch	this	throw	try
typeof	var	void	while
with			

 提示　　JavaScript 关键字是不能作为变量名和函数名使用的。

19.4.3　保留字

保留字在某种意义上是为将来的关键字而保留的单词。因此保留字不能被用作变量名或函数名。JavaScript 中的保留字如表 19-2 所示。

表 19-2 JavaScript 中的保留字

abstract	boolean	byte	char
class	const	debugger	double
enum	export	extends	final
float	goto	implements	import
int	interface	long	native
package	private	protected	public
short	static	super	synchronized
throws	transient	volatile	

提示

如果将保留字用作变量名或函数名，那么除非将来的浏览器实现了该保留字，否则很可能收不到任何错误消息。当浏览器将其实现后，该单词将被看作关键字，如此将出现关键字错误。

19.4.4 常量

简单地说，常量是字面变量，是固化在程序代码中的信息，常量的值从定义开始就是固定的。常量主要用于为程序提供固定和精确的值，包括数值和字符串，如数字、逻辑值真(true)、逻辑值假(false)等都是常量。

常量通常使用 const 来声明常量。语法格式如下：

```
const
常量名：数据类型=值；
```

19.4.5 实例 7——变量

变量，顾名思义，即在程序运行过程中，其值可以改变。变量是存储信息的单元，它对应于某个内存空间，变量用于存储特定数据类型的数据，用变量名代表其存储空间。程序能在变量中存储值和取出值，可以把变量比作超市的货架(内存)，货架上摆放着商品(变量)，可以把商品从货架上取出来(读取)，也可以把商品放入货架(赋值)。

1. 变量的命名

实际上，变量的名称是一个标识符。在 JavaScript 中，用标识符来命名变量和函数，变量的名称可以是任意长度。创建变量名称时，应该遵循以下命令规则。

- 第一个字符必须是一个 ASCII 字符(大小写均可)或一个下划线(_)，但是不能是文字。
- 后续的字符必须是字母、数字或下划线。
- 变量名称不能是 JavaScript 的保留字。
- JavaScript 的变量名是严格区分大小写的。例如，变量名称 myCounter 与变量名称 MyCounter 是不同的。

下面给出一些合法的变量命名示例：

```
_pagecount
Part9
Numer
```

下面给出一些错误的变量命名示例：

```
12balloon          //不能以数字开头
Summary&Went       //"与"符号不能用在变量名称中
```

2. 变量的声明与赋值

JavaScript 是一种弱类型的程序设计语言，变量可以不声明直接使用。所谓声明变量即为变量指定一个名称。声明变量后，就可以把它们用作存储单元。

JavaScript 中使用关键字"var"声明变量，在这个关键字之后的字符串将代表一个变量名。其格式为：

```
var 标识符;
```

例如，声明变量 username，用来表示用户名，代码如下：

```
var username;
```

另外，一个关键字 var 也可以同时声明多个变量名，多个变量名之间必须用逗号","分隔，例如，同时声明变量 username、pwd、age，分别表示用户名、密码、年龄，代码如下：

```
var username,pwd,age;
```

要给变量赋值，可以使用 JavaScript 中的赋值运算符，即等于号(=)。

声明变量名时同时赋值，例如，声明变量 username，并赋值为"张三"，代码如下：

```
var username="张三";
```

声明变量之后，对变量赋值，或者对未声明的变量直接赋值。例如，声明变量 age，然后再为它赋值，直接对变量 count 赋值。代码如下：

```
var age;        //声明变量
age=18;         //对已声明的变量赋值
count=4;        //对未声明的变量直接赋值
```

提示

JavaScript 中的变量如果未初始化(赋值)，默认值为 undefined。

3. 变量的作用范围

所谓变量的作用范围是指可以访问该变量的代码区域。JavaScript 中按变量的作用范围分为全局变量和局部变量。

- 全局变量：可以在整个 HTML 文档范围中使用的变量，这种变量通常都是在函数体外定义的变量。
- 局部变量：只能在局部范围内使用的变量，这种变量通常都是在函数体内定义的变量，所以只能在函数体中有效。

提示　　省略关键字 var 声明的变量，无论是在函数体内，还是在函数体外，都是全局变量。

【例 19.8】(实例文件：ch19\19.8.html)创建了名为 carname 的变量，并向其赋值"Volvo"，然后把它放入 id="demo"的 HTML 段落中。代码如下：

```html
<HTML>
<BODY>
 <p>点击这里来创建变量，并显示结果。</p>
 <button onclick="myFunction()">点击这里</button>
 <p id="demo"></p>
<script type="text/javascript">
function myFunction()
{
 var carname="Volvo";
 document.getElementById("demo").innerHTML=carname;
}
</script>
</BODY>
</HTML>
```

在 IE 9.0 中浏览效果如图 19-9 所示。单击其中的【点击这里】按钮，可以看到两个元素发生了变化，如图 19-10 所示。

图 19-9　程序运行结果(1)

图 19-10　程序运行结果(2)

提示　　一个好的编程习惯是，在代码开始处，统一对需要的变量进行声明。

19.5　看透代码中的数据类型

每一种计算机语言除了有自己的数据结构外，还具有自己所支持的数据类型。在 JavaScript 脚本语言中，采用的是弱数据方式，即一个数据不必首先作声明，可以在使用或赋值时再确定其数据的类型，当然也可以先声明该数据类型。

19.5.1 实例 8——typeof 运算符

typeof 运算符有一个参数，即要检查的变量或值。例如：

```
var sTemp = "test string";
alert (typeof sTemp);      //输出 "string"
alert (typeof 86);         //输出 "number"
```

对变量或值调用 typeof 运算符将返回下列值之一。

- undefined：如果变量是 Undefined 类型的。
- boolean：如果变量是 Boolean 类型的。
- number：如果变量是 Number 类型的。
- string：如果变量是 String 类型的。
- object：如果变量是一种引用类型或 Null 类型的。

【例 19.9】(实例文件：ch19\19.9.html)typeof 运算符的使用，代码如下：

```
<HTML>
<BODY>
<script type="text/javascript">
  typeof(1);
  typeof(NaN);
  typeof(Number.MIN_VALUE);
  typeof(Infinity);
  typeof("123");
  typeof(true);
  typeof(window);
  typeof(document);
  typeof(null);
  typeof(eval);
  typeof(Date);
  typeof(sss);
  typeof(undefined);
  document.write ("typeof(1): "+typeof(1)+"<br>");
  document.write ("typeof(NaN): "+typeof(NaN)+"<br>");
  document.write ("typeof(Number.MIN_VALUE): "+
typeof(Number.MIN_VALUE)+"<br>")
  document.write ("typeof(Infinity): "+typeof(Infinity)+"<br>")
  document.write ("typeof(\"123\"): "+typeof("123")+"<br>")
  document.write ("typeof(true): "+typeof(true)+"<br>")
  document.write ("typeof(window): "+typeof(window)+"<br>")
  document.write ("typeof(document): "+typeof(document)+"<br>")
  document.write ("typeof(null): "+typeof(null)+"<br>")
  document.write ("typeof(eval): "+typeof(eval)+"<br>")
  document.write ("typeof(Date): "+typeof(Date)+"<br>")
  document.write ("typeof(sss): "+typeof(sss)+"<br>")
  document.write ("typeof(undefined): "+typeof(undefined)+"<br>")
</script>
</BODY>
</HTML>
```

在 IE 9.0 中浏览效果如图 19-11 所示。

图 19-11 程序运行结果

19.5.2 实例 9——Undefined 类型

Undefined 是未定义类型的变量，表示变量还没有赋值，如 var a;，或者赋予一个不存在的属性值，例如 var a=String.notProperty。

此外，JavaScript 中有一种特殊类型的数字常量 NaN，表示"非数字"，当在程序中由于某种原因发生计算错误后，将产生一个没有意义的数字，此时 JavaScript 返回的数字值就是NaN。

【例 19.10】(实例文件：ch19\19.10.html)使用 Undefined，代码如下：

```
<HTML>
<BODY>
<script type="text/javascript">
  var person;
  document.write(person + "<br />");
</script>
</BODY>
</HTML>
```

在 IE 9.0 中浏览效果如图 19-12 所示。

图 19-12 程序运行结果

19.5.3 实例 10——Null 类型

JavaScript 中的关键字 null 是一个特殊的值，表示空值，用于定义空的或不存在的引用。

不过，null 不等同于空的字符串或 0。由此可见，null 与 undefined 的区别是：null 表示一个变量被赋予了一个空值，而 undefined 则表示该变量还未被赋值。

【例 19.11】(实例文件：ch19\19.11.html)使用 null，代码如下：

```
<HTML>
<BODY>
<script type="text/javascript">
 var person;
 document.write(person + "<br />");
 var car=null
 document.write(car + "<br />");
</script>
</BODY>
</HTML>
```

在 IE 9.0 中浏览效果如图 19-13 所示。

图 19-13　程序运行结果

19.5.4　实例 11——Boolean 类型

Boolean(布尔)类型表示一个逻辑数值，用于表示两种可能的情况。逻辑真，用 true 表示；逻辑假，用 false 来表示。通常，我们使用 1 表示真，0 表示假。

【例 19.12】(实例文件：ch19\19.12.html)使用 Boolean 类型，代码如下：

```
<HTML>
<BODY>
<script type="text/javascript">
 var b1 = Boolean("");          //返回 false,空字符串
 var b2 = Boolean("s");          //返回 true, 非空字符串
 var b3 = Boolean(0);            //返回 false, 数字 0
 var b4 = Boolean(1);            //返回 true, 非 0 数字
 var b5 = Boolean(-1);           //返回 true, 非 0 数字
 var b6 = Boolean(null);         //返回 false
 var b7 = Boolean(undefined);    //返回 false
 var b8 = Boolean(new Object()); //返回 true, 对象
 document.write(b1 + "<br>")
 document.write(b2 + "<br>")
 document.write(b3 + "<br>")
 document.write(b4 + "<br>")
 document.write(b5 + "<br>")
```

```
  document.write(b6 + "<br>")
  document.write(b7 + "<br>")
  document.write(b8 + "<br>")
</script>
</BODY>
</HTML>
```

在 IE 9.0 中浏览效果如图 19-14 所示。

图 19-14　程序运行结果

19.5.5　实例 12——Number 类型

JavaScript 的数值类型可以分为 4 类，即整数、浮点数、内部常量和特殊值。整数可以为正数、0 或者负数；浮点数可以包含小数点，也可以包含一个 "e"(大小写均可，在科学计数法中表示 "10 的幂")或者同时包含这两项。整数可以以 10(十进制)、8(八进制)和 16(十六进制)作为基数来表示。

【例 19.13】(实例文件：ch19\19.13.html)输出数值，代码如下：

```
<HTML>
<BODY>
<script type="text/javascript">
  var x1=36.00;
  var x2=36;
  var y=123e5;
  var z=123e-5;
  document.write(x1 + "<br />")
  document.write(x2 + "<br />")
  document.write(y + "<br />")
  document.write(z + "<br />")
</script>
</BODY>
</HTML>
```

在 IE 9.0 中浏览效果如图 19-15 所示。

图 19-15　程序运行结果

19.5.6　实例 13——String 类型

字符串是由一对单引号(' ')或双引号(" ")和引号中的部分构成的。一个字符串也是
JavaScript 中的一个对象，有专门的属性。引号中间的部分可以是任意多的字符，如果没有则
是一个空字符串。如果要在字符串中使用双引号，则应该将其包含在使用单引号的字符串
内，使用单引号时则反之。

【例 19.14】(实例文件：ch19\19.14.html)输出字符串，代码如下：

```
<HTML>
<BODY>
<script type="text/javascript">
 var string1="Bill Gates";
 var string2='Bill Gates';
 var string3="Nice to meet you!";
 var string4="He is called 'Bill'";
 var string5='He is called "Bill"';
 document.write(string1 + "<br>")
 document.write(string2 + "<br>")
 document.write(string3 + "<br>")
 document.write(string4 + "<br>")
 document.write(string5 + "<br>")
</script>
</BODY>
</HTML>
```

在 IE 9.0 中浏览效果如图 19-16 所示。

图 19-16　程序运行结果

19.6 条件判断语句

条件判断语句就是对语句中不同条件的值进行判断，进而根据不同的条件执行不同的语句。条件判断语句主要包括两大类，分别是 if 判断语句和 switch 多分支语句。

19.6.1 实例 14——if 语句

if 语句是使用最为普遍的条件选择语句，每一种编程语言都有一种或多种形式的 if 语句，在编程中它是经常被用到的。

if 语句的格式如下所示：

```
if(条件语句)
{
    执行语句;
}
```

其中的"条件语句"可以是任何一种逻辑表达式，如果"条件语句"的返回结果为 true，则程序先执行后面大括号{}中的"执行语句"，然后接着执行它后面的其他语句。如果"条件语句"的返回结果为 false，则程序跳过"条件语句"后面的"执行语句"，直接去执行程序后面的其他语句。大括号的作用就是将多条语句组合成一个复合语句，作为一个整体来处理，如果大括号中只有一条语句，则这对大括号{}可以省略。

【例 19.15】(实例文件：ch19\19.15.html)if 语句的使用，代码如下：

```
<HTML>
<BODY>
<p>如果时间早于 20:00，会获得问候"Good day"。</p>
<button onclick="myFunction()">点击这里</button>
<p id="demo"></p>
<script type="text/javascript">
  function myFunction()
  {
    var x="";
    var time=new Date().getHours();
    if (time<20)
     {
       x="Good day";
     }
  document.getElementById("demo").innerHTML=x;
  }
</script>
</BODY>
</HTML>
```

在 IE 9.0 中浏览效果如图 19-17 所示。单击页面中的【点击这里】按钮，可以看到按钮下方显示出"Good day"问候语，如图 19-18 所示。

图 19-17　程序运行结果(1)

图 19-18　程序运行结果(2)

　　　请使用小写的 if，如果使用大写字母（IF）会生成 JavaScript 错误，另外，在这个语法中，没有 else，因此，用户已经告诉浏览器只有在指定条件为 true 时才执行代码。

19.6.2　实例 15——if…else 语句

if…else 语句通常用于一个条件需要两个程序分支来执行的情况。if…else 语句语法格式如下所示：

```
if (条件)
  {
  当条件为 true 时执行的代码
  }
else
  {
  当条件不为 true 时执行的代码
  }
```

这种格式在 if 从句的后面添加一个 else 从句，这样当条件语句返回结果为 false 时，执行 else 后面部分从句。

【例 19.16】(实例文件：ch19\19.16.html)使用 if…else 语句判断变量的值，代码如下：

```
<HTML>
<HEAD>
  <script type="text/javascript">
        var a="john";
        if(a!="john")
            {
                document.write("<h1 style='text-align:center;color:red;'>欢
迎 JOHN 光临</h1>");
            }
        else{
                document.write("<p style='font-size:15px;font-
weight:bolder;color:blue'>请重新输入名称</p>");
            }
  </script>
</HEAD>
<BODY>
```

```
</BODY>
</HTML>
```

上面代码中使用 if…else 语句，对变量 a 的值进行判断，如果 a 值不等于"john"则输出红色标题，否则输出蓝色信息。

在 IE 9.0 中浏览效果如图 19-19 所示，可以看到网页输出了蓝色信息"请重新输入名称"。

图 19-19 if…else 语句判断

19.6.3 实例 16——switch 语句

switch 选择语句用于将一个表达式的结果同多个值进行比较，并根据比较结果选择执行语句。switch 语法格式如下所示：

```
switch (表达式)
{
    case 取值1 :
        语句块 1;break;
    case 取值2 :
        语句块 2;break;
…
    case 取值 n;
  语句块 n;break;
    default :
        语句块 n+1;
}
```

case 语句只是相当于定义一个标记位置，程序根据 switch 条件表达式的结果，直接跳转到第一个匹配的标记位置处，开始顺序执行后面的所有程序代码，包括后面的其他 case 语句下的代码，直到碰到 break 语句或函数返回语句为止。default 语句是可选的，它匹配上面所有的 case 语句定义的值以外的其他值，也就是前面所有取值都不满足时，就执行 default 后面的语句块。

【例 19.17】(实例文件：ch19\19.17.html)应用 switch 语句判断当前是星期几，代码如下：

```
<HTML>
<HEAD>
<TITLE>应用 switch 判断当前是星期几</TITLE>
<script language="javascript">
var now=new Date();          //获取系统日期
var day=now.getDay();        //获取星期
var week;
```

```
switch (day){
    case 1:
        week="星期一";
        break;
    case 2:
        week="星期二";
        break;
    case 3:
        week="星期三";
        break;
    case 4:
        week="星期四";
        break;
    case 5:
        week="星期五";
        break;
    case 6:
        week="星期六";
        break;
    default:
        week="星期日";
        break;
}
document.write("今天是"+week);      //输出中文的星期
</script>
</HEAD>
<BODY>
</BODY>
</HTML>
```

在 IE 9.0 中浏览效果如图 19-20 所示。可以看到在页面中显示了当前是星期几。

图 19-20　程序运行结果

在程序开发的过程，要根据实际情况选择是使用 if 语句还是 switch 语句，不要因为 switch 语句的效率高而一味地使用，也不要因为 if 语句常用而不使用 switch 语句。一般情况下，对于判断条件较少的可以使用 if 语句，但是在实现一些多条件判断中，就应该使用 switch 语句。

19.7 循环控制语句

顾名思义，循环语句主要就是在满足条件的情况下反复执行某一个操作，循环控制语句主要包括 while 语句、do…while 语句和 for 语句。

19.7.1 实例 17——while 语句

while 语句是循环语句，也是条件判断语句。while 语句语法格式如下所示：

```
while(条件表达式语句)
{
   执行语句块
}
```

当"条件表达式语句"的返回值为 true 时，则执行大括号{}中的语句块，当执行完大括号{}中的语句块后，再次检测条件表达式的返回值，如果返回值还为 true，则重复执行大括号{}中的语句块，直到返回值为 false 时，结束整个循环过程，接着往下执行 while 代码段后面的程序代码。

【例 19.18】(实例文件：ch19\19.18.html)计算 1～100 的所有整数之和，代码如下：

```
<HTML>
    <HEAD>
     <TITLE>while 语句的使用</TITLE>
    </HEAD>
    <BODY>
     <script type="text/javascript">
     var i=0;
     var iSum=0;
     while(i<=100)
      {
         iSum+=i;
         i++;
      }
     document.write("1-100 的所有数之和为"+iSum);
     </script>
    </BODY>
</HTML>
```

在 IE 9.0 中浏览效果如图 19-21 所示。

图 19-21 程序运行结果

使用 while 语句时的注意事项。

- 应该使用大括号{}包含多条语句(一条语句也最好使用大括号)。
- 在循环体中应该包含使循环退出的语句,比如上例的 i++(否则循环将无休止地运行)。
- 注意循环体中语句的顺序,比如上例,如果改变 iSum+=i;与 i++;语句的顺序,结果将完全不一样。

> 不要忘记增加条件中所用变量的值,如果不增加变量的值,该循环永远不会结束,可能会导致浏览器崩溃。

19.7.2　实例 18——do…while 语句

do…while 语句的功能和 while 语句差不多,只不过它是在执行完第一次循环之后才检测条件表达式的值,这意味着包含在大括号中的代码块至少要被执行一次,另外,do…while 语句结尾处的 while 条件语句的括号后有一个分号";",该分号一定不能省略。

格式如下所示:

```
do
{
  执行语句块
}while(条件表达式语句);
```

【例 19.19】(实例文件:ch19\19.19.html)计算 1～100 的所有整数之和,代码如下:

```
<HTML>
<HEAD>
<TITLE>JavaScript do…while 语句示例</TITLE>
</HEAD>
<BODY>
  <script type="text/javascript">
  var i=0;
  var iSum=0;
  do
    {
    iSum+=i;
    i++;
    }while(i<=100)
    document.write("1-100 的所有数之和为"+iSum);
  </script>
</BODY>
</HTML>
```

在 IE 9.0 中浏览效果如图 19-22 所示。

图 19-22　程序运行结果

由实例可知，while 与 do…while 的区别如下。

(1)　do…while 将先执行一遍大括号中的语句，再判断表达式的真假。这是它与 while 的本质区别。

(2)　do…while 与 while 是可以互相转化的。

上面的例子中如果 i 的初始值大于 100，iSum 的值将不同于示例，这就是由于 do…while 语句先执行了循环体的语句的缘故。

19.7.3　实例 19——for 循环

for 语句通常由两部分组成：一部分是条件控制部分；一部分是循环部分。for 语句语法格式如下所示：

```
for(初始化表达式;循环条件表达式;循环后的操作表达式)
{
  执行语句块
}
```

在使用 for 循环前要先设定一个计数器变量，可以在 for 循环之前预先定义，也可以在使用时直接进行定义。在上述语法格式中，"初始化表达式"表示计数器变量的初始值；"循环条件表达式"是一个计数器变量的表达式，决定了计数器的最大值；"循环后的操作表达式"表示循环的步长，也就是每循环一次，计数器变量值的变化，该变化可以是增大的，也可以是减小的，或进行其他运算。for 循环是可以嵌套的，也就是在一个循环里还可以有另一个循环。

【例 19.20】(实例文件：ch19\19.20.html)for 循环语句的使用，代码如下：

```html
<HTML>
<HEAD>
  <script type="text/javascript">
        for(var i=0;i<5;i++){
            document.write("<p style='font-size:"+i+"0px'>欢迎学习javascript</p>");
        }
  </script>
</HEAD>
<BODY>
</BODY>
</HTML>
```

上面代码，使用 for 循环输出了不同字体大小的语句。在 IE 9.0 中浏览效果如图 19-23 所示，可以看到网页输出不同大小的语句，这些语句从小到大的字号输出。

图 19-23　for 循环

19.8　在 PHP 中调用 JavaScript 代码

本节主要讲述在 PHP 中调用 JavaScript 的相关知识和技巧。

19.8.1　实例 20——验证表单元素的值是否为空

在网页设计中，经常会使用 JavaScript 脚本来检验提交的表单元素值是否为空。下面通过案例讲解如何实现这一功能。

`step 01` 在网站目录下制作 form1.php，代码如下：

```
<HTML>
<HEAD>
<meta http-equiv="Content-Type" content="text/html; charset=gb2312">
<TITLE>验证表单元素的值是否为空</TITLE>
</HEAD>
<BODY>
<form name="myform" method="post" action="">
 <table width="532" height="183" align="center" cellpadding="0"
cellspacing="0" bgcolor="#CCFF66" >
   <tr>
     <td height="71" colspan="2" align="center"> </td>
   </tr>
   <tr>
     <td width="249" height="30" align="center"> </td>
     <td width="281" align="left">
        用户名：<input name="user" type="text" id="user" size="20"> <br><br>
        密  码：<input name="pwd" type="password" id="pwd" size="20">
     </td>
   </tr>
   <tr>
     <td height="43" align="center"> </td>
     <td height="43" align="center">
        <input type="submit" name="submit" onClick="return check1();"
value="登录"> 
        <input type="reset" name="Submit2" value="重置">
     </td>
   </tr>
  </table>
</form>
</BODY>
</HTML>
```

其中【登录】按钮表单上添加了一个 onclick 鼠标单击事件，调用自定用函数 check1()。

`step 02` 添加 JavaScript 脚本，代码如下：

```
<script language="javascript">
   function check1(){
   if(myform.user.value=="")
   {alert("用户名称不能为空！！");myform.user.focus();return false;}
   if(myform.pwd.value=="")
```

```
            {alert("用户密码不能为空！！");myform.pwd.focus();return false;}
        }
</script>
```

step 03 运行 form1.php，输入用户名后保持密码为空，单击【登录】按钮，弹出提示信息对话框，结果如图 19-24 所示。

图 19-24　程序运行结果

19.8.2　实例 21——实现即时验证效果

在使用 JavaScript 验证数据时，有的 HTML 元素要求立即显示验证效果，即在激活下一个 HTML 元素时，就会显示验证效果。例如对电子邮件、数据的验证。完成表单元素的即时验证，需要利用 JavaScript 事件完成。此实例主要判断数据是否带有两个小数点，如果没有则不允许输入。

具体实现步骤如下所示。

step 01 分析需求。

实现数据的即时验证，需要利用 onblur 事件，即当前文本框失去焦点时，就会触发验证处理程序对当前数据验证。首先获取输入数据，然后利用 if 条件语句判断当前数据格式，最后判断数据是否符合格式。

step 02 创建 form2.php，代码如下：

```
<HTML>
<HEAD>
<TITLE>数字即时验证</TITLE>
</HEAD>
<BODY>
    <h3>数字即时验证</h3>
    <form name="myForm">
    金额：
    <input type="text" id="aaa" name="aaa" value="0.00"
onblur="checkDecimal(this);"><br></br>
    合计：
    <input type="text" id="bbb" name="bbb" ><br></br>
    </form>
</BODY>
</HTML>
```

在 HTML 代码中，创建了一个表单，表单中包含两个文本输入框，其中第一个文本输入框定义了 onblur 事件，即失去焦点事件。

在 IE 9.0 中浏览效果如图 19-25 所示，可以看到页面显示了一个表单，包含两个文本域。此时在第一个文本框中输入信息，无任何提示。

图 19-25　验证前显示

step 03　添加 JavaScript，实现基本数据验证，代码如下：

```
<script type="text/javascript">
function checkDecimal(element){
var tmp = element.value.split(".")
if(!isNaN(element.value)){
    if(tmp.length!=2||tmp[1].length!=2){
    document.myForm.aaa.focus();
    //document.getElementByName("name").focus();
    alert("输入金额请保留 2 位小数！");
    document.getElementById('aaa').value='0.00';
    return false;
    }
}
else{
    alert("输入金额必须是数字类型！");
    document.getElementById('aaa').focus();
    document.getElementById('aaa').value='0.00';
    return false;
    }
}
</script>
```

在上面代码中，函数 checkDecimal 第一个语句 "element.value.split(".")" 表示获取当前的第一个 HTML 元素输入值，并将这个值进行拆分，其分隔符为 "."。下面使用 if 语句判断第一个 HTML 元素输入值是否为数字，如果不为数字，则提示重新输入，焦点保留在第一个文本框中。如果为数字，则判断 temp 数组的值，即 temp[1]的值长度是否为 2，如果长度为 2 则格式正确，否则提示重新输入。

在 IE 9.0 中浏览效果如图 19-26 所示，可以看到在第一个文本框输入值 123 后，如果鼠标放到第二个文本框，会弹出一个对话框，提示当前输入值不符合格式。

图 19-26　数据即时验证

19.9　实例 22——制作树形菜单

作为一个首页，其特点之一是需要导航的页面很多，有时为了实现特定的效果不得不将所有需要导航的部分都放到一个导航菜单中。树形导航菜单是网页设计中最常用的菜单之一。本实例将创建一个树形菜单，具体步骤如下所示。

step 01　分析需求。

实现一个树形菜单，需要三个方面配合，一个是<ul>无序列表，用于显示的菜单；一个是 CSS 样式，修饰树形菜单样式；一个是 JavaScript 程序，实现单击时展开菜单选项。实例完成后，效果如图 19-27 所示。

图 19-27　树形菜单

step 02　创建 from.php 实现菜单列表，代码如下：

```html
<HTML>
<HEAD>
<TITLE>树形菜单</TITLE>
</HEAD>
<BODY>
<ul id="menu_zzjs_net">
 <li>
  <label><a href="javascript:;">计算机图书</a></label>
  <ul class="two">
   <li>
    <label><a href="javascript:;">程序类图书</a></label>
    <ul class="two">
     <li>
      <label><input type="checkbox" value="123456"><a href=
        "javascript:;">Java 类图书</a></label>
      <ul class="two">
```

```
<li><label><input type="checkbox" value="123456"><a href=
   "javascript:;">Java 语言类图像</a></label></li>
<li>
 <label><input type="checkbox" value="123456"><a href=
    "javascript:;">Java 框架类图像</a></label>
 <ul class="two">
  <li>
   <label><input type="checkbox" value="123456"><a href=
     "javascript:;">Struts2 图书</a></label>
   <ul class="two">
    <li><label><input type="checkbox" value="123456"><a href=
       "javascript:;">Struts1</a></label></li>
    <li><label><input type="checkbox" value="123456"><a href=
       "javascript:;">Struts2</a></label></li>
   </ul>
  </li>
  <li><label><input type="checkbox" value="123456"><a
href="javascript:;">Hibernate 入门</a></label></li>
   </ul>
  </li>
 </ul>
</li>
<li>
 <label><a href="javascript:;">设计类图像</a></label>
 <ul class="two">
  <li><label><input type="checkbox" value="123456"><a href=
     "javascript:;">PS 实例大全</a></label></li>
  <li><label><input type="checkbox" value="123456"><a href=
     "javascript:;">Flash 基础入门</a></label></li>
 </ul>
</li>
 </ul>
</li>
</ul>
</BODY>
</HTML>
```

在 IE 9.0 中浏览效果如图 19-28 所示，可以看到无序列表在页面上显示，并且显示全部元素，字体颜色为蓝色。

图 19-28　无序列表

step 03 添加 JavaScript 代码，实现单击展开，代码如下：

```
<script type="text/javascript" >
 function addEvent(el,name,fn){//绑定事件
  if(el.addEventListener) return el.addEventListener(name,fn,false);
  return el.attachEvent('on'+name,fn);
 }
 function nextnode(node){//寻找下一个兄弟并剔除空的文本节点
  if(!node)return ;
  if(node.nodeType == 1)
   return node;
  if(node.nextSibling)
   return nextnode(node.nextSibling);
 }
 function prevnode(node){//寻找上一个兄弟并剔除空的文本节点
  if(!node)return ;
  if(node.nodeType == 1)
   return node;
  if(node.previousSibling)
   return prevnode(node.previousSibling);
 }
 function parcheck(self,checked){//递归寻找父亲元素，并找到 input 元素进行操作
  var par =
prevnode(self.parentNode.parentNode.parentNode.previousSibling),parspar;
  if(par&&par.getElementsByTagName('input')[0]){
   par.getElementsByTagName('input')[0].checked = checked;
   parcheck(par.getElementsByTagName('input')[0],sibcheck
(par.getElementsByTagName('input')[0]));
  }
 }
 function sibcheck(self){//判断兄弟节点是否已经全部选中
  var sbi = self.parentNode.parentNode.parentNode.childNodes,n=0;
  for(var i=0;i<sbi.length;i++){
   if(sbi[i].nodeType != 1)//由于孩子节点中包括空的文本节点，所以这里累计长度的时候也要算上去
    n++;
   else if(sbi[i].getElementsByTagName('input')[0].checked)
    n++;
  }
  return n==sbi.length?true:false;
 }
 addEvent(document.getElementById('menu_zzjs_net'),'click',function(e){//绑
定 input 点击事件，使用 menu_zzjs_net 根元素代理
  e = e||window.event;
  var target = e.target||e.srcElement;
  var tp = nextnode(target.parentNode.nextSibling);
  switch(target.nodeName){
   case 'A'://点击 A 标签展开和收缩树形目录，并改变其样式会选中 checkbox
    if(tp&&tp.nodeName == 'UL'){
     if(tp.style.display != 'block' ){
      tp.style.display = 'block';
      prevnode(target.parentNode.previousSibling).className = 'ren'
     }else{
      tp.style.display = 'none';
      prevnode(target.parentNode.previousSibling).className = 'add'
```

```
      }
     }
    break;
   case 'SPAN'://点击图标只展开或者收缩
    var ap = nextnode(nextnode(target.nextSibling).nextSibling);
    if(ap.style.display != 'block' ){
     ap.style.display = 'block';
     target.className = 'ren'
    }else{
     ap.style.display = 'none';
     target.className = 'add'
    }
    break;
   case 'INPUT'://点击 checkbox，父亲元素选中，则孩子节点中的 checkbox 也同时选中，孩
      子节点取消父元素随之取消
    if(target.checked){
     if(tp){
      var checkbox = tp.getElementsByTagName('input');
      for(var i=0;i<checkbox.length;i++)
       checkbox[i].checked = true;
     }
    }else{
     if(tp){
      var checkbox = tp.getElementsByTagName('input');
      for(var i=0;i<checkbox.length;i++)
       checkbox[i].checked = false;
     }
    }
    parcheck(target,sibcheck(target));
      //当孩子节点取消选中的时候调用该方法递归其父节点的 checkbox 逐一取消选中
    break;
  }
});
window.onload = function(){//页面加载时给有孩子节点的元素动态添加图标
 var labels = document.getElementById('menu_zzjs_net').getElementsByTagName('label');
 for(var i=0;i<labels.length;i++){
  var span = document.createElement('span');
  span.style.cssText ='display:inline-block;height:18px;vertical-
     align:middle;width:16px;cursor:pointer;';
  span.innerHTML = ' '
  span.className = 'add';
  if(nextnode(labels[i].nextSibling)&&nextnode(labels[i].nextSibling).
     nodeName == 'UL')
   labels[i].parentNode.insertBefore(span,labels[i]);
  else
   labels[i].className = 'rem';
 }
}
</script>
```

在 IE 9.0 中浏览效果如图 19-29 所示，可以看到无序列表在页面上显示，使用鼠标单击可以展开或关闭相应的选项，但其样式非常难看。

图 19-29 实现鼠标单击事件

step 04 添加 CSS 代码，修饰列表选项，代码如下：

```css
<style type="text/css">
body{margin:0;padding:0;font:12px/1.5 Tahoma,Helvetica,Arial,sans-serif;}
ul,li,{margin:0;padding:0;}
ul{list-style:none;}
#menu_zzjs_net{margin:10px;width:200px;overflow:hidden;}
#menu_zzjs_net li{line-height:25px;}
#menu_zzjs_net .rem{padding-left:16px;}
#menu_zzjs_net .add{background:url() -4px -31px no-repeat;}
#menu_zzjs_net .ren{background:url() -4px -7px no-repeat;}
#menu_zzjs_net li a{color:#666666;padding-
left:5px;outline:none;blr:expression(this.onFocus=this.blur());}
#menu_zzjs_net li input{vertical-align:middle;margin-left:5px;}
#menu_zzjs_net .two{padding-left:20px;display:none;}
</style>
```

在 IE 9.0 中浏览效果如图 19-30 所示，可以看到相比较原来的页面，样式变得非常漂亮。

图 19-30 最终效果

19.10 高 手 甜 点

甜点 1：变量名有哪些命名规则？

变量名以字母、下划线或美元符号($)开头。例如，txtName 与_txtName 都是合法的变量名，而 1txtName 和&txtName 都是非法的变量名。变量名只能由字母、数字、下划线和美元符号($)组成，其中不能包含标点与运算符不能用汉字做变量名。例如，txt%Name、名称文本、txt-Name 都是非法变量名。不能用 JavaScript 保留字做变量名。例如，var、enum、const 都是非法变量名。JavaScript 对大小写敏感。例如，变量 txtName 与 txtname 是两个不同的变量，两个变量不能混用。

甜点 2：为什么会出现死循环？

在使用 for 语句时，需要保证循环可以正常结束，也就是保证循环条件的结果存在为 true 的情况，否则循环体会无休止地执行下去，从而出现死循环的现象。例如下面的代码：

```
for(i=2;i>=2;i++)
{
    alert(i);
}
```

甜点 3：如何计算 200 以内所有奇数的和？

使用 for 语句可以解决计算奇数和的问题。代码如下：

```
<script type="text/javascript">
var sum=0;                //x、y 值都为 20
for(i=1;i<200;i++)
{
    sum=sum+I;
}
alert("200 以内所有奇数的和为："+sum);
```

19.11　跟我练练手

上机 1：使用 JavaScript 语言做一个弹出欢迎语的网页。

上机 2：使用 for 语句计算 1～100 的所有整数之和。

上机 3：在一个注册表信息中添加密码不能为空的验证功能。

上机 4：做一个实现即时验证效果的例子。

上机 5：制作一个树形菜单例子。

第 20 章

PHP 与 XML 技术
的综合应用

XML 作为一个经常用来跨平台的通用语言，越来越受到大家的重视。XML 是一种标准化的文本格式，可以在 Web 上表示结构化信息，利用它可以存储有复杂结构的数据信息。XML 是 HTML 的补充，但 XML 并不是 HTML 的替代品。在将来的网页开发中，XML 将被用来描述、存储数据，而 HTML 则是用来格式化和显示数据的。本章主要讲述 PHP 与 XML 技术的相关应用。

本章要点(已掌握的在方框中打钩)

☐ 熟悉 XML 的基本概念

☑ 掌握 XML 的语法

☐ 掌握 XML 转换为 HTML 输出的方法

☐ 熟悉在 PHP 中创建 XML 的方法

☑ 掌握使用 SimpleXML 扩展的方法

☐ 掌握动态创建 XML 文档的方法

20.1 实例 1——理解 XML 概念

随着互联网的发展，为了控制网页显示样式，就增加了一些描述如何显现数据的标签，例如<center>、<b>等标签。但随着 HTML 的不断发展，W3C 组织意识到 HTML 存在着以下无法避免的问题。

(1) 不能解决所有解释数据的问题，例如影音文件或化学公式、音乐符号等其他形态的内容。

(2) 效能问题，需要下载整份文件，才能开始对文件做搜寻的操作。

(3) 扩充性、弹性、易读性均不佳。

为了解决以上问题，专家们使用 SGML 精简制作，并依照 HTML 的发展经验，开发出一套使用上规则严谨但是简单的描述数据语言：XML。

XML(eXtensible Markup Language，可扩展标记语言)是 W3C 推荐参考通用标记语言，同样也是 SGML 的子类，可以定义自己的一组标签。它具有下面几个特点。

(1) XML 是一种元标记语言，所谓"元标记语言"就是开发者可以根据自己需要定义自己的标签，例如开发者可以定义标签<book><name>，任何满足 XML 命名规则的名称都可以作为标签，这就为不同的应用程序的应用打开了大门。

(2) 允许通过使用自定义格式，标识、交换和处理数据库可以理解的数据。

(3) 基于文本的格式，允许开发人员描述结构化数据并在各种应用之间发送和交换这些数据。

(4) 有助于在服务器之间传输结构化数据。

(5) XML 使用的是非专有的格式，不受版权、专利、商业秘密或是其他种类的知识产权的限制。XML 的功能是非常强大的，同时对于人类或是计算机程序来说，都容易阅读和编写。因而成为交换语言的首选。网络带给人类的最大好处是信息共享，在不同的计算机发送数据，而 XML 是用来告诉我们"数据是什么"，利用 XML 可以在网络上交换任何一种信息。

【例 20.1】(实例文件：ch20\20.1.xml)

```
<?xml version="1.0" encoding="GB2312" ?>
<电器>
    <家用电器>
        <品牌>小天鹅洗衣机</品牌>
        <购买时间>2009-10-01</购买时间>
        <价格  币种="人民币">899 元</价格>
    </家用电器>
        <家用电器>
        <品牌>海尔冰箱</品牌>
        <购买时间>2011-08-16</购买时间>
        <价格  币种="人民币">3990</价格>
    </家用电器>
</电器>
```

此处需要将文件保存为 XML 文件。该文件中，每个标签是用汉语编写的，是自定义标签。整个电器可以看作是一个对象，该对象包含了多个家用电器，家用电器是用来存储电器的相关信息的，也可以说家用电器对象是一种数据结构模型。在页面中没有对那个数据的样式进行修饰，而只告诉我们数据结构是什么，数据是什么。

在 IE 9.0 中浏览效果如图 20-1 所示，可以看到整个页面以树形结构显示，通过单击"-"可以关闭整个树形结构，单击"+"可以展开树形结构。

图 20-1　XML 文件显示

20.2　XML 语法基础

XML 是标记语言，可支持开发者为 Web 信息设计自己的标签。XML 要比 HTML 强大得多，它不再是固定的标签，而是允许定义数量不限的标签来描述文档中的资料，是允许嵌套的信息结构。

20.2.1　实例 2——XML 文档组成和声明

一个完整的 XML 文档由声明、元素、注释、字符引用和处理指令组成。在文档中，所有这些 XML 文档的组成部分都是通过元素标签来指明的。可以将 XML 文档分为三个部分，如图 20-2 所示。

```
文档
   声明
        <?xml version="1.0" encoding="GB2312"
        ?>

   主体
        <公司员工>
            <姓名>刘红霞</姓名>
            <性别>女</性别>
            <出生日期>1980.2.5</出生日期>
        </公司员工>

   尾声
        <!-注释->
```

图 20-2　XML 文档组成

XML 声明必须作为 XML 文档的第一行，前面不能有空白、注释或其他的处理指令。完整的声明格式如下：

```
<?xml version="1.0" encoding="编码" standalone="yes/no" ?>
```

其中 version 属性不能省略，且必须在属性列表中排在第一位，指明所采用的 XML 的版本号，值为 1.0。该属性用来保证对 XML 未来版本的支持。encoding 属性是可选属性。该属性指定了文档采用的编码方式，即规定了采用哪种字符集对 XML 文档进行字符编码，常用的编码方式为 UTF-8 和 GB 2312。如果没有使用 encoding 属性，那么该属性的默认值是 UTF-8，如果 encoding 属性值设置为 GB 2312，则文档必须使用 ANSI 编码保存，文档的标记以及标记内容只可以使用 ASCII 字符和中文。

使用 GB 2312 编码的 XML 声明如下：

```
<?xml version="1.0" encoding="GB2312" ?>
```

XML 文档主体必须有根元素。所有的 XML 必须包含可定义根元素的单一标签对。所有其他的元素都必须处于这个根元素内部。所有的元素均可拥有子元素。子元素必须被正确地嵌套于它们的父元素内部。根标记以及根标记内容共同构成 XML 文档主体。没有文档主体的 XML 文档将不会被浏览器或其他 XML 处理程序所识别。

注释可以提高文档的阅读性，尽管 XML 解析器通常会忽略文档中的注释，但位置适当且有意义的注释可以大大提高文档的可读性。所以 XML 文档中不用于描述数据的内容都可以包含在注释中，注释以"<!--"开始，以"-->"结束，在起始符和结束符之间为注释内容，注释内容可以输入符合注释规则的任何字符串。

【例 20.2】(实例文件：ch20\20.2.xml)

```
<?xml version="1.0" encoding="gb2312"?>
<!--这是一个优秀学生名单-->
<学生名单>
<学生>
  <姓名>张三</姓名>
  <学号>21</学号>
  <性别>男</性别>
</学生>
<学生>
  <姓名>李四</姓名>
  <学号>22</学号>
  <性别>女</性别>
</学生>
</学生名单>
```

上面代码中，第一句代码是一个 XML 声明。"<学生>"标签是"<学生名单>"标签的子元素，而"<姓名>"标签和"<学号>"标签是"<学生>"的子元素。"<!-- -->"是一个注释。

在 IE 9.0 中浏览效果如图 20-3 所示，可以看到页面显示了一个树形结构，并且数据层次感非常好。

图 20-3　XML 文档组成

20.2.2　实例 3——XML 元素介绍

元素是以树形分层结构排列的，它可以嵌套在其他元素中。

1. 元素类别

在 XML 文档中，元素可分为非空元素和空元素两种类型。一个 XML 非空元素是由开始标签、结束标签以及标签之间的数据构成的。开始标签和结束标签用来描述标签之间的数据。标签之间的数据被认为是元素的值。非空元素的语法结构如下所示：

```
<开始标签>文本内容</结束标签>
```

而空元素就是不包含任何内容的元素，即开始标签和结束标签之间没有任何内容的元素。其语法结构如下所示：

```
<开始标签></结束标签>
```

可以把元素内容为文本的非空元素转换为空元素。例如：

```
<hello>下午好</hello>
```

<hello>是一个非空元素，如果把非空元素的文本内容转换为空元素的属性，那么转换后的空元素可以写为：

```
<hello content="下午好"></hello>
```

2. 元素命名规范

XML 元素命名规则与 Java、C 等命名规则类似，它也是一种对大小写敏感的语言。XML 元素命名必须遵守下列规则：

元素名中可以包含字母、数字和其他字符。

如<place>、<地点>、<no123>等。元素名中虽然可以包含中文，但是在不支持中文的环境中不能够解释包含中文字符的 XML 文档。

元素名中不能以数字或标点符号开头。例如<123no>、<.name>、<?error>元素名称都是非法名称。

元素名中不能包含空格，如<no 123>。

3. 元素嵌套

元素的内容可以包含子元素。子元素本身也是元素，被嵌套在上层元素之内。如果子元素嵌套了其他元素，那么它同时也是父元素，例如下面所示部分代码：

```xml
<?xml version="1.0" encoding="gb2312" ?>
<students>
  <student>
    <name>张三</name>
    <age>20</age>
  </student>
  …
</students>
```

<student>是<students>的子元素，同时也是<name>和<age>的父元素，而<name>和<age>是<student>的子元素。

4. 元素实例

【例20.3】(实例文件：ch20\20.3.xml)

```xml
<?xml version="1.0" encoding="gb2312" ?>
<通讯录>
  <!--"记录"标签中包含姓名、地址、电话和电子邮件 -->
  <记录 date="2011/2/1">
    <姓名>张三</姓名>
    <地址>中州大道1号</地址>
    <电话>0371-12345678</电话>
    <电子邮件>rose@tom.com</电子邮件>
  </记录>
  <记录 date="2011/3/12">
    <姓名>李四</姓名>
    <地址>邯郸市工农大道2号</地址>
    <电话>123456</电话>
  </记录>
  <记录 date="2011/6/23">
    <姓名>闫阳</姓名>
    <地址>长春市幸福路6号</地址>
    <电话>0431-123456</电话>
    <电子邮件>yy@sina.com</电子邮件>
  </记录>
</通讯录>
```

文件代码中，第一行是XML声明，它声明该文档是XML文档，文档所遵守的版本号以及文档使用的字符编码集。在这个例子中，遵守的是XML 1.0版本规范，字符编码是GB 2312编码方式。<记录>是<通讯录>的子标签，但<记录>标签同时是<姓名>和<地址>等标签的父元素。

在IE 9.0中浏览效果如图20-4所示，可以看到页面显示了一个树形结构，每个标签中间包含相应的数据。

图 20-4　程序运行结果

20.2.3　处理指令实体引用

有些字符在 XML 中有特殊的意思，而这些字符需要转义。

比如在<name> </name>之间无法直接使用用于编写标签的符号"<"和">"。如果直接在标签内使用，如<name>天地一斗< 天地二斗</name>，在 XML 执行时便会出错。因为 XML 不知道标签的结尾从哪里开始。

要解决这个问题只有用另外的一种方式来表示此符号，使所有符号在 XML 中合法，这样就不会使 XML 发生字符确认的混淆。这种表示方法就是"实体引用"。一些实体引用如下："<"为"<"，">"为">"，"&"为"&"，"'"为"'"，"""为"&qout;"则

```
<name>天地一斗< 天地二斗</name>
```

可以表示为

```
<name>天地一斗 &lt; 天地二斗</name>
```

XML 对空格符不作多余处理，保留输入的情况。

20.2.4　实例 4——XML 命名空间

XML 内的元素名称都是由自定义产生的。所以只有遵循一定的规则才不会出现问题。XML 命名空间就给出了避免命名冲突的方法。

比如，如果一个 XML 文档中出现了 HTML 文档中才出现元素名称，如下：

```
<body>
   <form></form>
</body>
```

则浏览器在解析的时候将会出错，不知道到底是按照 XML 进行还是按照 HTML 进行。解决这个问题，可以通过使用名称前缀。如：

```
<s:body>
  <s:form></s:form>
</s:body>
```

其中，"s:"就是元素名前缀。但是配合名称前缀的使用，一定要在"根元素"上定义命名空间(name space)属性。如例：

```
<?xml version="1.0" encoding="gb2312"?>
<store xmlns:s="http://www.w3.org/TR/html4/">
<album catalog="song">
    <name>天地一斗</name>
    <author>Jay</author>
    <heading>周杰伦专辑</heading>
    <body>这是 jay 的最新专辑</body>
    <time>2011-02-20</time>
  </album>
</store>
```

其中，xmlns 属性的格式是：

```
xmlns:前缀名 ="URI"
```

其中"URI"是指向介绍前缀信息的页面，不是靠这个来解析前缀名。

例如：

```
<?xml version="1.0" encoding="gb2312"?>
<store xmlns="http://www.w3.org/TR/html4/">
<album catalog="song">
    <name>天地一斗</name>
    <author>Jay</author>
    <head>周杰伦专辑</head>
    <body>这是 jay 的最新专辑</body>
    <time>2011-02-20</time>
  </album>
</store>
```

上述代码中定义了一个默认命名空间，也就是在不加任何前缀的情况下，出现的 HTML 元素就按照 HTML 元素进行处理。

```
<head>周杰伦专辑</head>
    <body>这是 jay 的最新专辑</body>
```

20.2.5 实例 5——XML DTD

XML 一定要按照规定的语法形式书写。为了验证它的合法性，可以通过 DTD 文档进行验证。

DTD 是 Document Type Definition 的缩写，意思是文档类型定义。DTD 文档是对类型文档进行定义的。在 XML 中使用，就是用来对 XML 文档进行定义的。比如，DTD 文件

store.dtd 就定义了 store.xml 文件的架构。

```
<!DOCTYPE store
[
<!ELEMENT store (album)>
<!ELEMENT album (name,author,heading,body,time)>
<!ELEMENT author(#PCDATA)>
<!ELEMENT heading(#PCDATA)>
<!ELEMENT body (#PCDATA)>
<!ELEMENT time(#PCDATA)>
]>
```

如果要使 DTD 起作用，可以进行相关的添加：引入文件。

```
<?xml version="1.0" encoding="gb2312"?>
<!DOCTYPE store SYSTEM "store.dtd">
<store>
   <album catalog="song">
  …
   </album>
</store>
```

也可以直接把它写在 XML 的声明语句之后，例如以下代码：

```
<?xml version="1.0" encoding="gb2312"?>
<!DOCTYPE store
[
<!ELEMENT store (album)>
<!ELEMENT album (name,author,heading,body,time)>
<!ELEMENT name(#PCDATA)>
<!ELEMENT author(#PCDATA)>
<!ELEMENT heading(#PCDATA)>
<!ELEMENT body (#PCDATA)>
<!ELEMENT time(#PCDATA)>
]>
<store>
   <album catalog="song">
  …
   </album>
</store>
```

20.2.6　实例 6——使用 CDATA 标签

上例中<!ELEMENT name(#PCDATA) >中的"PCDATA"指的是 parsed character data，即使用 XML 解析器对字符数据进行解析。

"CDATA"指的是 character data，即是"不"使用解析器对字符数据进行解析。

在很多表示语言的头部，会出现以<script></script>开头里面包含<![CDATA[ ]]>标签的代码，如例：

```
<script type="text/javascript">
<![CDATA[
function upperCase() {
     var x=document.getElementById("name").value
```

```
        document.getElementById("name").value=x.toUpperCase()
}
]]>
</script>
```

其中，"<![CDATA[ ]]>"标签意味着，包含在此标签里面的代码不被当前文档解析器解析。如果是在 HTML 使用，则不被 HTML 解析器解析。如果在 XML 中使用，则不被 XML 解析器解析。

标签内部的代码不能包含标签符本身。

20.3 实例 7——将 XML 文档转换为 HTML 加以输出

根据 20.2 节对 XML 的介绍，可以得知以下几点。

(1) XML 是用来传输和储存数据的，是 W3C 的推荐产物。

(2) XML 是一种标识语言，是需要使用标签(tag)来表明语言元素的。如同 HTML 一类的标识语言。但是 HTML 是用来展示数据的。

(3) XML 的标签(tag)不像 HTML 那样的标准固定的。用户使用 XML 需要自己定义标签。

XML 本身并不做什么事情。它只是按照一定的方式把数据组织在一起。

例如以下代码：

```
<?xml version="1.0" encoding="gb2312"?>
<album>
    <name>天地一斗</name>
    <author>Jay</author>
    <heading>周杰伦专辑</heading>
    <body>这是 jay 的最新专辑</body>
    <time>2014-02-20</time>
</album>
```

这个 XML 文件包含了专辑的名称、作者、标头、主体内容和发布时间。而且它们所有的标签都是自定义的。由于这些 tag 都是自定义的，所以，浏览器都无法识别这些，不会进行渲染加以展示。那么如何使 XML 中所携带的数据展示出来呢？

用户可以使用传统的 CSS 和 JavaScript 来实现，但是最好的方法是使用 XSLT。

XSLT 是用来把 XML 文档转换为 HTML 文档的语言。它是 extensible stylesheet language transformations 的缩写，意思是扩展样式转换。XSLT 相当于 XML 的 HTML 模板。

20.4 实例 8——在 PHP 中创建 XML 文档

XML 是标识语言。PHP 是脚本语言。使用脚本语言是可以创建标识语言的。

step 01 在网站目录下建立文件 xml.php，输入代码如下：

```
<?php
 header("Content-type: text/xml");
```

```
    echo "<?xml version=\"1.0\" encoding=\"gb2312\"?>";
    echo "<store>";
    echo "<album catalog=\"song\">";
    echo "<name>天地一斗</name>";
    echo "<author>Jay</author>";
    echo "<heading>周杰伦专辑</heading>";
    echo "<body>这是 jay 的最新专辑</body>";
    echo "</album>";
    echo "</store>";
?>
```

step 02 运行 xml.php，结果如图 20-5 所示。

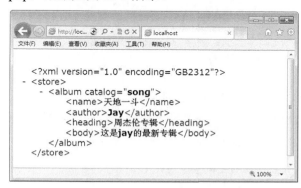

图 20-5　程序运行结果

【代码详解】

(1) 在 xml.php 中通过 header("Content-type: text/xml");定义输出文本类型。

(2) PHP 通过 echo 命令直接把 XML 元素通过字符串输出。

20.5　使用 SimpleXML 扩展

以上通过 PHP 创建 XML 文档是静态方法。如果想要从获得的数据中动态创建或者读取 XML 文件，应该使用什么方式呢？最简单的方法就是使用 PHP 中提供的 simpleXML 扩展。

20.5.1　实例 9——创建 SimpleXMLElement 对象

从 PHP 5 版本开始，PHP 中才有 SimpleXML 扩展。SimpleXML 是一个 XML 解析器，它能够轻松读取 XML 文档，也是一个 XML 控制器，能够轻松创建 XML 文档。

SimpleXML 的好处就是把 PHP 对 XML 的处理变得简单化。不需要使用传统的 SAX 扩展和 DOM 扩展来为每个 XML 文档编写解析器。

SimpleXML 扩展拥有一个类、三个函数和众多的类方法。下面就来介绍 SimpleXML 扩展的对象 SimpleXMLElement。

使用 SimpleXMLElement 对象创建一个 XML 文档，首先要创建一个对象。使用 SimpleXMLElement()函数创建此对象。

下面通过案例介绍此过程，具体步骤如下。

`step 01` 在网站目录下建立文件 simplexml.php，输入代码如下：

```php
<?php
 $xmldoc = "<?xml version=\"1.0\" encoding=\"gb2312\"?>
   <store>
   <album catalog=\"song\">
     <name>天地一斗</name>
     <author>Jay</author>
     <heading>周杰伦专辑</heading>
     <body>这是 jay 的最新专辑</body>
     <time>2011-02-20</time>
   </album>
   </store>";
 $simplexmlobj = new SimpleXMLElement($xmldoc);
 echo $simplexmlobj->asXML();
?>
```

`step 02` 运行 simplexml.php，结果如图 20-6 所示。

图 20-6　程序运行结果

【代码详解】

(1) $xmldoc 为一个字符串变量，里面是一个完整的 XML 文档。

(2) $simplexmlobj 为 SimpleXMLElement()函数通过 new 关键字把包含 XML 文档的字符串变量$xmldoc，生成的 SimpleXML 对象。

(3) 对象$simplexmlobj 通过类方法 asXML()输出 XML 文档。输出结果如图 20-6 所示，为一个字符串。由于没有参数设置，所以 XML 文档的数据输出为字符串。

继续上面的实例，修改 simplexml.php 文件中的"echo $simplexmlobj->asXML();"为："echo $simplexmlobj->asXML("storesim.xml");"。其中，给类方法 asXML()添加参数为一个 XML 文件名 storesim.xml。

继续运行 simplexml.php，则在该网页的同目录下得到文件 storesim.xml，打开文件后代码如下：

```xml
<?xml version="1.0" encoding="gb2312"?>
<store>
  <album catalog="song">
    <name>天地一斗</name>
    <author>Jay</author>
    <heading>周杰伦专辑</heading>
```

```
  <body>这是 jay 的最新专辑</body>
   <time>2011-02-20</time>
  </album>
  </store>
```

20.5.2 实例 10——访问特定节点元素和属性

使用 XML 数据很重要的就是访问需要访问的数据。SimpleXML 可以通过 simplexml_load_file()函数很方便地完成此任务。

此例介绍加载 XML 文件并访问数据的过程，具体步骤如下。

`step 01` 在网站目录下建立文件 storeutf8.xml，输入代码如下：

```
<?xml version="1.0" encoding="utf-8"?>
<store>
  <album catalog="song">
    <name>help</name>
    <author>beatles</author>
    <heading>famers</heading>
    <body>this is published in 1965.</body>
     <time>2011-02-20</time>
  </album>
</store>
```

`step 02` 在网站目录下建立文件 simplexmlele.php，输入代码如下：

```php
<?php
 $storeobj = simplexml_load_file("storeutf8.xml") ;
 echo $storeobj->album->name ."<br />";
 print_r($storeobj);
?>
```

`step 03` 运行 simplexmlele.php，结果如图 20-7 所示。

图 20-7　程序运行结果

【代码详解】

(1) storeutf8.xml 为一个 XML 文档。不过它的字符编码为 UTF-8。

(2) simplexml_load_file()函数加载 XML 文件，并且生成一个对象，赋值给$storeobj 变量。simplexml_load_file()函数是把加载文件的数据都自动转换为 UTF-8 的编码格式。若文字编码为其他格式，则要采用其他加载方式。

(3) 对象$storeobj 通过属性访问 XML 文档数据。$storeobj->album->name 就输出了 XML
文档中<name>help</name>元素和数据。

(4) 通过 print_r()输出$storeobj 对象的所有数据和属性。

20.5.3 实例 11——添加 XML 元素和属性

通过 simplexml 类方法 addAttribute 和 addChild 添加 XML 元素和属性。具体步骤如下。

`step 01` 在网站目录下建立文件 simplexmlele2.php，输入代码如下：

```php
<?php
 $storeobj = simplexml_load_file("storeutf8.xml") ;
 $storeobj->addAttribute("storetype","CDshop");
 $storeobj->album->addChild("type","CD");
 echo $storeobj->album->name."<br />";
 $storeobj->asXML("storeutf8-2.xml");
?>
```

`step 02` 运行 simplexmlele2.php，结果如图 20-8 所示。

图 20-8　程序运行结果

`step 03` 此时在 simplexmlele2.php 文件同目录下得到文件 storeutf8-2.xml。打开文件，代
码如下：

```xml
<?xml version="1.0" encoding="utf-8"?>
<store storetype="CDshop">
  <album catalog="song">
   <name>help</name>
   <author>beatles</author>
   <heading>famers</heading>
   <body>this is published in 1965.</body>
    <time>2011-02-20</time>
  <type>CD</type></album>
</store>
```

【代码详解】

(1) simplexml_load_file ( )加载 storeutf8.xml。通过类方法 addAttribute()，向根元素
$storeobj 添加属性 storetyp，其值为 CDshop。

(2) $storeobj->album->addChild("type","CD");语句向$storeobj->album 元素内添加子元素
type，其值为 CD。

(3) $storeobj->asXML("storeutf8-2.xml");语句生成文件 storeutf8-2.xml。

20.6　实例 12——动态创建 XML 文档

使用 SimpleXML 对象可以十分方便地读取和修改 XML 文档，但是无法动态建立 XML。如果想动态地创建 XML 文档，需要使用 DOM 来实现。DOM 是 Document Object Model 的简称，意思是文件对象模型，它是 W3C 组织推荐的处理可扩展标记语言的标准编程接口。

下面通过实例来讲解使用 DOM 动态创建 XML 文档的方法。

step 01 在网站目录下建立 dtxml.php 文件，代码如下：

```php
<?php
  $dom = new DomDocument('1.0','gb2312');           //创建 DOM 对象
  $store = $dom->createElement('store');            //创建根节点 store
  $dom->appendChild($store);                        //将创建的根节点添加到 DOM 对象中
  $album = $dom->createElement('album');            //创建节点 album
  $store ->appendChild($album);                     //将节点 album 追加到 DOM 对象中
  $musiccd = $dom->createElement('musiccd');        //创建节点 musiccd
  $album ->appendChild($musiccd);                   //将 musiccd 追加到 DOM 对象中
  $type = $dom->createAttribute('type');            //创建节点属性 type
  $computerbook->appendChild($type);                //将属性追加到 musiccd 元素后
  $type_value = $dom->createTextNode('music');      //创建一个属性值
  $type->appendChild($type_value);                  //将属性值赋给 type
  $name = $dom->createElement('name');              //创建节点 name
  $musiccd ->appendChild($name);                    //将节点追加到 DOM 对象中
  $name_value = $dom->createTextNode(iconv('gb2312','utf-8','周杰伦专辑'));
                                                    //创建元素值
  $name->appendChild($name_value);                  //将值赋给节点 name
  echo $dom->saveXML();                             //输出 XML 文件
?>
```

step 02 运行 dtxml.php，结果如图 20-9 所示。

图 20-9　程序运行结果

20.7　高　手　甜　点

甜点 1：XML 和 HTML 文件有什么相同和不同点？

XML 和 HTML 都是从 SGML 发展而来的标记语言，因此，它们有些共同点，如相似的语法和标签。不过 HTML 是在 SGML 定义下的一个描述性语言，只是一个 SGML 的应用。而 XML 是 SGML 的一个简化版本，是 SGML 的一个子集。

XML 是用来存放数据的，XML 不是 HTML 的替代品，XML 和 HTML 是两种不同用途的语言。XML 是被设计用来描述数据的。HTML 只是一个显示数据的标记语言。

甜点 2：在向 XML 添加数据时出现乱码现象怎么办？

iconv()函数是转换编码函数。在向页面或文件写入数据时，如果添加的数据的编码格式和文件原有的编码格式不符，会出现乱码的问题。解决的方法是：使用 iconv()函数将数据从输入时所使用的编码转换为另一种编码格式后在输出，即可解决上面的问题。

20.8　跟我练练手

上机 1：做一个包含员工名单的 XML 文档。

上机 2：做一个在 PHP 中创建 XML 文档的例子。

上机 3：做一个动态创建 XML 文档的例子。

第 21 章

PHP 与 Ajax 的综合应用

Ajax 是一项较新的网络技术。确切地说，Ajax 不是一项技术，而是一种用于创建更好更快以及交互性更强的 Web 应用程序的技术。它能使浏览器为用户提供更为自然的浏览体验，就像在使用桌面应用程序一样。本章主要讲述 PHP 中 Ajax 的使用方法和技巧。

本章要点(已掌握的在方框中打钩)

- ☐ 熟悉 Ajax 的基本概念
- ☐ 掌握 Ajax 的入门知识
- ☐ 掌握 Ajax 在 PHP 中的应用

21.1　Ajax 概述

Ajax 是一项很有生命力的技术，它的出现引发了 Web 应用的新革命。目前，网络上的许多站点，使用 Ajax 技术的还非常有限，但是，可以预见在不远的将来，Ajax 技术会成为整个网络的主流。

21.1.1　实例 1——什么是 Ajax

Ajax 的全称为 Asynchronous JavaScript And XML，是一种 Web 应用程序客户机技术，它结合了 JavaScript、层叠样式表(Cascading Style Sheets，CSS)、HTML、XMLHttpRequest 对象和文档对象模型(Document Object Model，DOM)多种技术。运行在浏览器上的 Ajax 应用程序，以一种异步的方式与 Web 服务器通信，并且只更新页面的一部分。通过利用 Ajax 技术，可以提供丰富的、基于浏览器的用户体验。

Ajax 让开发者在浏览器端更新被显示的 HTML 内容而不必刷新页面。换句话说，Ajax 可以使基于浏览器的应用程序更具交互性而且更类似传统型桌面应用程序。Google 的 Gmail 和微软的 Outlook Express 就是两个使用 Ajax 技术的例子。而且，Ajax 可以用于任何客户端脚本语言中，这包括 JavaScript、Jscript 和 VBScript。

下面给出一个简单的实例，来具体了解一下什么是 Ajax。

【例 21.1】(实例文件：ch21\21.1.html)

本实例从一个简单的角度入手，实现客户端与服务器异步通信，获取"你好，Ajax"的数据，并在不刷新页面的情况下将获得的"你好，Ajax"数据显示到页面上。

具体的步骤如下。

step 01　使用记事本创建 HelloAjax.jsp 文件。代码如下：

```jsp
<%@ page language="java" pageEncoding="gb2312"%>
<html>
  <head>
    <title>第一个 Ajax 实例</title>
    <style type="text/css">
      <!--
      body {
            background-image: url(images/img.jpg);
      }
      -->
    </style>
  </head>
<script type="text/javascript">
 …//省略了 script 代码
</script>
<body><br>
  <center>
    <button onclick="hello()">Ajax</button>
    <P id="p">
          单击按钮后你会有惊奇的发现哟！
```

```
   </P>
  </center>
 </body>
</html>
```

　　JavaScript 代码嵌入在标签<script>和</script>之内，这里定义了一个函数"hello()"，这个函数是通过一个按钮来驱动的。

`step 02` 在步骤 1 省略的代码部分创建 XML Http Request 对象，创建完成后把此对象赋值给 xmlHttp 变量。为了获得多种浏览器支持，应使用 create XML Http Request()函数试着为多种浏览器创建 XML Http Request 对象，代码如下：

```
var xmlHttp=false;
function createXMLHttpRequest()
{
    if (window.ActiveXObject)               //在 IE 浏览器中创建 XMLHttpRequest 对象
    {
       try{
        xmlHttp=new ActiveXObject("Msxml2.XMLHTTP");
       }
       catch(e){
           try{
            xmlHttp = new ActiveXObject("Microsoft.XMLHTTP");
           }
            catch(ee){
            xmlHttp=false;
           }
       }
    }
    else if (window.XMLHttpRequest)     //在非 IE 浏览器中创建 XMLHttpRequest 对象
    {
       try{
          xmlHttp = new XMLHttpRequest();
       }
       catch(e){
          xmlHttp=false;
       }
    }
}
```

`step 03` 在步骤 1 省略的代码部分再定义 hello()函数，hello()函数为要与之通信的服务器资源创建一个 URL，"xmlHttp.onreadystatechange=callback;"与"xmlHttp.open ("post","HelloAjaxDo.jsp",true);"，第一行定义了 JavaScript 回调函数，一旦响应它就自动执行，而第二个函数中所指定的"true"标志说明想要异步执行该请求，如果没有指定情况下默认为"true"。代码如下：

```
function hello()
{
    createXMLHttpRequest();    //调用创建 XMLHttpRequest 对象的方法
    xmlHttp.onreadystatechange=callback;    //设置回调函数
    xmlHttp.open("post","HelloAjaxDo.jsp",true);  //向服务器端 HelloAjaxDo.jsp
发送请求
    xmlHttp.setRequestHeader("Content-Type","application/x-www-form-
```

```
urlencoded;charset=gb2312");
    xmlHttp.send(null);
    function callback()
    {
        if(xmlHttp.readyState==4)
        {
            if(xmlHttp.status==200)
            {
             var data= xmlHttp.responseText;
             var pNode=document.getElementById("p");
             pNode.innerHTML=data;
            }
        }
    }
}
```

函数 callback()是回调函数，它首先检查 XMLHttpRequest 对象的整体状态以保证它已经完成(readyStatus==4)，然后根据服务器的设定询问请求状态。如果一切正常(status==200)，就使用"var data=xmlHttp.responseText;"这取得返回的数据，用 innerHTML 属性重写 DOM 的"pNode"节点的内容。

JavaScript 的变量类型使用的是弱类型，都使用 var 来声明。document 对象就是文档对应的 DOM 树。通过"document.getElementById("p");"可以通一个标签的 id 值来取得此标签的一个引用(树的节点)；"pNode.innerHTML=str;"为节点添加内容，这样是覆盖了节点的原有内容，如果不想覆盖可以使用"pNode.innerHTML+=str;"来追加内容。

step 04 通过步骤 3 可以知道要异步请求的是 HelloAjaxDo.jsp，下面需要创建此文件，代码如下：

```
<%@ page language="java" pageEncoding="gb2312"%>
<%
 out.println("你好，Ajax");
%>
```

step 05 将上述文件保存在 Ajax 站点下，启动 Tomcat 服务器打开浏览器，在地址栏中输入"http://localhost:8080/Ajax/HelloAjax.jsp"，单击【转到】按钮，结果如图 21-1 所示。

step 06 单击 Ajax 按钮，发现变化如图 21-2 所示，注意按钮下内容的变化，这个变化没有看到刷新页面的过程。

图 21-1 会变的页面   图 21-2 动态改变页面

21.1.2　Ajax 的关键元素

Ajax 不是单一的技术，而是 4 种技术的集合，要灵活地运用 Ajax 必须深入了解这些不同的技术，如表 21-1 所示中列出了这些技术，以及它们在 Ajax 中所扮演的角色。

表 21-1　Ajax 涉及的技术

技　术	与 Ajax 的结合应用
JavaScript	JavaScript 是通用的脚本语言，用来嵌入在某种应用之中。Web 浏览器中嵌入的 JavaScript 解释器允许通过程序与浏览器的很多内建功能进行交互。Ajax 应用程序是使用 JavaScript 编写的
CSS	CSS 为 Web 页面元素提供了一种可重用的可视化样式的定义方法。它提供了简单而又强大的方法，以一致的方式定义和使用可视化样式。在 Ajax 应用中，用户界面的样式可以通过 CSS 独立修改
DOM	DOM 以一组可以使用 JavaScript 操作的可编程对象展现出 Web 页面的结构。通过使用脚本修改 DOM，Ajax 应用程序可以在运行时改变用户界面，或者高效地重绘页面中的某个部分
XMLHttpRequest 对象	XMLHttpRequest 对象允许 Web 程序员从 Web 服务器以后台活动的方式获取数据。数据格式通常是 XML，但是也可以很好地支持任何基于文本的数据格式

Ajax 的 4 种技术中，CSS、Dom 和 JavaScript 都是很早就出现的技术，它们以前结合在一起称为动态 HTML，即 DHTML。

Ajax 的核心是 JavaScript 对象 XmlHttpRequest。该对象在 Internet Explorer 5 中首次引入，它是一种支持异步请求的技术。简而言之，XMLHttpRequest 使您可以使用 JavaScript 向服务器提出请求并处理响应，而不阻塞用户。

21.1.3　实例 2——CSS 与 Ajax

CSS 在 Ajax 中主要用于美化网页，是 Ajax 的美术师。无论 Ajax 的核心技术采用什么形式，任何时候显示在用户面前的都是一个页面，是页面就需要美化，那么就需要 CSS 对显示在用户浏览器上的界面进行美化。

如果用户在浏览器中查看页面的源代码，就可以看到众多的<div>块以及 CSS 属性占据了源代码的很多部分，如图 21-3 所示。从这一点可以了解到 CSS 在页面美化方面的重要性。

21.2　Ajax 快速入门

Ajax 作为一项新技术，结合了 4 种不同的技术，实现了客户端与服务器端的异步通信，并且对页面实现局部更新，大大提高了浏览器的速度。

21.2.1　实例 3——全面剖析 XMLHttpRequest 对象

XMLHttpRequest 对象是当今所有 Ajax 和 Web 2.0 应用程序的技术基础。尽管软件经销商和开源社团现在都在提供各种 Ajax 框架以进一步简化 XMLHttpRequest 对象的使用，但是，我们仍然很有必要理解这个对象的详细工作机制。

1. XMLHttpRequest 概述

Ajax 利用一个构建到所有现代浏览器内部的对象 XMLHttpRequest 来实现发送和接收 HTTP 请求与响应信息。一个经由 XMLHttpRequest 对象发送的 HTTP 请求并不要求页面中拥有或回寄一个＜form＞元素。

微软 Internet Explorer(IE) 5 中作为一个 ActiveX 对象形式引入了 XMLHttpRequest 对象。其他认识到这一对象重要性的浏览器制造商也都纷纷在他们的浏览器内实现了 XMLHttpRequest 对象，但是仅作为一个本地 JavaScript 对象而不是作为一个 ActiveX 对象实现。

如今，在认识到实现这一类型的价值及安全性特征之后，微软已经在其 IE 7.0 中把 XMLHttpRequest 实现为一个窗口对象属性。幸运的是，尽管其实现细节不同，但是，所有的浏览器实现都具有类似的功能，并且实质上是相同方法。目前，W3C 组织正在努力进行 XMLHttpRequest 对象的标准化。

2. XMLHttpRequest 对象的属性和事件

XMLHttpRequest 对象暴露各种属性、方法和事件以便于脚本处理和控制 HTTP 请求与响应。下面进行详细的讨论。

1) readyState 属性

当 XMLHttpRequest 对象把一个 HTTP 请求发送到服务器时将经历若干种状态，一直等待直到请求被处理；然后，它才接收一个响应。这样一来，脚本才正确响应各种状态，XMLHttpRequest 对象暴露描述对象的当前状态的是 readyState 属性，如表 21-2 所示。

表 21-2　XMLHttpRequest 对象的 ReadyState 属性值列表

ReadyState 取值	描　述
0	描述一种"未初始化"状态；此时，已经创建一个 XMLHttpRequest 对象，但是还没有初始化
1	open()方法并且 XMLHttpRequest 已经准备好把一个请求发送到服务器
2	描述一种"发送"状态；此时，已经通过 send()方法把一个请求发送到服务器端，但是还没有收到一个响应
3	描述一种"正在接收"状态；此时，已经接收到 HTTP 响应头部信息，但是消息体部分还没有完全接收结束
4	描述一种"已加载"状态；此时，响应已经被完全接收

2) onreadystatechange 事件

无论 readyState 值何时发生改变，XMLHttpRequest 对象都会激发一个 readystatechange 事件。其中，onreadystatechange 属性接收一个 EventListener 值，该值向该方法指示无论 readyState 值何时发生改变，该对象都将激活。

3) responseText 属性

这个 responseText 属性包含客户端接收到的 HTTP 响应的文本内容。当 readyState 值为 0、1 或 2 时，responseText 包含一个空字符串。当 readyState 值为 3(正在接收)时，响应中包含客户端还未完成的响应信息。当 readyState 为 4(已加载)时，该 responseText 包含完整的响应信息。

4) responseXML 属性

responseXML 属性用于当接收到完整的 HTTP 响应时描述 XML 响应；此时，Content-Type 头部指定 MIME(媒体)类型为 text/xml，application/xml 或以+xml 结尾。如果 Content-Type 头部并不包含这些媒体类型之一，那么 responseXML 的值为 null。无论何时，只要 readyState 值不为 4，那么该 responseXML 的值也为 null。

其实，这个 responseXML 属性值是一个文档接口类型的对象，用来描述被分析的文档。如果文档不能被分析(例如，如果文档不是良构的或不支持文档相应的字符编码)，那么 responseXML 的值将为 null。

5) status 属性

status 属性描述了 HTTP 状态代码，而且其类型为 short。而且，仅当 readyState 值为 3(正在接收中)或 4(已加载)时，这个 status 属性才可用。当 readyState 的值小于 3 时，试图存取 status 的值将引发一个异常。

405

6) statusText 属性

statusText 属性描述了 HTTP 状态代码文本；并且仅当 readyState 值为 3 或 4 才可用。当 readyState 为其他值时，试图存取 statusText 属性将引发一个异常。

3. 创建 XMLHttpRequest 对象的方法

XMLHttpRequest 对象提供了各种方法用于初始化和处理 HTTP 请求，下面进行详细介绍。

1) abort()方法

用户可以使用 abort()方法来暂停与一个 XMLHttpRequest 对象相联系的 HTTP 请求，从而把该对象复位到未初始化状态。

2) open()方法

用户需要调用 open()方法来初始化一个 XMLHttpRequest 对象。其中，method 参数是必须提供的，用于指定你想用来发送请求的 HTTP 方法。为了把数据发送到服务器，应该使用 POST 方法；为了从服务器端检索数据，应该使用 GET 方法。

3) send()方法

在通过调用 open()方法准备好一个请求之后，用户需要把该请求发送到服务器。仅当 readyState 值为 1 时，用户才可以调用 send()方法；否则的话，XMLHttpRequest 对象将引发一个异常。

4) setRequestHeader()方法

该 setRequestHeader()方法用来设置请求的头部信息。当 readyState 值为 1 时，用户可以在调用 open()方法后调用这个方法；否则，将得到一个异常。

5) getResponseHeader()方法

getResponseHeader()方法用于检索响应的头部值。仅当 readyState 值是 3 或 4(换句话说，在响应头部可用以后)时，才可以调用这个方法；否则，该方法返回一个空字符串。

6) getAllResponseHeaders()方法

该 getAllResponseHeaders()方法以一个字符串形式返回所有的响应头部(每一个头部占单独的一行)。如果 readyState 的值不是 3 或 4，则该方法返回 null。

21.2.2　实例 4——发出 Ajax 请求

在 Ajax 中，许多使用 XMLHttpRequest 的请求都是从一个 HTML 事件(例如一个调用 JavaScript 函数的按钮点击(onclick)或一个按键(onkeypress))中被初始化的。Ajax 支持包括表单校验在内的各种应用程序。有时，在填充表单的其他内容之前要求校验一个唯一的表单域。例如要求使用一个唯一的 UserID 来注册表单。如果不是使用 Ajax 技术来校验这个 UserID 域，那么整个表单都必须被填充和提交。如果该 UserID 不是有效的，这个表单必须被重新提交。例如，一个相应于一个要求必须在服务器端进行校验的 Catalog ID 的表单域可按下列形式指定：

```
<form name="validationForm" action="validateForm" method="post">
<table>
```

```
<tr><td>Catalog Id:</td>
    <td>
        <input type="text" size="20" id="catalogId" name="catalogId"
autocomplete="off" onkeyup="sendRequest()">
    </td>
    <td><div id="validationMessage"></div></td>
</tr>
</table></form>
```

解释：前面的 HTML 使用 validationMessage div 来显示相应于这个输入域 Catalog Id 的一个校验消息。onkeyup 事件调用一个 JavaScript sendRequest()函数。这个 sendRequest()函数创建一个 XMLHttpRequest 对象。创建一个 XMLHttpRequest 对象的过程因浏览器实现的不同而有所区别。

如果浏览器支持 XMLHttpRequest 对象作为一个窗口属性，那么，代码可以调用 XMLHttpRequest 的构造器。如果浏览器把 XMLHttpRequest 对象实现为一个 ActiveXObject 对象，那么，代码可以使用 ActiveXObject 的构造器。下面的函数将调用一个 init()函数。

```
<script type="text/javascript">
function sendRequest(){
    var xmlHttpReq=init();
    function init(){
      if (window.XMLHttpRequest) {
      return new XMLHttpRequest();
    }
    else if (window.ActiveXObject) {
    return new ActiveXObject("Microsoft.XMLHTTP");
    }
}
</script>
```

接下来，用户需要使用 Open()方法初始化 XMLHttpRequest 对象，从而指定 HTTP 方法和要使用的服务器 URL。

```
var catalogId=encodeURIComponent(document.getElementById("catalogId").value);
xmlHttpReq.open("GET", "validateForm?catalogId=" + catalogId, true);
```

默认情况下，使用 XMLHttpRequest 发送的 HTTP 请求是异步进行的，但是用户可以显式地把 async 参数设置为 true。在这种情况下，对 URL validateForm 的调用将激活服务器端的一个 servlet。但是用户应该能够注意到服务器端技术不是根本性的；实际上，该 URL 可能是一个 ASP、ASP.NET 或 PHP 页面或一个 Web 服务，只要该页面能够返回一个响应，指示 CatalogID 值是否为有效的即可。因为用户在作异步调用时，需要注册一个 XMLHttpRequest 对象来调用回调事件处理器，当它的 readyState 值改变时调用。记住，readyState 值的改变将会激发一个 readystatechange 事件。这时可以使用 onreadystatechange 属性来注册该回调事件处理器。

```
xmlHttpReq.onreadystatechange=processRequest;
```

然后，需要使用 send()方法发送该请求。因为这个请求使用的是 HTTP GET 方法，所以，用户可以在不指定参数或使用 null 参数的情况下调用 send()方法。

```
xmlHttpReq.send(null);
```

21.2.3 实例 5——处理服务器响应

在 21.2.2 小节示例中，因为 HTTP 方法是 GET，所以在服务器端接收 servlet 将调用一个 doGet()方法，该方法将检索在 URL 中指定的 catalogId 参数值，并且从一个数据库中检查它的有效性。

该示例中的 servlet 需要构造一个发送到客户端的响应，而且，这个示例返回的是 XML 类型，因此，它把响应的 HTTP 内容类型设置为 text/xml，并且把 Cache-Control 头部设置为 no-cache。设置 Cache-Control 头部可以阻止浏览器简单地从缓存中重载页面。

具体的代码如下：

```
public void doGet(HttpServletRequest request,
HttpServletResponse response)
throws ServletException, IOException {
…
response.setContentType("text/xml");
response.setHeader("Cache-Control", "no-cache");
}
```

从上述代码中可以看出，来自于服务器端的响应是一个 XML DOM 对象，此对象将创建一个 XML 字符串，其中包含要在客户端进行处理的指令。另外，该 XML 字符串必须有一个根元素。代码如下：

```
out.println("<catalogId>valid</catalogId>");
```

> ？
> 注
> 意
> XMLHttpRequest 对象设计的目的是处理由普通文本或 XML 组成的响应；但是，一个响应也可能是另外一种类型，这取决于用户代理是否支持这种内容类型。

当请求状态改变时，XMLHttpRequest 对象调用使用 onreadystatechange 注册的事件处理器。因此，在处理该响应之前，用户的事件处理器应该首先检查 readyState 的值和 HTTP 状态。当请求完成加载(readyState 值为 4)并且响应已经完成(HTTP 状态为"OK")时，用户就可以调用一个 JavaScript 函数来处理该响应内容。下列脚本负责在响应完成时检查相应的值并调用一个 processResponse()方法。

```
function processRequest(){
if(xmlHttpReq.readyState==4){
if(xmlHttpReq.status==200){
processResponse();
}
}
}
```

该 processResponse()方法使用 XMLHttpRequest 对象的 responseXML 和 responseText 属性来检索 HTTP 响应。如上面所解释的，仅当在响应的媒体类型是 text/xml、application/xml 或以+xml 结尾时，这个 responseXML 才可用。这个 responseText 属性将以普通文本形式返回响

应。对于一个 XML 响应，用户可按如下方式检索内容，代码如下：

```
var msg=xmlHttpReq.responseXML;
```

借助于存储在 msg 变量中的 XML，用户可以使用 DOM 方法 getElementsByTagName()来检索该元素的值，代码如下：

```
var catalogId=msg.getElementsByTagName("catalogId")[0].firstChild.nodeValue;
```

最后，通过更新 Web 页面的 validationMessage div 中的 HTML 内容并借助于 innerHTML 属性，用户可以测试该元素值以创建一个要显示的消息，代码如下：

```
if(catalogId=="valid"){
var validationMessage = document.getElementById("validationMessage");
validationMessage.innerHTML = "Catalog Id is Valid";
}
else
{
var validationMessage = document.getElementById("validationMessage");
validationMessage.innerHTML = "Catalog Id is not Valid";
}
```

21.3　实例 6——在 PHP 中应用 Ajax 技术的应用

Ajax 综合了各个方面的技术，不但能够加快用户的访问速度，还可以实现各种功能。下面通过案例来讲解，具体的操作步骤如下。

step 01　首先在网站目录下建立 phpajax.php 文件，代码如下：

```
<HTML>
<HEAD>
<TITLE>能够自由拖动布局区域的网页</TITLE>
</HEAD>
<BODY>
<table cellspacing="4" width="100%" id="parentTable">
<tr>
    <td width="25%" valgin="top">
        <table class="dragTable" cellspacing="0">
            <tr><td>蜂蜜</td></tr>
            <tr><td>蜂蜜，是昆虫蜜蜂从开花植物的花中采得的花蜜在蜂巢中酿制的蜜。蜜蜂从
植物的花中采取含水量约为 80%的花蜜或分泌物，存入自己第二个胃中，在体内转化酶的作用下经过
30 分钟的发酵，回到蜂巢中吐出，蜂巢内温度经常保持在 35℃左右，经过一段时间，水分蒸发，成为
水分含量少于 20%的蜂蜜，存储到巢洞中，用蜂蜡密封。</td><tr>
        </table>
        <table class="dragTable" cellspacing="0">
            <tr><td>蜂王浆</td></tr>
            <tr><td>蜂王浆(royal jelly)，又名蜂皇浆、蜂乳、蜂王乳，是蜜蜂巢中培育幼
虫的青年工蜂咽头腺的分泌物，是供给将要变成蜂王的幼虫的食物。蜂王浆是高蛋白，并含有维生素 B
类和乙酰胆碱等。蜂王浆不能用开水或茶水冲服，并应该低温贮存。</td><tr>
        </table>
    </td>
    <td width="25%">
```

```
<table class="dragTable" cellspacing="0">
    <tr><td>蜂花粉</td></tr>
    <tr><td>蜂花粉是有花植物雄蕊中的雄性生殖细胞，它不仅携带着生命的遗传信息，
而且包含着孕育新生命所必需的全部营养物质，是植物传宗接代的根本，热能的源泉。蜂花粉是由蜜蜂
从植物花中采集的花粉经蜜蜂加工成的花粉团，被誉为"全能的营养食品"、"浓缩的天然药库"、
"全能的营养库"、"内服的化妆品"、"浓缩的氨基酸"等，是"人类天然食品中的瑰宝"。
</td><tr>
    </table>
    </td>
    <td width="25%">
    <table class="dragTable" cellspacing="0">
        <tr><td>蜂毒</td></tr>
        <tr><td>蜂毒是一种透明液体，具有特殊的芳香气味，味苦、呈酸性反应，pH 为
5.0～5.5，比重为 1.1313。在常温下很快就挥发干燥至原来液体重量的 30%～40%，</td><tr>
        </table>
    <table class="dragTable" cellspacing="0">
        <tr><td>蜂胶</td></tr>
        <tr><td>蜂胶是蜜蜂从植物芽孢或树干上采集的树脂(树胶)，混入蜜蜂口器中腺体的
分泌物，再和花粉、蜂蜡加工制成的一种胶状物质，是蜂巢的保护伞。一个 5 万～6 万只的蜂群一年只
能生产蜂胶 100～150 克，被誉为"紫色黄金"</td><tr>
        </table>
    </td>
</tr>
</table>
</body>
</html>
```

使用 IE 9.0 浏览器浏览的效果如图 21-4 所示。

图 21-4　制作基本页面表格

step 02　为页面添加 Ajax 的 JavaScript 代码，以及 CSS 样式控制，使各个功能模块自由
拖放。

```
<style type="text/css">
<!--
body{
    font-size:12px;
```

```
    font-family:Arial, Helvetica, sans-serif;
    margin:0px; padding:0px;
    /*background-color:#ffffd5;*/
    background-color:#e6ffda;
}
.dragTable{
    font-size:12px;
    /*border:1px solid #003a82;*/
    border:1px solid #206100;
    margin-bottom:5px;
    width:100%;
    /*background-color:#cfe5ff;*/
    background-color:#c9ffaf;
}
td{
    padding:3px 2px 3px 2px;
    vertical-align:top;
}
.dragTR{
    cursor:move;
    /*color:#FFFFFF;
    background-color:#0073ff;*/
    color:#ffff00;
    background-color:#3cb500;
    height:20px;
    font-weight:bold;
    font-size:14px;
    font-family:Arial, Helvetica, sans-serif;
}
#parentTable{
    border-collapse:collapse;
}
-->
</style>
<script language="javascript" defer="defer">
var Drag={
    dragged:false,
    ao:null,
    tdiv:null,
    dragStart:function(){
        Drag.ao=event.srcElement;
        if((Drag.ao.tagName=="TD")||(Drag.ao.tagName=="TR")){
            Drag.ao=Drag.ao.offsetParent;
            Drag.ao.style.zIndex=100;
        }else
            return;
        Drag.dragged=true;
        Drag.tdiv=document.createElement("div");
        Drag.tdiv.innerHTML=Drag.ao.outerHTML;
        Drag.ao.style.border="1px dashed red";
        Drag.tdiv.style.display="block";
        Drag.tdiv.style.position="absolute";
        Drag.tdiv.style.filter="alpha(opacity=70)";
        Drag.tdiv.style.cursor="move";
```

```
        Drag.tdiv.style.border="1px solid #000000";
        Drag.tdiv.style.width=Drag.ao.offsetWidth;
        Drag.tdiv.style.height=Drag.ao.offsetHeight;
        Drag.tdiv.style.top=Drag.getInfo(Drag.ao).top;
        Drag.tdiv.style.left=Drag.getInfo(Drag.ao).left;
        document.body.appendChild(Drag.tdiv);
        Drag.lastX=event.clientX;
        Drag.lastY=event.clientY;
        Drag.lastLeft=Drag.tdiv.style.left;
        Drag.lastTop=Drag.tdiv.style.top;
    },
    draging:function(){//判断 MOUSE 的位置
        if(!Drag.dragged||Drag.ao==null)return;
        var tX=event.clientX;
        var tY=event.clientY;
        Drag.tdiv.style.left=parseInt(Drag.lastLeft)+tX-Drag.lastX;
        Drag.tdiv.style.top=parseInt(Drag.lastTop)+tY-Drag.lastY;
        for(var i=0;i<parentTable.cells.length;i++){
            var parentCell=Drag.getInfo(parentTable.cells[i]);

if(tX>=parentCell.left&&tX<=parentCell.right&&tY>=parentCell.top&&tY<=
    parentCell.bottom){
                var subTables=parentTable.cells[i].getElementsByTagName("table");
                if(subTables.length==0){

if(tX>=parentCell.left&&tX<=parentCell.right&&tY>=parentCell.top&&tY<=
    parentCell.bottom){
                    parentTable.cells[i].appendChild(Drag.ao);
                }
                break;
            }
            for(var j=0;j<subTables.length;j++){
                var subTable=Drag.getInfo(subTables[j]);

if(tX>=subTable.left&&tX<=subTable.right&&tY>=subTable.top&&tY<=subTable.
    bottom){

parentTable.cells[i].insertBefore(Drag.ao,subTables[j]);
                    break;
                }else{
                    parentTable.cells[i].appendChild(Drag.ao);
                }
            }
        }
    }
    },
    dragEnd:function(){
        if(!Drag.dragged)
            return;
        Drag.dragged=false;
        Drag.mm=Drag.repos(150,15);
        Drag.ao.style.borderWidth="0px";
        //Drag.ao.style.border="1px solid #003a82";
        Drag.ao.style.border="1px solid #206100";
```

```
                Drag.tdiv.style.borderWidth="0px";
                Drag.ao.style.zIndex=1;
        },
        getInfo:function(o){//取得坐标
                var to=new Object();
                to.left=to.right=to.top=to.bottom=0;
                var twidth=o.offsetWidth;
                var theight=o.offsetHeight;
                while(o!=document.body){
                        to.left+=o.offsetLeft;
                        to.top+=o.offsetTop;
                        o=o.offsetParent;
                }
                to.right=to.left+twidth;
                to.bottom=to.top+theight;
                return to;
        },
        repos:function(aa,ab){
                var f=Drag.tdiv.filters.alpha.opacity;
                var tl=parseInt(Drag.getInfo(Drag.tdiv).left);
                var tt=parseInt(Drag.getInfo(Drag.tdiv).top);
                var kl=(tl-Drag.getInfo(Drag.ao).left)/ab;
                var kt=(tt-Drag.getInfo(Drag.ao).top)/ab;
                var kf=f/ab;
                return setInterval(function(){
                        if(ab<1){
                                clearInterval(Drag.mm);
                                Drag.tdiv.removeNode(true);
                                Drag.ao=null;
                                return;
                        }
                        ab--;
                        tl-=kl;
                        tt-=kt;
                        f-=kf;
                        Drag.tdiv.style.left=parseInt(tl)+"px";
                        Drag.tdiv.style.top=parseInt(tt)+"px";
                        Drag.tdiv.filters.alpha.opacity=f;
                }
                ,aa/ab)
        },
        inint:function(){
                for(var i=0;i<parentTable.cells.length;i++){
                        var subTables=parentTable.cells[i].getElementsByTagName("table");
                        for(var j=0;j<subTables.length;j++){
                                if(subTables[j].className!="dragTable")
                                        break;
                                subTables[j].rows[0].className="dragTR";

subTables[j].rows[0].attachEvent("onmousedown",Drag.dragStart);
                        }
                }
                document.onmousemove=Drag.draging;
                document.onmouseup=Drag.dragEnd;
```

```
    }
}
Drag.inint();
</script>
```

使用 IE 9.0 浏览器浏览的效果如图 21-5 所示。

图 21-5　自由拖放布局区域

21.4　高 手 甜 点

甜点 1：在发送 Ajax 请求时，是使用 GET 还是 POST？

与 POST 相比，GET 更简单也更快，并且在大部分情况下都能用。然而，在以下情况中，请使用 POST 请求。

(1) 无法使用缓存文件(更新服务器上的文件或数据库)。

(2) 向服务器发送大量数据(POST 没有数据量限制)。

(3) 发送包含未知字符的用户输入时，POST 比 GET 更稳定也更可靠。

甜点 2：在指定 Ajax 的异步参数时，将该参数设置为 True 或 False？

Ajax 指的是异步 JavaScript 和 XML(Asynchronous JavaScript and XML)。XMLHttpRequest 对象如果要用于 Ajax 的话，其 open()方法的 async 参数必须设置为 true，代码如下：

```
xmlhttp.open("GET","ajax_test.asp",true);
```

对于 Web 开发人员来说，发送异步请求是一个巨大的进步。很多在服务器执行的任务都相当费时。Ajax 出现之前，这可能会引起应用程序挂起或停止。通过 Ajax，JavaScript 无须等待服务器的响应，而是在等待服务器响应时执行其他脚本，当响应就绪后对响应进行处理。

21.5　跟我练练手

上机 1：　做一个 Ajax 的例子，主要功能是通过刷新页面可以实现不同的显示内容。

上机 2：　做一个 CSS 与 Ajax 结合的例子。

上机 3：　做一个 PHP 与 Ajax 结合的例子。

第 22 章

MVC 结构与
Smarty 模板

Smarty 是一个使用 PHP 写出来的模板引擎，是目前业界最著名的 PHP 模板引擎之一。它分离了逻辑代码和外在的内容，提供了一种易于管理和使用的方法，用来将原本与 HTML 代码混杂在一起 PHP 代码逻辑分离。简单地讲，目的就是要使 PHP 程序员同前端人员分离，使程序员改变程序的逻辑内容时不会影响到前端人员的页面设计，前端人员重新修改页面时不会影响到程序逻辑，这在多人合作的项目中显得尤为重要。

本章要点(已掌握的在方框中打钩)

☐ 熟悉 MVC 的基本概念

☐ 了解模板引擎的概念

☐ 了解 Smarty 的基本概念

☐ 掌握 Smarty 的安装与配置

☐ 掌握 Smarty 模板设计的方法

22.1 MVC 概述

MVC 是 Model View Controller 首字母的缩写。由此可见，MVC 指的就是"模型""呈现"和"控制器"这三个方面。其中"模型"负责数据的组织结构，"呈现"负责显示给浏览者的用户界面，"控制器"负责业务流程逻辑控制。

这种结构的好处有如下几点。

(1) 界面简单，有利于简化添加、删除、修改等操作。

(2) 可以利用相同的数据，给出不同的"呈现"。

(3) 逻辑控制的修改可以变得很简单。

(4) 开发人员不必重复已经写好的通用代码。

(5) 有利于开发人员共同工作。

其实，MVC 结构是把一个程序的输入、处理过程及输出分开。当用户通过用户界面输入一个请求的时候，"控制器"先对请求做出反应，但是"控制器"并不真正地处理数据，而是调用"模型"和"呈现"中的相关部分的代码和数据来返回给用户，以满足用户的请求。

这个过程也可以理解为，"控制器"接到客户请求，以决定调用哪些"模型"中的数据和哪些"呈现"方式。相关联的"模型"通过相关业务规则处理相关数据并且返回。相关联的"呈现"则是处理如何格式化"模型"返回的数据，并且呈现出最终结果。MVC 结构的工作过程如图 22-1 所示。

图 22-1　MVC 结构的工作过程

22.2　什么是模板引擎

模板引擎经常应用于 Web 应用的模板系统，一般发挥预处理和过滤器等的作用。一个比较简单的例子是，XML 系统中的 XSLT 是一个模板处理组件，其实就是相当于 XML 的模板引擎。而高级编程语言也都有自己对应的模板引擎。

PHP 的模板引擎有很多，其中主流的模板引擎主要有 Smarty 和 SimpleTemplate 等。

Smarty 可以说是现在最为流行的模板引擎，也被称为模板框架。它之所以如此受欢迎，是因为它很好地处理了页面设计师和程序员双方面的需求。通过了解 Smarty 原本对于编程完全不了解的页面设计师可以很快地上手来形成满足程序需要的页面呈现，而程序员可以很方便地调整要输出的数据和输出数据的输出方式。

PHPTemplate 是 drupal 的默认模板引擎。Drupal 是一个功能十分强大的内容管理框架，几乎包含了关于内容(content)的 Web 应用的所有方面。PHPTemplate 的使用则是 drupal 在其应用上的灵活性的体现。它的一个重要的特点是模板文件的继承方式，通过这种方式实现模板文件的覆写。以最大限度减少程序员的工作量。

22.3　Smarty 概述

随着互联网的发展，强大的应用程序和与之相对应 Web 呈现，给互联网带来了前所未有的繁荣。

22.3.1　什么是 Smarty

复杂的应用直接导致了工程量的增加，不论是 PHP 语言的服务器端编程，还是前台 Web 的浏览器端的设计和编程，这就需要有能够把这两个方面的工作有效分开但是可以又能衔接的工具。Smarty 即应运而生。它的一个重要功能是从"展示逻辑"中分离出"应用程序逻辑"，使用"展示逻辑"来满足设计师的需要。例如，在使用 Smarty 的过程中，程序员可以把众多对象传递给 Smarty 中的一个数组，然后设计师可以按照自己的想法去遍历它们。

Smarty 的工作方式更像是应用一个库文件，以允许 HTML 模板和 PHP 语言之间的衔接，以简化原本比较复杂的 Web 页面的实现。Smarty 比较突出的几个特点如下。

(1) 强大的"呈现"逻辑。一般情况下逻辑运算只能在高级语言中完成，但是，通过 Smarty 可以在页面的部分实现逻辑运算，比如条件控制和迭代输出等操作。而且这种语法强大而简单，就连没有任何编程经验的设计师都能很容易上手。

(2) 模板编译能力。Smarty 把模板编译成高效的 PHP 语言，以提高程序中各个部分的渲染(生成页面)请求。如果应用程序的内容有任何改变，则渲染结果会及时反映出来。

(3) 缓存能力。可以设定缓存某部分模板的能力。通过这个能力 Smarty 会一直加载设为缓存的一部分模板，而不会再执行程序以重新生成。

(4) 可设置和可扩展性。Smarty 的编写也是面向对象的方式。它的结构允许开发者根据需要扩展功能。

(5) 安全性。通过长期的实践应用，Smarty 被证明是安全的。

22.3.2 Smarty 与 MVC

如前所述，MVC 结构是 Model View Controller 的缩写。Smarty 其实就这个结构中 View 这一部分的具体体现。几乎所有模板引擎都是扮演的这个角色。

具体到工作的过程可以这样描述。设计师使用 HTML、CSS、图片等 Web 页面的编程将模板设计并实现出来。这个过程，设计师只需要知道版面布局即可。PHP 程序员只需要对应用程序本身投入精力，不需要知道 Web 页面的呈现。但是他们要知道把数据如何传递给模板，以及模板中的具体变量。而这些变量，设计师是完全明了的。这个模板所使用的模板引擎就起到了分工和衔接工作的作用。Smarty 就是起到这个作用。

在 Smarty 引擎下，程序员和设计师的工作分别如下。

程序员的工作：

(1) 对于数据库数据的处理；

(2) 处理业务逻辑中的数据；

(3) 在不用关心设计师工作的情况下修改程序。

设计师的工作：

(1) 设计并且创建 HTML 文件，只需要按需求知道内容在页面中的位置风格等，不用关心任何 PHP 代码；

(2) 在不需要与程序员沟通的情况下修改设计；

(3) 不需要担心后台程序语言的任何技术变化。

22.4 Smarty 的安装和配置

下面讲述 Smarty 的安装和配置方法。

22.4.1 实例 1——Smarty 下载和安装

PHP 没有内置 Smarty 模板类，需要单独下载和配置，而且 Smarty 要求服务器上的 PHP 版本最低为 4.0.6。获得 Smarty 软件包。可以从它的官方网站 http://www.smarty.net/download 获得。现在最新的版本是 Smarty 3.1.18，是 2014 年 4 月发布的。

Smarty 3.X 版本要求 PHP 为 5.2 以上的版本。Smarty 2.X 版本要求 PHP 为 4 以上的版本。根据需要下载 Smarty 3.1.18 文件包之后解压。

在 Windows 的环境下，安装 Smarty 步骤如下。

step 01 在网站目录下新建一个文件夹 smarty，将解压后的 Smarty 3.1.18 文件夹中的所有文件和文件夹拷贝到文件夹 smarty 下。文件夹 smarty 是与文件夹 www 应该是同一目录下。

step 02 编辑 php.ini 文件，包含类文件路径后添加本地 smarty 库文件的路径，即在

php.ini 文件中输入 include_path = ".;网站根目录\smarty\libs"。

step 03 在网站目录下建立一个文件夹 demo，并且在此文件夹内建立两个文件夹 templates 和 configs。

step 04 在 demo 文件夹内创建 templates_c 和 cache 文件夹。

这样，Smarty 在 Windows 的 wamp 环境下已经安装完毕。

 提示 在 libs 目录下，包含了 Smarty 类库的核心文件，包括 smarty.classs.php、smarty_Compiler.class.php、config_File.class.php 和 debug.html 4 个文件，另外还有 glug_ins 和 internals 两个目录。

22.4.2 实例 2——第一个 Smarty 程序

为了检验是否安装正确以及 Smarty 是否能够正常工作，可以在 demo 中的 templates 文件夹内建立模板文件 index.tpl 和 index.php。

step 01 在 demo 内建立文件 index.php，输入代码如下。

```php
<?php
// load Smarty library
require_once('Smarty.class.php');
$smarty = new Smarty;
$smarty->template_dir = 'C:/www/demo/templates';
$smarty->config_dir = 'C:/www/demo/config';
$smarty->cache_dir = 'C:/www/demo/cache';
$smarty->compile_dir = 'C:/www/demo/templates_c';
$smarty->assign( 'message','smarty is working~');
$smarty->display('index.tpl');
?>
```

step 02 demo 内建立文件 index.tpl，输入代码如下：

```html
<HTML>
<BODY>
  Hello, {$message}!
</BODY>
</HTML>
```

step 03 运行 index.php，结果如图 22-2 所示。

图 22-2　程序运行结果

22.5　Smarty 模板设计

本节将会介绍模板设计。在设计 Smarty 模板的同时能够做到对编程人员的照顾，尽量减少他们的工作量，增大输出模板的可重用性，以期形成一个有效的工作团队。

很多情况下，不管是给客户开发项目临时组建的团队还是企业自己的互联网支持部门，都会遇到改变页面展示的问题。比如开发团队的设计师被客户要求改变页面，但是不给多余的时间，而这时如果用 Smarty 的模板，就可以轻松实现。再如，公司的项目经理想要改变宣传页面，但是没有程序员，如果当初使用的是 Smarty 模板，则可以直接让页面设计师完成此工作。

22.5.1　Smarty 模板文件

这是设计师主要关注的部分。设计师需要了解的几个概念有 Caching、optimation、CSS、debugging、js、oop、插件和基本编程知识。

了解 Smarty 的模板文件一定要先了解可重用性和组块的概念。可重用性就是提供了让一个设计和制作好的组块可以被重复地使用在不同的文件中，或者稍加修改就可以继续使用。

组块则是可以把一个模板分解成若干个不同的部分，每个不同的部分就是组块。一个模板的单页可以包含很多组块，如图 22-3 所示。

图 22-3　模块分解图

这会提供很多好处。当需要改变某个输出的时候，只需要改变这个输出所属的组块，而不是改变整个模板。每个组块都是相对独立的，具有很强的可重用性。并且在处理某个组块时，只是涉及这个组块，而不牵涉其他。

22.5.2　实例 3——Smarty 标识

Smarty 模板不是一个纯粹的 HTML 文件，而是由 HTML 和 Smarty 标识(tags)组成的。Smarty 标识很可能要包含前面提到的"展示逻辑"和 Smarty 变量。Smarty 模板是以.tpl 为扩展名的。tpl 是 Template Programming Language 的缩写。

Smarty tags 就是在 HTML 页面内的 Smarty 代码，它包含了 Smarty 变量和 Smarty 的展示逻辑。

以酒店客人资料为例，用 Smarty 模板展示，具体步骤如下。

step 01 在 demo 文件夹内建立文件 c_profile.php，输入代码如下：

```php
<?php
include_once('Smarty.class.php');
$smarty = new Smarty ();
$clients = array(array("nick"=>"小明", "name"=>"王小明","born"=>"1982-02-
20","gender"=>"male","email"=>"wxm1982@hotmail.com"),array("nick"=>"丽丽",
"name"=>"李丽丽","born"=>"1980-11-
20","gender"=>"female","email"=>"lilili1980@hotmail.com"),array("nick"=>"方
方", "name"=>"方芳芳","born"=>"1988-07-
26","gender"=>"female","email"=>"fff1988@hotmail.com"),);
$smarty->assign("clients",$clients);
$smarty->display("c_profile.tpl");
?>
```

step 02 在 demo 文件夹内建立文件 c_profile.tpl，输入代码如下：

```
<BODY>
{foreach item=client from=$clients}
<table width="80%" border="1" cellspacing="0" cellpadding="4">
  <tr>
    <td width="38%" bgcolor="#CCCCCC">
    <strong>{$client.nick} 的客户资料</strong></td>
    <td width="62%"> </td>
  </tr>
  <tr>
    <td>姓名 : </td>
    <td>{$client.name}</td>
  </tr>
  <tr>
    <td>生日 : </td>
    <td>{$client.born}</td>
  </tr>
  <tr>
    <td>性别 : </td>
    <td>{$client.gender}</td>
  </tr>
  <tr>
    <td>Email : </td>
    <td>{$client.email}</td>
  </tr>
</table><br/>
{/foreach}
</BODY>
```

step 03 运行 c_profile. php，结果如图 22-4 所示。

图 22-4　程序运行结果

【代码详解】

(1)　在文件 c_profile.php 中，include_once('Smarty.class.php')导入 smarty 类，$smarty = new Smarty()生成 smarty 对象。

(2)　$clients 是包含数据的 PHP 语言数组。$smarty->assign("clients",$clients)把 PHP 数组 $clients 赋值给 smarty 变量(也是数组)"clients"。这个过程就完成了 PHP 变量与 Smarty 变量的转换。

(3)　$smarty->display("c_profile.tpl")指定与此 PHP 文件关联的，要展示数据的模板文件。

(4)　在文件 c_profile.tpl 中，{foreach item=client from=$clients}就是 Smarty 标识。这句 Smarty 标识语言是指，从 Smarty 变量$clients 中遍历数据，每一个独立项的变量名为 client。以 {/foreach}表示结束。

(5)　{$client.nick}、{$client.name}、{$client.gender}等都是变量$client(数组)中所对应的键名。

22.5.3　实例 4——Smarty 变量

上面的部分牵涉了 Smarty 的变量。那么什么是 Smarty 的变量呢？Smarty 的变量其实跟 PHP 当中的变量十分相似。命名一个变量的规则和 PHP 中的一致。只是所有 Smarty 的变量在.tpl 文件调用的时候都要包裹在{}之中。

以下通过建立 Smarty 变量的例子进行讲解，具体步骤如下。

step 01　在 demo 内建立文件 smartyvars.php，输入代码如下：

```php
<?php
include_once('Smarty.class.php');
$smarty = new smarty();
```

```
$var_name = "王小帅";
$smarty->assign("name", $var_name);
$smarty->assign("greetings", "你真帅!");
$smarty->display("smartyvars.tpl");
?>
```

step 02 在 demo 内建立文件 smartyvars.tpl，输入代码如下：

```
<HTML>
{assign var = "time" value = "2011-06-20"}
<BODY>
{$name}, {$greetings}
{$time}
</BODY>
</HTML>
```

step 03 运行 smartyvars.php，结果如图 22-5 所示。

图 22-5　程序运行结果

【代码详解】

(1) 在文件 smartyvars.php 中，$smarty->assign("name", $var_name)给 Smarty 变量 name 赋值。这时 Smarty 变量的变量名使用字符串 "name"。

(2) 在文件 smartyvars.tpl 中，{$name}, {$greetings}通过{}的包裹进行使用，$name 和 $greetings 就是 Smarty 变量在 tpl 模板文件中的表示方式。

(3) {assign var = "time" value = "2011-06-20"}则是使用了 Smarty 的 assign()方法来声明一个 Smarty 变量，而不是在 PHP 中对变量进行赋值。其中 var = "time"定义了变量名，value = "2011-06-20"定义了变量值。{$time}的使用和其他 Smarty 变量没有区别。

22.5.4　实例 5——Smarty 数组

Smarty 中的数组正如同 PHP 中的数值，都是多个变量的集合。PHP 中的数组分为普通数组和联合数组。Smarty 数组同样支持这两种形式。由于在与 tpl 模板文件对应的 PHP 文件中，PHP 数组就已经被定义，因此其数组结构可以直接被赋予 Smarty 数组。

以酒店餐厅房间类型为例，具体步骤如下。

step 01 在 demo 文件夹内建立文件 smartyarrays.php，输入代码如下：

```php
<?php
include_once('Smarty.class.php');
$smarty = new smarty();
```

```
$rooms = array(
        array("id"=>"203","name"=>"西江月","type"=>"小包"),
        array("id"=>"205","name"=>"东坡居","type"=>"中包"),
        array("id"=>"208","name"=>"聚义堂","type"=>"大包")
);
$smarty->assign("smarty_rooms",$rooms);
$smarty->display("smartyarrays.tpl");
?>
```

step 02 在 demo 文件夹内建立文件 smartyarrays.tpl，输入代码如下：

```
<HTML>
<BODY>
  <table>
     <tr><td>ID</td><td>NAME</td><td>TYPE</td></tr>
     {foreach item= smarty_room from=$smarty_rooms}
     <tr>
      <td>{$ smarty_room.id}</td>
      <td>{$ smarty_room.name}</td>
      <td>{$ smarty_room.type}</td>
     </tr>
     {/foreach}
  </table>
</BODY>
</HTML>
```

step 03 运行 smartyarrays.php，结果如图 22-6 所示。

图 22-6　程序运行结果

【代码详解】

（1）在文件 smartyarrays.php 中，$smarty->assign("smarty_rooms",$rooms)把 PHP 联合数组$rooms 的值赋给 Smarty 数组"smarty_rooms"。Smarty 数组"smarty_rooms"的类型就是联合数组。

（2）在文件 smartyarrays.tpl 中，{$smarty_room.id}、{$smarty_room.name}、{$ smarty_room.type} 都是$smarty_room 这一单项的数组内变量的键值。Smarty 中数组内变量值的访问不像是在 PHP 中使用[ ]表示，而是使用"."表示数组内变量的键值。

22.5.5　实例 6——Smarty 中流程控制语句

Smarty 中的流程控制语句同 PHP 中的一样，也是分为条件控制语句和循环控制语句。这些控制语句就是使用在 tpl 模板文件中的。

但是与 PHP 中的语句不同的是，条件语句是描述在{if}{/if}之间的，其间的 else 和 elseif 也采用{else}{elseif}这种形式。

Smarty 中的循环控制语句使用两个标识：{section}和{foreach}。

还是以酒店餐厅房间为例，稍加修改，介绍条件控制语句和循环控制语句。具体步骤如下。

step 01 在 demo 文件夹内建立文件 smartyif.php，输入代码如下：

```php
<?php
include_once('Smarty.class.php');
$smarty = new smarty();

$rooms = array(
      array("id"=>"203","name"=>"西江月","type"=>"小包"),
       array("id"=>"203","name"=>"西江月","type"=>"小包"),
       array("id"=>"203","name"=>"西江月","type"=>"小包"),
       array("id"=>"205","name"=>"东坡居","type"=>"中包"),
       array("id"=>"203","name"=>"西江月","type"=>"中包"),
       array("id"=>"203","name"=>"西江月","type"=>"中包"),
       array("id"=>"208","name"=>"聚义堂","type"=>"大包"));

$smarty->assign("smarty_rooms",$rooms);
$smarty->display("smartyif.tpl");
?>
```

step 02 在 demo 文件夹内建立文件 smartyif.tpl，输入代码如下：

```html
<HTML>
<BODY>
  <table>
     <tr><td>ID</td><td>NAME</td><td>TYPE</td></tr>
     {foreach item=smarty_room from=$smarty_rooms}
     {if $smarty_room.type == "中包"}
     <tr bgcolor="#0099FF">
      <td>{$smarty_room.id}</td>
      <td>{$smarty_room.name}</td>
      <td>{$smarty_room.type}</td>
     </tr>
     {elseif $smarty_room.type == "小包"}
     <tr bgcolor="#FF6633">
      <td>{$smarty_room.id}</td>
      <td>{$smarty_room.name}</td>
      <td>{$smarty_room.type}</td>
     </tr>
     {else}
     <tr  bgcolor="#FFFF99">
      <td>{$smarty_room.id}</td>
      <td>{$smarty_room.name}</td>
      <td>{$smarty_room.type}</td>
     </tr>
     {/if}
      {/foreach}
```

```
    </table>
</BODY>
</HTML>
```

step 03 运行 smartyif.php，结果如图 22-7 所示。在文件 smartyif.tpl 中，{if $smarty_room.type == "中包"} {elseif $smarty_room.type == "小包"} {else} {/if}一起完成了条件判断，并完成了不同条件下的输出。

图 22-7　程序运行结果

22.6　高手甜点

甜点 1：运行网页一片空白怎么办？

首先检查网页的代码是否有问题，如果没有问题，可以参照以下解决方法。

（1）　如果操作系统是 Windows 系列，则需要检查 Smarty 是否安装成功，设置是否正确，模板是否被正常解析。

（2）　如果是 Linux 系统，则检查 PHP 报错是否正常开启。

甜点 2：如果页面中包含其他模板怎么办？

除了 Smarty 模板以外，如果还包含其他模板，此时需要进行加载操作。例如以下代码：

```
<{include file="目录名/footer.tpl"}>
```

22.7　跟我练练手

上机 1：下载和安装 Smarty。

上机 2：做一个 Smarty 程序，显示内容为：碧玉妆成一树高，万条垂下绿丝绦。不知细叶谁裁出，二月春风似剪刀。

第 23 章

Zend Framework
框架

Zend Framework 框架，几乎是 PHP 开发框架中最具代表性的一个。它虽然不是最为前沿的，但它的影响力是十分广泛的，很多最前沿的框架都会借鉴它的特点。本章将介绍此框架的使用方法。

本章要点(已掌握的在方框中打钩)

☐ 熟悉 Zend Framework 的基本概念

☐ 熟悉 Zend Framework 的目录结构

☐ 掌握 Zend Framework 的安装与测试方法

☐ 掌握 PHP 与 Zend Framework 的基本操作

23.1　什么是 Zend Framework 框架

Zend Framework 框架是由 Zend 科技开发支持的一个开源的 PHP 开发框架。是用 PHP 5 来开发 Web 程序和服务的开源框架。

Zend Framework 框架用 100%面向对象编码实现。Zend Framework 框架的组件结构独一无二，每个组件几乎不依靠其他组件。这样的松耦合结构可以让开发者独立使用组件。

Zend 类是整个 Zend Framework 的基类。这个类只包含静态方法，这些类方法具有 Zend Framework 中的很多组件都需要的功能。Zend 类是个功能性的类，它只包含静态方法，也就是说，不需要实例化就可以直接调用 Zend 的各种功能方法或函数。

Zend Framework 框架为 PHP 应用开发提供了一套提高效率的工具。其中包括对数据库进行 CRUD 操作，对数据进行缓存，对表单提交数据进行验证等。此外它还提供支持创建 PDF 文档、使用 RSS、使用 Google 等大型网站数据的工具。它就像是一个工具包，能够满足 PHP 应用开发的一般需求。Zend Framework 框架的结构是 MVC 结构。

23.2　Zend Framework 的目录结构

标准的 Zend Framework 目录结构有 4 层目录，具体如下。

1. application

应用程序目录中包含所有该应用程序运行所需要的代码。Web 服务器不能够直接访问它。为了进一步分离显示、业务和控制逻辑 application 目录中包含了用于存放 model、view、controller 文件的次级目录，根据需要还会出现其他次级目录。

2. library

所有的应用程序都是使用类库，它是事先写好的可以复用的代码。在一个 Zend Framewok 应用程序里，Zend 本身的框架就存放在 library 文件夹中。

3. tests

test 目录用来存放所有的单元测试代码。

4. public

程序运行根目录。为了提高 Web 程序的安全性，从服务器里应该只能存取用户可直接访问的文件。启动是指开始一个程序，在前端控制器模式中，这是唯一存在于根目录的 PHP 文件，通常就是 index.php，所有的 Web 请求都将用到这个文件，因此它被用来设置整个应用程序的环境，设置 Zend Framework 的控制器系统，然后启动整个应用程序。

23.3　Zend Framework 的安装与测试

本节主要讲述如何安装 Zend Framework 框架。

23.3.1　实例 1——Zend Framework 的安装

在安装 Zend Framework 框架之前，首先需要到 Zend Framework 的官方网站下载最新的软件包。官方下载地址为 "http://framework.zend.com/downloads/"。

安装 Zend Framework 框架的具体操作步骤如下。

step 01 在网站目录的 www 文件夹下建立名为 Zend 的文件夹，把解压后的 Zend 压缩包里的内容全部放置在此文件夹下。

step 02 编辑 php.ini 中的 include_path = " "为 include_path = ".;c:\www\Zend\library"，如图 23-1 所示。

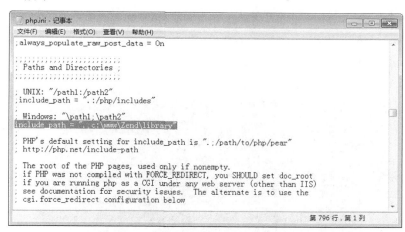

图 23-1　编辑 php.ini

step 03 在 C:\www\Zend 建立一个文件夹 zendapp 用来存放使用 Zend 开发的应用的文件。

step 04 把 C:\www\Zend\bin 下的 zf.bat 文件和 zf.php 文件拷贝到 C:\www\Zend\zendapp 下。

step 05 重新启动 Web 服务器，即可使用 Zend Framework 框架。

23.3.2　实例 2——创建一个新的 Zend Framework 应用

在 Windows 下创建 Zend Framework 的应用，需要在 CMD 命令输入终端中使用 zf 命令。具体步骤如下。

step 01 单击【开始】按钮，在弹出的菜单中选择【运行】命令。在弹出的对话框的文本框中输入 "cmd" 后，单击【确定】按钮，打开一个 Windows 的命令行窗口。首先进入到 zendapp 目录下，输入命令：

```
cd C:\www\Zend\zendapp
```

按 Enter 键，如图 23-2 所示。

图 23-2　进入到 zendapp 目录下

step 02　来到开发 Zend 应用的文件夹 C:\www\Zend\zendapp 下，输入命令：

```
zf show version
```

按 Enter 键，会得到返回信息如图 23-3 所示。

图 23-3　查看 Zend Framework 版本

可以确定 Zend Framework 可以正常使用。

step 03　输入命令：

```
zf create project zfdemo
```

按 Enter 键，会得到返回信息如图 23-4 所示。

在 C:\www\Zend\zendapp 文件夹下会出现一个新文件夹 zfdemo，在这个文件夹下又包含了 zfdemo 这个应用的所有框架文件和文件夹，如图 23-5 所示。

这样一个新的 Zend 应用的框架就生成了。

图 23-4 创建 Zend 应用框架

图 23-5 进入 zendapp 目录

step 04 要在 Apache 的 httpd.conf 文件中添加一个虚拟服务器，以容纳此应用。在 httpd.conf 文件的尾部添加如下代码：

```
<VirtualHost 127.0.0.1:80>
   DocumentRoot "\www\Zend\zendapp\zfdemo\public"
</VirtualHost>
<VirtualHost 127.0.0.1:80>
   ServerName quickstart.local
   DocumentRoot "\www\Zend\zendapp\zfdemo\public"
   SetEnv APPLICATION_ENV "development"
  <Directory "\www\Zend\zendapp\zfdemo\public">
     DirectoryIndex index.php
     AllowOverride All
    Order allow,deny
     Allow from all
  </Directory>
</VirtualHost>
```

保存后，重启所有 Web 服务。

step 05 在浏览器中输入 "http://localhost:80/"，则页面跳转到 Zend 应用的默认页面，如图 23-6 所示。

图 23-6　运行结果页面

至此，一个新的 Zend 应用项目成功生成。

23.4　PHP 与 Zend Framework 的基本操作

本节主要讲述 Zend Framework 框架的基本操作。

23.4.1　实例 3——在 Zend Framework 应用中创建控制层文件

由于 Zend Framework 是严格遵行 MVC 结构的框架，所以在整个项目生成以后，就可以针对某种需求生成控制层文件，也就是 controller 文件。

如果要生成一个 contact 页面，则首先要生成一个 contact 的 controller 文件。先进入到 zfdemo 项目的文件夹下，然后在命令行窗口中输入命令如下：

```
..\zf create controller contact
```

由于 zf.bat 文件在 C:\www\Zend\zendapp 目录下，所以要通过 "..\zf" 在当前目录的上一级目录中调用。程序运行后，反馈信息如图 23-7 所示。

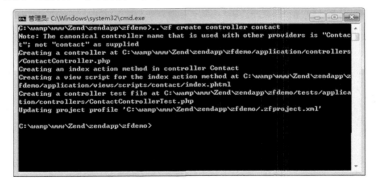

图 23-7　生成控制层文件

此时，可在 C:\www\Zend\zendapp\zfdemo\application\controllers 文件夹下找到新生成的 controller 文件 ContactController.php。

这时在浏览器中输入 http://localhost/contact，则页面返回信息如图 23-8 所示。

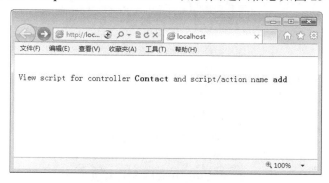

图 23-8　运行结果页面

上面的信息说明这是 contact controller 中 index action 返回的 view 文件。

23.4.2　实例 4——在 Zend Framework 的控制层文件中添加一个 action

action 是在 controller 文件中以函数形式出现的。它定义了某个特定的行为。在 zfdemo 项目的文件夹下，在命令行窗口中输入命令如下：

```
..\zf create action add contact
```

程序运行后，反馈信息如图 23-9 所示。

图 23-9　添加 action

这时，打开 ContactController.php 文件，代码如下：

```php
<?php
class ContactController extends Zend_Controller_Action
{
    public function init()
    {
```

```
        /* Initialize action controller here */
    }
    public function indexAction()
    {
        // action body
    }
    public function addAction()
    {
        // action body
    }
}
```

其中，addAction()是新生成的 action 函数。

由于 addAction() 函数已经生成，而相对于此 action 函数的 view 文件也在 C:\www\Zend\zendapp\zfdemo\application\views\scripts\contact 文件夹下生成，为 add.phtml。

这时，在浏览器中输入 http://localhost/contact/add，则页面如图 23-10 所示。

图 23-10　运行结果页面

页面明确表明了 controller 为 contact，以及 action 的名称为 add。

23.4.3　实例5——在 Zend Framework 中创建布局(layout)

对于 Web 应用的页面布局，Zend Framework 使用 zf 命令就可以轻松创建。在 zfdemo 项目的文件夹下，在命令行窗口中输入命令如下：

```
..\zf enable layout
```

程序运行后，反馈信息如图 23-11 所示。

这时，到 C:\www\Zend\zendapp\zfdemo\application\layouts\scripts 文件夹下，可以看到 layout.phtml 文件。打开此文件，代码如下：

```
<?php echo $this->layout()->content; ?>
```

如果，修改此 layout 文件，可以添加页面布局中的头部、标题、页脚等。修改 layout.phtml 文件为：

```
<head>zfdemo project</head>
<?php echo $this->layout()->content; ?>
    <footer>powered by zend</footer>
```

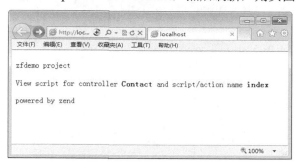

图 23-11　创建页面布局

保存后，在浏览器中输入 http://localhost/contact，然后刷新，则页面效果如图 23-12 所示。

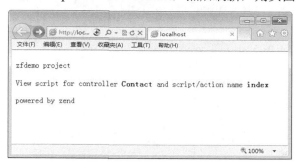

图 23-12　运行结果页面

23.4.4　实例 6——在 Zend Framework 中的数据库操作

Zend Framework 对数据库的操作是通过 ORM 的方式进行的。这是主流 PHP 框架的主要特征。Zend 把 ORM 绑定到 Zend_Db 组件当中，以方便程序员使用。

一般情况下，只要是支持 ORM 的框架都会对数据库的支持比较宽泛，Zend 可支持 mysql、mssql、sqlite、postgresql 等。下面的例子将创建一个用来储存联系人信息的数据库表格，并且使用 Zend 对其进行操作。具体步骤如下。

step 01 创建数据库 zfdemo，并且在其中创建数据库表格 contact。SQL 语句如下：

```
CREATE TABLE contacts (
id INTEGER UNSIGNED NOT NULL AUTO_INCREMENT PRIMARY KEY,
name VARCHAR(60) NOT NULL,
email VARCHAR(100) NOT NULL
)
```

step 02 到 C:\www\Zend\zendapp\zfdemo\application\configs 中，找到文件 application.ini，用来设置数据库连接。在此文件的尾部添加如下代码：

```
resources.db.adapter = PDO_MYSQL
resources.db.params.host = localhost
resources.db.params.username = root
resources.db.params.password = 75***1
resources.db.params.dbname = zfdemo
resources.db.isDefaultTableAdapter = true
```

这段代码定义的内容有：数据库适配器为 PDO_MYSQL，主机为 localhost，用户为 root，其密码为 75***1，数据库名称为 zfdemo，使用默认数据库表格适配器。

可见 Zend 是使用 PDO 数据抽象类处理 MySQL 数据库的。

step 03 到 C:\www\Zend\zendapp\zfdemo\application 文件夹，找到 Bootstrap.php 文件，添加代码后如下：

```php
<?php
class Bootstrap extends Zend_Application_Bootstrap_Bootstrap
{
    protected function _initConfig()
    {
        $config = new Zend_Config($this->getOptions());
        Zend_Registry::set('config', $config);
        return $config;
    }
    $config = Zend_Registry::get('config');
    $email = $config->email->support;
}
```

设定初始化设置的函数，以确保在整个项目启动时，配置文件被及时加载。

23.4.5 实例 7——在 Zend Framework 中创建表单

Form(表单)历来都是比较特殊的 Web 器件。很多框架都对其进行特殊处理。在 Zend 里面，Zend 会通过 zf 命令，创建 form model(模型)来完成对 form 的处理。创建用于添加联系人信息的 form，具体步骤如下。

step 01 到命令行窗口中输入命令如下：

```
..\zf create model contactForm
```

程序运行后，反馈信息如图 23-13 所示。

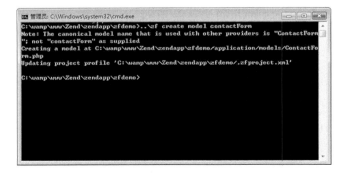

图 23-13　反馈信息

到 C:\www\Zend\zendapp\zfdemo\application\models 文件夹下，可以找到新生成
的文件 ContactForm.php。对其进行编辑，加入代码后为：

```php
<?php
class Application_Model_ContactForm
{
 public function __construct($options = null)
 {
    parent::__construct($options);
    $name = new Zend_Form_Element_Text('name');
    $name->setAttrib('size', 30)
         ->setLabel('Name')
         ->addValidator('NotEmpty')
         ->addErrorMessage('Need name to contact with.');
    $email = new Zend_Form_Element_Text('email');
    $email->setAttrib('size', 60)
          ->setLabel('Email')
          ->addValidator('NotEmpty')
          ->addErrorMessage('Please valid email address.');
 }
}
```

此段代码设置了 contactform model 的两个表单元素：一个是 name；另一个 email。并且
设置了它们的属性和验证标准。

step 03 到 C:\www\Zend\zendapp\zfdemo\application\controllers 中找到 ContactController.php，
修改 addAction()函数为如下代码：

```php
public function addAction()
    {
        $form = new Application_Model_ContactForm(
                array('action' => '/contact/add',
                      'method' => 'POST'
                      )
             );
        if ($this->getRequest()->isPost()) {

            if ($form->isValid($this->getRequest()->getPost())) {

                $contact = new Zend_Db_Table('contacts');
                $data = array (
                    'name' => $this->_request->getPost('name'),
                    'email' => $this->_request->getPost('email')
                );

                $contact->insert($data);

                echo "<p>Contact added!</p>";
            }
        }

        $this->view->form = $form;

    }
```

step 04 到 C:\www\Zend\zendapp\zfdemo\application\views\scripts\contact 下，找到 add.phtml，
修改为如下代码：

```
<br /><br />
<div id="view-content">
    <p>View script for controller <b>Contact</b> and script/action name
<b>add</b>
    <?= $this->form; ?>
    </p>
</div>
```

step 05 在浏览器中输入 http://localhost/contact/add，即可完成表单的创建。

23.5　高手甜点

甜点 1：使用 Zend Framework 建立 MVC 的流程是什么？

Zend Framework 框架建立多模块 MVC 框架结构的具体流程如下。

步骤 1：创建 URL 重写文件.htaccess。

步骤 2：创建引导文件 index.php。

步骤 3：创建配置文件 application.ini。

步骤 4：创建启动类 Bootstrap。

步骤 5：创建默认控制器 IndexController。

步骤 6：创建视图文件 index.phtml。

步骤 7：运行一个最基本的 Zend Framework 程序。

甜点 2：如何创建.htaccess 文件？

因为.htaccess 文件没有文件主名，所以在 Windows 系统下无法直接命名。下面介绍两种创建.htaccess 文件的方法。

(1) 通过 Windows 系统的 copy con 命令创建，完成后使用 Ctrl+Z 组合键退出编辑模式。

(2) 通过记事本文本编辑工具将文件另存为文件名为.htaccess 的文件，保存时要注意将文件类型设置为所有文件即可。

23.6　跟我练练手

上机 1：安装 Zend Framework 框架。

上机 2：创建一个新的 Zend Framework 应用。

第5篇

项目实战

➤ 第 24 章　开发论坛

第 24 章

开 发 论 坛

PHP 与 MySQL 的结合是开发 Web 网站的黄金搭档。本章将以论坛网站的开发为例进行讲解。论坛网站的开发具有网站开发的代表性，通过本章的学习，读者可以掌握 PHP+MySQL 开发网站的常用知识和技巧。

本章要点(已掌握的在方框中打钩)

- ☐ 熟悉网站的需求分析
- ☑ 熟悉数据库分析
- ☐ 掌握论坛的实现过程

24.1　网站的需求分析

在建设网站之前，首先需要分析网站的需要，包括网站需求分析和网站的功能模板分析。

24.1.1　需求分析

需求分析是论坛网站开发的必要环节，下面对网站的需求进行分析。

(1) 论坛的游客可以注册、登录网站和浏览主题。

(2) 论坛的普通注册用户拥有的浏览、发表主题、回复主题、修改自己的个人资料、查询主题、修改自己发布或回复的帖子等功能。

(3) 版主对版块的管理功能，包括对帖子的主要操作：查询主题、置顶、加精、移动、编辑和删除；对用户的操作：禁止发言和删除 id；对版块的操作：发布版块和广告。

(4) 管理员对版块的操作有：建立、修改和删除版块；对用户的操作有：禁止发言和删除 id；对帖子的主要操作有：查询主题、置顶、加精、移动、编辑和删除；对论坛的操作有：开放或关闭会员注册功能。

24.1.2　网站功能模块分析

网站功能模块主要如下。

(1) 会员注册模块：新会员注册，提供会员信息，检验会员信息的有效性，并将会员信息持久化。

(2) 会员登录模块：提供用户凭证，验证用户信息，基于角色授权。

(3) 会员管理模块：管理员由系统初始化分配一个，管理员可以对会员信息进行部分更改，主要包括用户角色调整、版主调整、删除会员等。

(4) 论坛版块管理模块：管理员可以添加、删除、调整、置顶、隐藏论坛版块。

(5) 帖子管理模块：管理员可以对所有帖子进行转移、置顶、删除等操作，版主可以对本版块帖子进行置顶、删除等操作。

(6) 帖子发表模块：用户可以在其权限允许的版块内发表帖子。

(7) 帖子回复模块：用户可以对其权限允许的主题发表回复。

(8) 帖子浏览模块：用户可以浏览所有可见的帖子。

(9) 帖子检索模块：注册用户可以提供标题关键字检索所有可见的主题帖，并可以查看自己发表或回复的帖子。

24.2　数据库分析

分析完网站的功能后，下面开始分析数据库的逻辑结构并建立数据表。

24.2.1 分析数据库

本论坛的数据库名称为"bbs_data"，共有 5 个数据表，各个数据表之间的逻辑关系如图 24-1 所示。

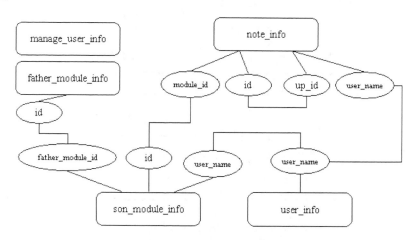

图 24-1 数据表的逻辑关系

24.2.2 创建数据表

分析数据库的结构后，即可创建数据表，各个数据表如表 24-1～表 24-5 所示。

表 24-1 manage_user_info(管理用户信息数据表)

编 号	字 段 名	类 型	字段意义	备 注
1	id	int		
2	user_name	char(16)	管理用户登录名	
3	user_pw	char(16)		

表 24-2 user_info(用户信息数据表)

编 号	字 段 名	类 型	字段意义	备 注
1	id	int		
2	user_name	char(16)	管理用户登录名	
3	user_pw	char(16)		
4	time1	datetime	注册时间	
5	time2	datetime	最后登录时间	

表 24-3　father_module_info (父版块信息数据表)

编　号	字　段　名	类　型	字段意义	备　注
1	id	int		1
2	module_name	char(66)	版块名称	2
3	show_order	int	显示序号	3

表 24-4　son_module_info(子版块信息数据表)

编　号	字　段　名	类　型	字段意义	备　注
1	id	int		
2	father_module_id	int	隶属的父版块的 id	同 father_module_info 中的 id
3	module_name	char(66)	子版块名称	
4	module_cont	text	子版块简介	
5	user_name	char(16)	发帖用户名	同 user_info 中的 user_name

表 24-5　note_info(发帖信息数据表)

编　号	字　段　名	类　型	字段意义	备　注
1	id	int		
2	module_id	int	隶属的子版块的 id	同 son_module_info 中的 id
3	up_id	int	回复帖子的 id	同本表中的 id
4	title	char(88)	帖子标题	
5	cont	text	帖子内容	
6	time	datetime	发帖时间	
7	user_name	char(16)	发帖用户名	同 user_info 中的 user_name
8	times	int	浏览次数	

24.3　论坛的代码实现

下面来分析论坛的代码是如何实现的。

24.3.1　数据库连接相关文件

主要的数据库连接相关文件如下。

(1) 文件 mysql.inc 主要用于自编连接数据库、服务器、SQL 语句执行函数库。主要代码如下：

```php
<?php
class mysql{
    //连接服务器、数据库以及执行 SQL 语句的类库
```

```php
    public $database;
    public $server_username;
    public $server_userpassword;
    function mysql()
    {    //构造函数初始化所要连接的数据库
      $this->server_username="root";
      $this->server_userpassword="";
    }//end mysql()
    function link($database)
    {    //连接服务器和数据库
      //设置所有连接的数据库
      if ($database==""){
          $this->database="bbs_data";
          }else{
          $this->database=$database;
          }
      //连接服务器和数据库
       if(@$id=mysql_connect('localhost',$this->server_username,$this
          ->server_userpassword)){
        if(!mysql_select_db($this->database,$id)){
            echo "数据库连接错误！！！";
          exit;
          }
        }else{
          echo "服务器正在维护中，请稍后重试！！！";
          exit;
          }
    }//end link($database)
    function excu($query)
    {      //执行 SQL 语句
      if($result=mysql_query($query)){
            return $result;
      }else{
          echo "sql 语句执行错误！！！请重试!!!";
            exit;
      }
    } //end  exec($query)
} //end class mysql
?>
```

(2) 文件 myfunction.inc 位于随书光盘的 ch24\inc\下，主要用于自编函数库。主要代码如下：

```php
<?php
class myfunction{
/////////////////字符转换：向数据库中插入或更新时用//////////////////////////
    function str_to($str)
    {
    $str=str_replace(" "," ",$str);        //把空格替换 HTML 的字符串空格
    $str=str_replace("<","&lt;",$str);          //把 HTML 的输出标志正常输出
    $str=str_replace(">","&gt;",$str);          //把 HTML 的输出标志正常输出
    $str=nl2br($str);                           //把回车替换成 HTML 中的 br
    return $str;
      }
///////////////////////由子版块的 id 返回该子版块的主题数//////////////////////
    function son_module_idtonote_num($son_module_id){
```

```php
        $aa=new mysql;
        $aa->link("");
        $query="select * from note_info where module_id='".$son_module_id.
            "'and up_id='0'";
        $rst=$aa->excu($query);
        return mysql_num_rows($rst);
    }
////////////////////////////////////////////////////////////////////////////
/
////////////////////////由子版块的id返回该子版块的帖子数////////////////////////
    function son_module_idtonote_num2($son_module_id){
    //由子版块的id返回该子版块的主题数
        $aa=new mysql;
        $aa->link("");
        $query="select * from note_info where module_id='".$son_module_id.
            "' and up_id='0'";
        $rst=$aa->excu($query);
        $num=mysql_num_rows($rst);
        while ($note=mysql_fetch_array($rst,MYSQL_ASSOC)){
            $query="select * from note_info where up_id='".$note['id']."'
                and module_id='0'";
            $rst=$aa->excu($query);
            $num+=mysql_num_rows($rst);
            }
        return $num;
    }
////////////////////////由子版块的id输出该子版块的最新帖子////////////////////////
    function son_module_idtolast_note($son_module_id){
    //由子版块的id输出该子版块的最新帖子
        $aa=new mysql;
        $aa->link("");
        $query="select * from note_info where module_id='".$son_module_id.
            "' order by time desc limit 0,1";
        $rst=$aa->excu($query);
        $note=mysql_fetch_array($rst,MYSQL_ASSOC);
            $query2="select * from note_info where id='".$note['up_id']."'";
            $rst2=$aa->excu($query);
            $note2=mysql_fetch_array($rst2,MYSQL_ASSOC);
            echo $note2['title'];
            echo "<br>";
            echo $note['time']."  ".$note['user_name'];
    }
////////////////////////由子版块的id输出该子版块的版主////////////////////////
    function son_module_idtouser_name($son_module_id){
    //由子版块的id输出该子版块的版主
        $aa=new mysql;
        $aa->link("");
        $query="select * from son_module_info where id='".$son_module_id."'";
        $rst=$aa->excu($query);
        $module=mysql_fetch_array($rst,MYSQL_ASSOC);
        if ($module['user_name']==""){
            return "版主暂缺";
            }else{
                return $module['user_name'];
```

```
                }
        }
///////////////////输出所有版块的下拉列表(子版块有参数)//////////////////////
    function son_module_list($son_module_id){
        //输出所有版块的下拉列表(子版块有参数)
        $aa=new mysql;
        $aa->link("");
        $query="select * from father_module_info order by id";
        $rst=$aa->excu($query);
        echo "<select name=module_id>";
        while($father_module=mysql_fetch_array($rst,MYSQL_ASSOC)){
            echo "<option value=>".$father_module['module_name']."</option>";
            $query="select * from son_module_info where father_module_id='"
                .$father_module['id']."' order by id ";
            $rst2=$aa->excu($query);
            while($son_module=mysql_fetch_array($rst2,MYSQL_ASSOC)){
                echo"<option value=".$son_module['id'].">  "
                    .$son_module['module_name']."</option>";
                }
            }
        echo "</select>";
    }
////////////////////////输出父版块的下拉列表/////////////////////////////////////////
    function father_module_list($father_module_id){
        //输出父版块的下拉列表
        $aa=new mysql;
        $aa->link("");
        echo "<select name=father_module_id>";
        if ($father_module_id==""){
            echo "<option selected>请选择...</option>";
            }else{
                $query="select * from father_module_info where
                    id='$father_module_id'";
                $rst=$aa->excu($query);
                $father_module=mysql_fetch_array($rst,MYSQL_ASSOC);
                echo"<option value=".$father_module['id'].">"
                    .$father_module['module_name']."</option>";
                }
        $query="select * from father_module_info order by show_order";
        $rst=$aa->excu($query);
        while($father_module=mysql_fetch_array($rst,MYSQL_ASSOC)){
            echo "<option value=".$father_module['id'].">".$father_module
                ['module_name']."</option>";
            }
        echo "</select>";
    }
/////////////////////////由帖子的id返回该帖子被浏览的次数/////////////////////////
    function note_idtotimes($note_id){
        $aa=new mysql;
        $aa->link("");
        $query="select * from note_info where id='".$note_id."'";
        $rst=$aa->excu($query);
        $note=mysql_fetch_array($rst,MYSQL_ASSOC);
        return $note['times'];
```

```
        }
///////////////////////由帖子的id返回该帖子的标题////////////////////////
    function note_idtotitle($note_id){
        $aa=new mysql;
        $aa->link("");
        $query="select * from note_info where id='$note_id'";
        $rst=$aa->excu($query);
        $note=mysql_fetch_array($rst,MYSQL_ASSOC);
        return $note['title'];
    }
///////////////////////由帖子的id返回帖子的回复数/////////////////////////
    function note_idtonote_num($note_id){
        $aa=new mysql;
        $aa->link("");
        $query="select * from note_info where up_id='".$note_id."'";
        $rst=$aa->excu($query);
        $num=mysql_num_rows($rst);
        return $num+1;
    }
///////////////////////由帖子的id输出帖子的最后回复时间///////////////////
    function note_idtolast_time($note_id){
        $aa=new mysql;
        $aa->link("");
        $query="select * from note_info where up_id='$note_id' order by time
            desc limit 0,1";
        $rst=$aa->excu($query);
        $note=mysql_fetch_array($rst,MYSQL_ASSOC);
        echo $note['time'];
    }
///////////////////////由帖子的id输出帖子的最后回复人/////////////////////
    function note_idtolast_user_name($note_id){
        $aa=new mysql;
        $aa->link("");
        $query="select * from note_info where up_id='$note_id' order by time
            desc limit 0,1";
        $rst=$aa->excu($query);
        $note=mysql_fetch_array($rst,MYSQL_ASSOC);
        echo $note['user_name'];
    }
///////////////////////由子版块的id返回其父版块的名称/////////////////////////
    function son_module_idtofather_name($son_module_id){
        $aa=new mysql;
        $aa->link("");
        $query="select * from son_module_info where id='$son_module_id'";
        $rst=$aa->excu($query);
        $module=mysql_fetch_array($rst,MYSQL_ASSOC);
        $query2="select * from father_module_info where
            id='$module[father_module_id]'";
        $rst2=$aa->excu($query2);
        $module2=mysql_fetch_array($rst2,MYSQL_ASSOC);
        return $module2['module_name'];
    }
///////////////////////由子版块的id返回本版块的名称////////////////////////
    function son_module_idtomodule_name($son_module_id){
```

```
        $aa=new mysql;
        $aa->link("");
        $query="select * from son_module_info where id='".$son_module_id."'";
        $rst=$aa->excu($query);
        $module=mysql_fetch_array($rst,MYSQL_ASSOC);
        return $module['module_name'];
    }
//////////////////////所有帖子的总数//////////////////////////
    function note_total_num(){
        $aa=new mysql;
        $aa->link("");
        $query="select * from note_info";
        $rst=$aa->excu($query);
        return mysql_num_rows($rst);
    }
//////////////////////所有会员的总数//////////////////////////
    function user_total_num(){
        $aa=new mysql;
        $aa->link("");
        $query="select * from user_info";
        $rst=$aa->excu($query);
        return mysql_num_rows($rst);
    }
//////////////////////所有会员的总数//////////////////////////
    function last_username(){
        $aa=new mysql;
        $aa->link("");
        $query="select * from user_info order by id desc limit 0,1";
        $rst=$aa->excu($query);
        $user=mysql_fetch_array($rst,MYSQL_ASSOC);
        return $user['user_name'];
    }
/////////////分页函数/////////////////////
    function page($query,$page_id,$add,$num_per_page){
    //  include "mysql.inc";
    ////////使用方法为:
    ///////   $myf=new myfunction;
    ///////   $query="";
    ///////   $myf->page($query,$page_id,$add,$num_per_page);
    ///////   $bb=$aa->excu($query);
        $bb=new mysql;
        global $query;                      //声明全局变量
        $bb->link("");
        $page_id=@$_GET['page_id'];     //接受 page_id
        if ($page_id==""){
            $page_id=1;
            }
        $rst=$bb->excu($query);
        $num=mysql_num_rows($rst);
        if ($num==0){
            echo "没有查到相关记录或没有相关回复! <br>";
            }
        $page_num=ceil($num/$num_per_page);
        for ($i=1;$i<=$page_num;$i++){
```

```
            echo " [<a href=?".$add."page_id=".$i.">".$i."</a>]";
        }
    $page_up=$page_id-1;
    $page_down=$page_id+1;
    if ($page_id==1){
        echo "<a href=?".$add."page_id=".$page_down.">下一页</a>  
            第".$page_id."页,共".$page_num."页";
    }
    else if ($page_id>=$page_num-1){
        echo "<a href=?".$add."page_id=".$page_up.">上一页</a>  
            第".$page_id."页,共".$page_num."页";
    }
    else{
        echo "<a href=?".$add."page_id=".$page_up.">上一页
            </a>  <a href=?".$add."page_id=".$page_down.">下一页
            </a>  第".$page_id."页,共".$page_num."页";
    }
    $page_jump=$num_per_page*($page_id-1);
    $query=$query." limit $page_jump,$num_per_page";
    }
}//end myfunction
?>
```

24.3.2　论坛主页面

论坛主页面的相关文件如下。

(1) 文件 head.php 位于随书光盘的 ch24\inc\下，为论坛的头文件，代码如下：

```
<?php
@session_start();
?>
<style type="text/css">
<!--
@font-face {
  font-family: 'Hanyihei';
  src: url("inc/hanyihei.ttf") format("truetype");
  font-style: normal; }
@font-face {
  font-family: 'Minijanxixingkai';
  src: url("inc/minijanxixingkai.ttf") format("truetype");
  font-style: normal; }
.STYLE1 {
    font-family: 'Hanyihei';
    font-size: 36px;
      color:#024f6c;
}
.STYLE2 {
    font-family: 'Hanyihei';
}
-->
</style>
<table width="98%" border="0" align="center" cellpadding="0"
cellspacing="1">
```

```html
  <tr>
    <td height="60" bgcolor="f0b604"><span class="STYLE1">  
       迅捷 BBS 系统</span></td>
  </tr>
  <tr>
    <td height="2"></td>
  </tr>
</table>
```

(2) 文件 foot.php 位于随书光盘的 ch24\inc\下，为论坛的版权文件，具体代码如下：

```html
<table width="98%" border="0" align="center" cellpadding="0"
cellspacing="0">
  <tr>
    <td height="10"></td>
  </tr>
  <tr>
    <td height="10" bgcolor="#5F8AC5"></td>
  </tr>
  <tr>
    <td height="40" align="center" valign="middle" bgcolor="#f0b604">建议使用
       浏览器 IE 6.0 以上 分辨率 1024*768 以上<br>
       版权所有: <a href="http://www.quickbbs.net" target="_blank">迅捷 BBS</a> </td>
  </tr>
</table>
```

(3) 文件 total_info.php 位于随书光盘的 ch24\inc\下，为论坛的总信息文件。具体代码
如下：

```php
<?php
//@session_start();
//用户登录并注册 SESSION
if(isset($_POST['tijiao'])){
   $tijiao=$_POST['tijiao'];
}
if (@$tijiao=="提交"){
      $user_name=@$_POST['user_name'];
      $user_pw=@$_POST['user_pw'];
      $check_query="select * from user_info where user_name='".$user_name."'";
      $check_rst=$aa->excu($check_query);
      $user=mysql_fetch_array($check_rst);
            if ($user_pw==$user['user_pw']){
            $_SESSION['user_name']=$user['user_name'];
            $today=date("Y-m-d H:i:s");
            $query="update user_info set time2='".$today."' where user_name=
                '".$_SESSION['user_name']."'";
            $aa->excu($query);
            }
}
if (@$tijiao=="安全退出"){
$_SESSION['user_name']="";
}
?>
<table width="98%" border="0" align="center" cellpadding="0"
cellspacing="1">
```

```
    <tr><form id="form1" name="form1" method="post" action="#">
    <td width="80%" height="25" align="left" valign="middle"
bgcolor="5F8AC5"> 
    <?php
    if (@$_SESSION['user_name']!=""){
    echo "<font color=ffffff>欢迎您:".$_SESSION['user_name']."</font>";
    echo "        
<input type='submit' name='tijiao' value='安全退出'>";
    }else{
    ?>
        用户名:
        <input type="text" name="user_name" size="8" />
        密码:<input type="text" name="user_pw" size="8" />
        <input type="submit" name="tijiao" value="提交" />
          <a href="register.php"><font color="#FFFFFF">我要注册</font></a>
    <?php
    }
    ?>
    </td>
    </form>
    <td width="20%" align="right" valign="middle" bgcolor="5F8AC5">
    <?php
     $today=date("Y-m-d H:i:s");
     echo $today;
    ?>
    </td>
  </tr>
    <tr>
    <td height="25" colspan="2" align="right" valign="middle">帖子总数: <?php
echo $bb->note_total_num();?>  会员总数: <?php
echo $bb->user_total_num();?>  欢迎新会员:
<?php echo $bb->last_username();?>  </td>
  </tr>
    <tr>
    <td height="13" colspan="2" align="right" valign="middle"> </td>
  </tr>
</table>
```

(4) 文件 index.php 位于随书光盘的 ch24\下，是用户访问的主页。具体代码如下：

```
<HTML>
<HEAD>
    <meta http-equiv="Content-Type" content="text/html; charset=utf-8" />
<TITLE>===迅捷 BBS 系统===</TITLE>
<link href="inc/style.css" rel="stylesheet" type="text/css" />
</HEAD>
<BODY>
<?php
@session_start();
include "inc/mysql.inc";
include "inc/myfunction.inc";
include "inc/head.php";
$aa=new mysql;
$bb=new myfunction;
$aa->link("");
```

```php
include "inc/total_info.php";
?>
<table class='indextemp' width="98%" border="0" align="center" cellpadding="0"
cellspacing="1" bgcolor="#FFFFFF">
  <tr>
    <td width="50%" height="25" align="center" valign="middle" bgcolor="5F8AC5">
<span class="STYLE2">讨论区</span></td>
    <td width="10%" align="center" valign="middle" bgcolor="5F8AC5"><span
       class="STYLE2">
       主 题</span></td>
    <td width="10%" align="center" valign="middle" bgcolor="5F8AC5"><span
       class="STYLE2">
       帖 子</span></td>
    <td width="20%" align="center" valign="middle" bgcolor="5F8AC5"><span
       class="STYLE2">
       最新帖子</span></td>
    <td width="10%" align="center" valign="middle" bgcolor="5F8AC5"><span
       class="STYLE2">
       版 主</span></td>
  </tr>
  <tr>
    <td colspan="5">
    <?php
    $query="select * from father_module_info order by id";
    $result=$aa->excu($query);
    while($father_module=mysql_fetch_array($result)){
    ?>
    <table width="100%" border="0" cellspacing="0" cellpadding="0">
     <tr>
       <td height="25" colspan="6" bgcolor="98B2CC">    
       <img src="pic_sys/li-1.gif" width="16" height="15">
              
       <?php echo $father_module['module_name']?></td>
     </tr>
     <?php
      $query2="select * from son_module_info where father_module_id=
         '".$father_module['id']."'
      order by id";
      $result2=$aa->excu($query2);
      while($son_module=mysql_fetch_array($result2)){
      ?>
      <tr>
       <td width="5%" height="40" align="center" valign="middle"><img src=
          "pic_sys/li-2.gif"
       width="32" height="32"></td>
       <td width="45%" align="left" valign="middle">
        <?php
        echo "<b><a href=module_list.php?module_id=".$son_module['id'].">
       <font  color=0000ff>".$son_module["module_name"]."</font></a></b><br>";
        echo $son_module["module_cont"];
        ?>       </td>
       <td width="10%" align="center" valign="middle"><?php
       echo $bb->son_module_idtonote_num($son_module["id"]);?></td>
       <td width="10%" align="center" valign="middle"><?php
```

```
        echo $bb->son_module_idtonote_num2($son_module["id"]);?></td>
      <td width="20%" align="left" valign="middle"><?php
       echo $bb->son_module_idtolast_note($son_module["id"]);?></td>
      <td width="10%" align="center" valign="middle"><?php
         echo $bb->son_module_idtouser_name($son_module["id"]);?></td>
    </tr>
    <?php }?>
  </table>
  <?php } ?>
    </td>
  </tr>
</table>
<?php
include "inc/foot.php";
?>
</BODY>
</HTML>
```

主页运行后效果如图 24-2 所示。

图 24-2   论坛主页面

24.3.3   新用户注册页面

文件 register.php 位于随书光盘的 ch24\下，是新用户注册页面。具体代码如下。

```
<HTML>
<HEAD>
<meta http-equiv="Content-Type" content="text/html; charset=utf-8" />
<TITLE>===迅捷 BBS 系统===</TITLE>
<link href="inc/style.css" rel="stylesheet" type="text/css" />
</HEAD>
<BODY>
<?php
include "inc/mysql.inc";
include "inc/myfunction.inc";
include "inc/head.php";
$aa=new mysql;
```

```php
$bb=new myfunction;
$aa->link("");
include "inc/total_info.php";
?>
<table width="98%" border="0" align="center" cellpadding="0"
cellspacing="0">
  <tr>
    <td width="73%" height="30"><a href="./">迅捷 BBS 系统</a>>>新用户注册</td>
    <td width="27%" align="right" valign="middle"><a
href="new_note.php"></a></td>
  </tr>
</table>
<table width="98%" border="0" align="center" cellpadding="0"
cellspacing="1"
bgcolor="#FFFFFF">
  <tr>
    <td height="25" align="center" valign="middle" bgcolor="5F8AC5">发 布 新 帖</td>
  </tr>
  <tr>
    <td height="25" align="center" valign="middle">
    <?php
    //接收提交表单内容检验数据库中是否已经存在此用户名，不存在写入数据库
    $tijiao=@$_POST['tijiao'];
    if ($tijiao=="提交"){
        $user_name=@$_POST['user_name'];
        $query="select * from user_info where user_name='$user_name'";
        $rst=$aa->excu($query);
        if (mysql_num_rows($rst)!=0){
            echo "===您注册的用户名已经存在，请选择其他的用户名重新注册！===";
        }else{
            $user_pw1=$_POST['user_pw1'];
            $user_pw2=$_POST['user_pw2'];
            if ($user_pw1!=$user_pw2){
                echo "===您两次输入的密码不匹配，请重新输入！===";
            }else{
                $today=date("Y-m-d H:i:s");
                $query="insert into user_info
                (user_name,user_pw,time1) values('$user_name','$user_pw1','$today')";
                if ($aa->excu($query)){
                    echo "===恭喜您，注册成功！请<a href=..//>
                    返回主页</a>登录===";
                    $register_tag=1;
                }
            }
        }
    }
    //显示注册表单
    if (@$register_tag!=1){
    ?>
    <form name="form1" method="post" action="#">
    <table width="500" border="0" cellpadding="0" cellspacing="2">
      <tr>
        <td width="122" height="26" align="right" valign="middle" bgcolor="#CCCCCC">
        用户名:</td>
```

```
    <td width="372" height="26" align="left" valign="middle" bgcolor=
        "#CCCCCC"><input
    type="text" name="user_name"></td>
  </tr>
  <tr>
    <td height="26" align="right" valign="middle" bgcolor="#CCCCCC">密码:</td>
    <td height="26" align="left" valign="middle" bgcolor="#CCCCCC">
    <input type="text" name="user_pw1"></td>
  </tr>
  <tr>
    <td height="26" align="right" valign="middle" bgcolor="#CCCCCC">重复密码:</td>
    <td height="26" align="left" valign="middle" bgcolor="#CCCCCC">
    <input type="text" name="user_pw2"></td>
  </tr>
  <tr>
    <td height="26" colspan="2" align="center" valign="middle" bgcolor="#CCCCCC">
    <input type="submit" name="tijiao" value="提 交">    
    <input type="reset"
    name="Submit2" value="重 置"></td>
    </tr>
  </table>
  </form>
  <?php
  }
  ?>
  </td>
  </tr>
  <tr>
    <td height="1" bgcolor="#CCCCCC"></td>
  </tr>
</table>
<?php
include "inc/foot.php";
?>
</BODY>
</HTML>
```

注册页面的运行效果如图 24-3 所示。输入用户名和密码后，单击【提交】按钮即可注册新用户。

图 24-3　新用户注册页面

注册完成后，即可在主页输入用户名和密码，单击【提交】按钮，登录论坛系统。登录后效果如图 24-4 所示。单击【安全退出】按钮，即可退出登录操作。

图 24-4　用户成功登录页面

24.3.4　论坛帖子的相关页面

下面介绍论坛帖子的相关页面。

(1) 文件 new_note.php 位于随书光盘的 ch24\下，是用于发布新帖的页面。具体代码如下：

```
<HTML>
<HEAD>
<meta http-equiv="Content-Type" content="text/html; charset=utf-8" />
<TITLE>===迅捷 BBS 系统===</TITLE>
<link href="inc/style.css" rel="stylesheet" type="text/css" />
</HEAD>
<BODY>
<?php
//@session_start();
include "inc/mysql.inc";
include "inc/myfunction.inc";
include "inc/head.php";
$aa=new mysql;
$bb=new myfunction;
$aa->link("");
include "inc/total_info.php";
?>
<table width="98%" border="0" align="center" cellpadding="0"
cellspacing="0">
  <tr>
    <td width="73%" height="30"><a href="./">迅捷 BBS 系统</a>>>发新帖子</td>
    <td width="27%" align="right" valign="middle"><a href="new_note.php">
<img src="pic_sys/post.gif" width="82" height="20"></a></td>
  </tr>
</table>
```

```
<table width="98%" border="0" align="center" cellpadding="0"
cellspacing="1" bgcolor="#FFFFFF">
  <tr>
    <td height="25" align="center" valign="middle" bgcolor="5F8AC5">发 布 新 帖</td>
  </tr>
  <tr>
    <td height="25" align="center" valign="middle">
    <?php
        if (@$_SESSION['user_name']==""){
    echo "===请先登录！==";
    }else{
    //接收提交表单内容写入数据库
    $tijiao=@$_POST['tijiao'];
    if ($tijiao=="提交"){
        $module_id=@$_POST['module_id'];
        $title=@$_POST['title'];
        $cont=@$_POST['cont'];
        $cont=$bb->str_to($cont);
        $today=date("Y-m-d H:i:s");
        if ($module_id!="" and $title!="" and $cont!=""){
            $query="insert into note_info
                (module_id,title,cont,time,user_name)
                values('$module_id','$title','$cont','$today','".$_SESSION
                ['user_name']."')";
            if ($aa->excu($query)){
            echo "===新帖发布成功，请继续！===";
            }
        }else{
            echo "===请选择子模块，而且标题和内容均不能为空！===";
        }
    }
    }
    ?>
    <form name="form1" method="post" action="new_note.php">
    <table width="500" border="0" cellpadding="0" cellspacing="2">
      <tr>
        <td width="122" height="26" align="right" valign="middle" bgcolor=
            "#CCCCCC">隶属版块:</td>
        <td width="372" height="26" align="left" valign="middle" bgcolor=
            "#CCCCCC">
        <?php
        $bb->son_module_list("");
        ?>
        </td>
      </tr>
      <tr>
        <td height="26" align="right" valign="middle" bgcolor="#CCCCCC">标题:</td>
        <td height="26" align="left" valign="middle" bgcolor="#CCCCCC">
        <input type="text" name="title"></td>
      </tr>
      <tr>
        <td height="26" align="right" valign="middle" bgcolor="#CCCCCC">内容:</td>
        <td height="26" align="left" valign="middle" bgcolor="#CCCCCC">
        <textarea name="cont" cols="50" rows="8"></textarea></td>
      </tr>
```

```
    <tr>
      <td height="26" align="right" valign="middle" bgcolor="#CCCCCC">发帖人:</td>
        <td height="26" align="left" valign="middle" bgcolor=
            "#CCCCCC"> 
        <?php echo $_SESSION['user_name'];?></td>
    </tr>
    <tr>
      <td height="26" align="right" valign="middle" bgcolor="#CCCCCC">时间:</td>
        <td height="26" align="left" valign="middle" bgcolor="#CCCCCC">系统
            将自动记录! </td>
    </tr>
    <tr>
      <td height="26" colspan="2" align="center" valign="middle" bgcolor="#CCCCCC">
      <input type="submit" name="tijiao" value="提交">    
      <input type="reset" name="Submit2" value="重 置"></td>
      </tr>
  </table>
  </form>
  <?php
  }
  ?>
  </td>
  </tr>
  <tr>
    <td height="1" bgcolor="#CCCCCC"></td>
  </tr>
</table>
<?php
include "inc/foot.php";
?>
</BODY>
</HTML>
```

发布新帖的页面效果如图 24-5 所示。

图 24-5　发新帖页面

（2）文件 note_show.php 位于随书光盘的 ch24\下，是显示帖子和相关回复的页面。具体代码如下：

```
<HTML>
<HEAD>
<meta http-equiv="Content-Type" content="text/html; charset=gb2312" />
<TITLE>===迅捷 BBS 系统===</TITLE>
<link href="inc/style.css" rel="stylesheet" type="text/css" />
</HEAD>
<BODY>
<?php
include "inc/mysql.inc";
include "inc/myfunction.inc";
include "inc/head.php";
$aa=new mysql;
$bb=new myfunction;
$aa->link("");
include "inc/total_info.php";
$module_id=$_GET[module_id];
$note_id=$_GET[note_id];
?>
<table width="98%" border="0" align="center" cellpadding="0"
cellspacing="0">
  <tr>
    <td width="73%" height="30"><a href="./">迅捷 BBS 系统</a>>>
    <?php
    echo "<a href=module_list.php?module_id=".$module_id.">";
    echo $bb->son_module_idtofather_name($module_id);
    echo "</a>>>";
    echo $bb->son_module_idtomodule_name($module_id);
    //删除回复
    $del_id=$_GET[del_id];
    if ($del_id!=""){
        if ($bb->son_module_idtouser_name($module_id)==$_SESSION[user_name]){
        $del_query="delete from note_info where id='$del_id'";
        $aa->excu($del_query);
        echo "<br>===删除回复成功！===";
        }
    }
    //添加回复
    $tijiao=$_POST[tijiao];
    if ($tijiao=="提 交"){
        $title=$_POST[title];
        $cont=$_POST[cont];
        $cont=$bb->str_to($cont);
        $today=date("Y-m-d H:i:s");
        if ($_SESSION[user_name]==""){
            $user_name="游客";
        }else{
            $user_name=$_SESSION[user_name];
        }
        $query="insert into note_info(up_id,title,cont,time,user_name)
            values('$note_id','$title','$cont','$today','$user_name')";
        $aa->excu($query);
```

```
      }
    ?></td>
    <td width="16%" align="right" valign="middle"><a href="#huifu">
    img src="pic_sys/reply.gif" width="82" height="20"></a></td>
    <td width="11%" align="right" valign="middle"><a href="new_note.php">
    <img src="pic_sys/post.gif" width="82" height="20"></a></td>
  </tr>
</table>
<?php
$query="select * from note_info where up_id='$note_id' order by time";
$add="module_id=".$module_id."&note_id=".$note_id."&";
?>
<table width="98%" border="0" align="center" cellpadding="0"
cellspacing="0">
  <tr>
    <td height="30" align="left" valign="middle"><?php $bb->page($query,
$page_id,$add,20)?>
</td>
  </tr>
</table>
<?php
$query2="select * from note_info where id='$note_id'";
$result2=$aa->excu($query2);
$note2=mysql_fetch_array($result2);
?>
<table width="98%" border="0" align="center" cellpadding="0"
cellspacing="1" bgcolor="#FFFFFF">
  <tr>
    <td width="71%" height="25" align="left" valign="middle" bgcolor=
      "5F8AC5">标题:
<?php
echo $note2[title]?></td>
    <td width="29%" align="center" valign="middle" bgcolor="5F8AC5">发帖时间:
<?php echo $note2[time]?></td>
  </tr>
  <tr>
    <td height="1" colspan="2" bgcolor="#CCCCCC"></td>
  </tr>
</table>
<table width="98%" border="0" align="center" cellpadding="0"
cellspacing="0">
  <tr>
    <td width="16%" height="15" align="center" valign="top"><img src=
      "pic_sys/head2.jpg"
    width="85" height="90"><br><?php echo $note2[user_name]?></td>
    <td align="left" valign="middle"><?php echo $note2[cont]?></td>
  </tr>
  <tr>
    <td height="8" colspan="2" align="center" valign="top" bgcolor=
      "#5F8AC5"></td>
  </tr>
</table>
<?php
$rst=$aa->excu($query);
```

```php
if (mysql_num_rows($rst)!=0){
?>
<table width="98%" border="0" align="center" cellpadding="0"
cellspacing="0">
  <?php
  while ($note=mysql_fetch_array($rst)){
  ?>
  <tr>
    <td width="16%" height="120" rowspan="3" align="center" valign="top">
    <?php
    if ($note[user_name]=="游客"){
    ?>
    <img src="pic_sys/head1.png" width="100" height="100">
    <br>
    游客
    <?php
    }else{
    ?>
    <img src="pic_sys/head2.jpg" width="85" height="90"><br>
    <?php
    echo $note[user_name];
    }
    ?>
    </td>
    <td width="54%" height="26" align="left" valign="middle">
       <?php echo $note[title]?></td>
    <td width="18%" height="26" align="center" valign="middle">
       <?php echo $note[time]?></td>
    <td width="12%" height="26" align="center" valign="middle">
    <?php
    if ($bb->son_module_idtouser_name($module_id)==$_SESSION[user_name] || $_SESSION
     [manage_tag]==1){
    echo "<a href=?
    module_id=".$module_id."&note_id=".$note_id."&page_id=".$page_id."&del_id=
       ".$note[id].">
    删除回复</a>";
    }
    ?>  </td>
  </tr>
  <tr>
    <td height="1" colspan="3" align="left" valign="top" bgcolor=
       "#CCCCCC"></td>
  </tr>
    <tr>
    <td height="70" colspan="3" align="left" valign="top">
       <?php echo $note[cont]?></td>
  </tr>
  <tr>
    <td height="2" colspan="4" align="center" valign="top" bgcolor=
       "#CCCCCC"></td>
  </tr>
  <?php }?>
</table>
<?php
```

```
        }
    ?>
<table width="98%" border="0" align="center" cellpadding="0" cellspacing="0">
  <tr>
    <td height="30" align="right" valign="bottom"><?php
    $query="select * from note_info where up_id='$note_id' order by time desc";
    $bb->page($query,$page_id,$add,20);
    ?></td>
  </tr>
</table>
<form name="form1" method="post" action="#">
<table width="500" border="0" align="center" cellpadding="0" cellspacing="2">
  <tr>
    <td height="26" colspan="2" align="center" valign="middle" bgcolor="#CCCCCC">
<a name="huifu">回 复 此 帖</a></td>
  </tr>
  <tr>
    <td width="122" height="26" align="right" valign="middle" bgcolor=
      "#CCCCCC">标题:</td>
    <td width="372" height="26" align="left" valign="middle" bgcolor=
      "#CCCCCC">

    <?php
        $reply_title="回复:".$bb->note_idtotitle($note_id);
        echo $reply_title;
    ?>
    <input type="hidden" name="title" value="<?php echo $reply_title?>">
    </td>
  </tr>
  <tr>
    <td height="26" align="right" valign="middle" bgcolor="#CCCCCC">内容:</td>
    <td height="26" align="left" valign="middle" bgcolor="#CCCCCC">
    <textarea name="cont" cols="50" rows="8"></textarea></td>
  </tr>
  <tr>
    <td height="26" align="right" valign="middle" bgcolor="#CCCCCC">发贴人:</td>
    <td height="26" align="left" valign="middle" bgcolor="#CCCCCC"> 
    <?php
        if ($_SESSION[user_name]==""){
            echo "游客";
        }else{
            echo $_SESSION[user_name];
        }
    ?></td>
  </tr>
  <tr>
    <td height="26" align="right" valign="middle" bgcolor="#CCCCCC">时间:</td>
    <td height="26" align="left" valign="middle" bgcolor="#CCCCCC">系统将自动
      记录! </td>
  </tr>
  <tr>
    <td height="26" colspan="2" align="center" valign="middle" bgcolor=
      "#CCCCCC">
<input type="submit" name="tijiao" value="提 交">
```

```
    
    <input type="reset" name="Submit2" value="重 置"></td>
  </tr>
</table>
</form>
<?php
include "inc/foot.php";
?>
</BODY>
</HTML>
```

回复帖子页面效果如图 24-6 所示。

图 24-6　回复帖子页面

（3）文件 module_list.php 位于随书光盘的 ch24\下，是显示子模块下帖子列表的页面。具体代码如下：

```
<HTML>
<HEAD>
<meta http-equiv="Content-Type" content="text/html; charset=utf-8" />
<TITLE>===迅捷 BBS 系统===</TITLE>
<link href="inc/style.css" rel="stylesheet" type="text/css" />
</HEAD>
<BODY>
<?php
@session_start();
include "inc/mysql.inc";
include "inc/myfunction.inc";
include "inc/head.php";
$aa=new mysql;
$bb=new myfunction;
$aa->link("");
include "inc/total_info.php";
$module_id=@$_GET['module_id'];
$del_id=@$_GET['del_id'];
if ($bb->son_module_idtouser_name($module_id)==@$_SESSION['user_name']){
    $query="delete from note_info where id='".$del_id."'";
    $aa->excu($query);
```

```
        }
$query="select * from note_info where module_id='".$module_id."' order by time desc";
$add="module_id=".$module_id."&";
?>
<table width="98%" border="0" align="center" cellpadding="0"
cellspacing="0">
  <tr>
    <td width="73%" height="30"><a href="./">迅捷 BBS 系统</a>>>
    <?php
    echo "<a href=module_list.php?module_id=".$module_id.">";
    echo $bb->son_module_idtofather_name($module_id);
    echo "</a>>>";
    echo $bb->son_module_idtomodule_name($module_id);
    ?></td>
    <td width="27%" align="right" valign="middle"><a href="new_note.php">
    <img src="pic_sys/post.gif" width="82" height="20"></a></td>
  </tr>
</table>
<table width="98%" border="0" align="center" cellpadding="0" cellspacing="0">
  <tr>
    <td height="30" align="left" valign="middle"><?php $bb->
      page($query,@$page_id,$add,20)?></td>
  </tr>
</table>
<table width="98%" border="0" align="center" cellpadding="0" cellspacing=
  "1" bgcolor="#FFFFFF">
  <tr>
    <td width="3%" height="25" align="center" valign="middle"
      bgcolor="5F8AC5"> </td>
    <td width="5%" align="center" valign="middle" bgcolor="5F8AC5">人气</td>
    <td width="50%" align="center" valign="middle" bgcolor="5F8AC5">标　题</td>
    <td width="9%" align="center" valign="middle" bgcolor="5F8AC5">发起人</td>
    <td width="5%" align="center" valign="middle" bgcolor="5F8AC5">帖子数</td>
    <td width="16%" align="center" valign="middle" bgcolor="5F8AC5">最后发表时间</td>
    <td width="12%" align="center" valign="middle" bgcolor="5F8AC5">最后发表人</td>
  </tr>
  <?php
    $result=$aa->excu($query);
    while($note=mysql_fetch_array($result)){
  ?>
  <tr>
    <td height="25" align="center" valign="middle"><img src="pic_sys/li-3.gif"
      width="14" height="11"></td>
    <td height="25" align="center" valign="middle"><?php echo $bb->
      note_idtotimes($note['id']);?></td>
    <td height="25" align="left" valign="middle"><?php
    echo "<a href=note_show.php?module_id=".$module_id."&note_id=
      ".$note['id'].">".$note['title']."</a>";
    if ($bb->son_module_idtouser_name($module_id)==$_SESSION['user_name']
    || $_SESSION['manage_tag']==1){
    echo "  
    <a href=module_list.php?module_id=".$module_id."&page_id=
      ".$page_id."&del_id=".$note['id'].">
    删除此帖</a>";
```

```
     }
    ?></td>
   <td height="25" align="center" valign="middle">
      <?php echo $note['user_name'];?></td>
   <td height="25" align="center" valign="middle">
      <?php echo $bb->note_idtonote_num($note['id']);?></td>
   <td height="25" align="center" valign="middle">
      <?php echo $bb->note_idtolast_time($note['id']);?></td>
   <td height="25" align="center" valign="middle">
      <?php echo $bb->note_idtolast_user_name($note['id']);?></td>
  </tr>
  <tr>
   <td height="1" colspan="7" bgcolor="#CCCCCC"></td>
  </tr>
  <?php
  }
  ?>
</table>
<table width="98%" border="0" align="center" cellpadding="0"
cellspacing="0">
  <tr>
   <td height="30" align="right" valign="bottom">
    <?php
    $query="select * from note_info where module_id='".$module_id."' order
      by time desc";
    $bb->page($query,@$page_id,$add,20)
    ?></td>
  </tr>
</table>
<?php
include "inc/foot.php";
?>
</BODY>
</HTML>
```

显示帖子的页面效果如图 24-7 所示。

图 24-7　显示帖子列表页面

24.3.5 后台管理系统的相关页面

下面介绍后台管理系统的相关页面。

(1) 文件 login.php 位于随书光盘的 ch24\manage\下，是管理用户的登录页面。具体代码如下：

```php
<?php
  include "../inc/mysql.inc";
   include "../inc/myfunction.inc";
   $aa=new mysql;
   $bb=new myfunction;
   $aa->link("");
   $_SESSION['manage_name']="";
   $_SESSION['manage_tag']="";
   ?>
<head>
<style>
<!--
td          { font-size: 10pt }
-->
</style>
<title>:::管理员登录==迅捷 BBS 系统:::</title>
</head>
<body  onLoad="tijiao.username.value='';tijiao.username.focus();">

<p align="center">  </p>
<br>
  </font></p>
<div align="center">
  <center>

  <form method=POST name="tijiao" action="auth.php">
  <table border="1" cellpadding="0" cellspacing="0" bordercolor="#111111"
     width="240"
     height="126" bordercolorlight="#FFFFFF" bordercolordark="#FFFFFF"
     style="border-collapse: collapse">
   <tr>
     <td width="238" colspan="2" height="25" bgcolor="#A8A3AD">
     <p align="center"><b><font color="#FFFFFF">迅捷 BBS 后台管理系统</font></b></td>
   </tr>
   <tr>
     <td width="64" height="26" bgcolor="#E3E1E6">
     <p align="center">账  号: </td>
     <td height="26" bgcolor="#E3E1E6" width="173">
     <input type="text" name="username" size="20" style="color: #A8A3AD;
        border-style: solid;
     border-width: 1; padding-left: 4; padding-right: 4; padding-top: 1;
        padding-bottom: 1"></td>
   </tr>
   <tr>
     <td width="64" height="26" bgcolor="#E3E1E6">
     <p align="center">口  令: </td>
```

```
        <td height="26" bgcolor="#E3E1E6" width="173">
        <input type="password" name="password" size="20" style="color: #A8A3AD;
            border-style: solid;
        border-width: 1; padding-left: 4; padding-right: 4; padding-top: 1;
            padding-bottom: 1"></td>
    </tr>
    <tr>
        <td width="238" height="29" bgcolor="#E3E1E6" colspan="2">
        <p align="center"><input type="submit" value="登录" name=
            "login">    
        <input type="reset" value="取 消" name="cancel"></td>
    </tr>
    <tr>
        <td width="238" colspan="2" height="20" bgcolor="#A8A3AD"> </td>
    </tr>
  </table>
  </form>
  </center>
</div>
</body>
```

管理用户的登录页面效果如图 24-8 所示。

图 24-8　管理用户的登录页面

(2) 文件 session.inc 位于随书光盘的 ch24\manage\下，是检验 Session 是否存在的页面。具体代码如下：

```
<?php
@session_start();
//if ($_SESSION['manage_name']=="" and $_SESSION['manage_tag']!=1){
//    header("location:./login.php");
//    }
?>
```

(3) 文件 index_top.php 位于随书光盘的 ch24\manage\下，是后台管理主页面的上部页面。具体代码如下：

```
<HTML>
<HEAD><TITLE>顶部管理导航菜单</TITLE>
<META http-equiv=Content-Type content="text/html; charset=gb2312">
<STYLE type=text/css>A:link {
    COLOR: #ffffff; TEXT-DECORATION: none
}
```

```
A:hover {
    COLOR: #ffffff
}
A:visited {
    COLOR: #f0f0f0; TEXT-DECORATION: none
}
.spa {
    FONT-SIZE: 9pt; FILTER: Glow(Color=#0F42A6, Strength=2) dropshadow
      (Color=#0F42A6, OffX=2, OffY=1,); COLOR: #8aade9; FONT-FAMILY: '宋体'
}
IMG {
    FILTER: Alpha(opacity:100); chroma: #FFFFFF)
}
</STYLE>
<SCRIPT language=JavaScript type=text/JavaScript>
function preloadImg(src) {
  var img=new Image();
  img.src=src
}
preloadImg('image/admin_top_open.gif');

var displayBar=true;
function switchBar(obj) {
  if (displayBar) {
    parent.frame.cols='0,*';
    displayBar=false;
    obj.src='image/admin_top_open.gif';
    obj.title='打开左边管理导航菜单';
  } else {
    parent.frame.cols='200,*';
    displayBar=true;
    obj.src='image/admin_top_close.gif';
    obj.title='关闭左边管理导航菜单';
  }
}
</SCRIPT>
<META content="MSHTML 6.00.2900.2963" name=GENERATOR></HEAD>
<BODY leftMargin=0 background=image/admin_top_bg.gif
topMargin=0>
<TABLE cellSpacing=0 cellPadding=0 width="100%" border=0>
  <TBODY>
  <TR vAlign=center>
   <TD width=60><IMG title=关闭左边管理导航菜单 style="CURSOR: hand"
    onclick=switchBar(this)
    src="image/admin_top_close.gif"></TD>
   <TD width=92><A href="login.php" target="_parent" ><IMG
    src="image/top_an_1.gif" border=0></A></TD>
   <TD width=92><A href="#"></A></TD>
   <TD width=104><A href="#"></A></TD>
   <TD width=92><A href="#"></A></TD>
   <TD width=92><A href="#"></A></TD>
   <TD class=spa align=right>ET PHP SOUND CODE DEVELOP  
  </TD>
  </TR>
```

```
</TBODY>
</TABLE>
</BODY>
</HTML>
```

(4) 文件 index_left.php 位于随书光盘的 ch24\manage\下，是后台管理主页面的左侧页面。具体代码如下：

```php
<?php
include "session.inc";
?>
<HTML>
<HEAD><TITLE>管理导航菜单</TITLE>
<META http-equiv=Content-Type content="text/html; charset=gb2312">
<SCRIPT src="menu.js"></SCRIPT>
<LINK href="left.css" type=text/css rel=stylesheet>
</HEAD>
<BODY leftMargin=0 topMargin=0 marginwidth="0" marginheight="0">
<TABLE cellSpacing=0 cellPadding=0 width=180 align=center border=0>
  <TBODY>
  <TR>
    <TD vAlign=top height=44><IMG src="image/title.gif"></TD></TR></TBODY></TABLE>
<TABLE cellSpacing=0 cellPadding=0 width=180 align=center>
  <TBODY>
  <TR>
   <TD class=menu_title id=menuTitle0
   onmouseover="this.className='menu_title2';"
   onmouseout="this.className='menu_title';"
   background=image/title_bg_quit.gif
    height=26>  <A href="Admin_Main.php"  target="_top"><B>
      <SPAN class=glow>
    管理首页</SPAN></B></A><SPAN class=glow> |
    </SPAN><A href="login.php" target="_top"><B><SPAN class=glow>退出
    </SPAN></B></A> </TD></TR>
  <TR>
   <TD id=submenu0 background=image/title_bg_admin.gif height=97>
    <DIV style="WIDTH: 180px">
    <TABLE cellSpacing=0 cellPadding=0 width=130 align=center>
      <TBODY>
      <TR>
       <TD height=16>您的用户名: <?php echo @$_SESSION['manage_name'];?></TD></TR>
      <TR>
       <TD height=16>您的身份: <?php echo @$_SESSION['manage_name'];?></TD></TR>
        <TR>
         <TD height=16>IP: <?php echo $_SERVER["REMOTE_ADDR"];?></TD>
        </TR>
      <TR>
       <TD height=16> </TD>
        </TR>
        </TBODY></TABLE></DIV>
     <DIV style="WIDTH: 167px">
     <TABLE cellSpacing=0 cellPadding=0 width=130 align=center>
      <TBODY>
       <TR>
```

```
            <TD height=20></TD></TR></TBODY></TABLE></DIV></TD></TR></TBODY></TABLE>
            <TABLE cellSpacing=0 cellPadding=0 width=167 align=center>
<TBODY>
<TR>
  <TD class=menu_title id=menuTitle1
  onmouseover="this.className='menu_title2'" style="CURSOR: hand"
  onclick="new Element.toggle('submenu1')"
  onmouseout="this.className='menu_title'"
  background=image/Admin_left_1.gif height=28 ;><SPAN class=glow>论坛版块管理
      </SPAN></TD>
</TR>
<TR>
  <TD id=submenu1 style="DISPLAY: none" align=right>
    <DIV class=sec_menu style="WIDTH: 165px">
    <TABLE cellSpacing=0 cellPadding=0 width=132 align=center>
      <TBODY>
       <TR>
        <TD height=20><A href="father_module_add.php" target=main>父版块添加</A></TD>
       </TR>
       <TR>
        <TD height=20><A href="father_module_list.php" target=main>父版块管理
            </A></TD>
       </TR>
       <TR>
        <TD height=20><A href="son_module_add.php" target=main>子版块添加</A></TD>
       </TR>
       <TR>
        <TD height=20><A href="son_module_list.php" target=main>子版块管理</A></TD>
       </TR>
          </TABLE>
    </DIV>
    <DIV style="WIDTH: 158px">
    <TABLE cellSpacing=0 cellPadding=0 width=130 align=center>
      <TBODY>
       <TR>
        <TD height=4></TD></TR></TBODY></TABLE></DIV></TD></TR></TBODY></TABLE>
    <TABLE cellSpacing=0 cellPadding=0 width=167 align=center>
<TBODY>
<TR>
  <TD class=menu_title id=menuTitle2
  onmouseover="this.className='menu_title2'" style="CURSOR: hand"
  onclick="new Element.toggle('submenu2')"
  onmouseout="this.className='menu_title'"
  background=image/Admin_left_11.gif height=28 ;><SPAN class=glow>论坛用户管理
      </SPAN></TD>
</TR>
<TR>
  <TD id=submenu2 style="DISPLAY: none" align=right>
    <DIV class=sec_menu style="WIDTH: 165px">
    <TABLE cellSpacing=0 cellPadding=0 width=132 align=center>
      <TBODY>
      <TR>
        <TD height=20><A href="user_list.php" target=main>所有用户</A></TD>
      </TR>
```

```
    <TR>
     <TD height=20><A href="user_js.php" target=main>用户检索</A></TD>
    </TR>
       </TBODY></TABLE>
   </DIV>
   <DIV style="WIDTH: 158px">
   <TABLE cellSpacing=0 cellPadding=0 width=130 align=center>
    <TBODY>
    <TR>
     <TD height=4></TD></TR></TBODY></TABLE></DIV></TD></TR></TBODY></TABLE>
   <TABLE cellSpacing=0 cellPadding=0 width=167 align=center>
<TBODY>
<TR>
 <TD class=menu_title id=menuTitle3
 onmouseover="this.className='menu_title2'" style="CURSOR: hand"
 onclick="new Element.toggle('submenu3')"
 onmouseout="this.className='menu_title'"
 background=image/Admin_left_3.gif height=28 ;><SPAN class=glow>安全管理
    </SPAN></TD>
</TR>
<TR>
 <TD id=submenu3 style="DISPLAY: none" align=right>
   <DIV class=sec_menu style="WIDTH: 165px">
   <TABLE cellSpacing=0 cellPadding=0 width=132 align=center>
    <TBODY>
    <TR>
     <TD height=20><A href="user_pw_change.php" target=main>密码更改</A></TD>
    </TR>
    <TR>
     <TD height=20><A href="../" target=_blank>帖子管理</A></TD>
    </TR>
       </TBODY></TABLE>
   </DIV>
   <DIV style="WIDTH: 158px">
   <TABLE cellSpacing=0 cellPadding=0 width=130 align=center>
    <TBODY>
    <TR>
     <TD height=4></TD></TR></TBODY></TABLE></DIV></TD></TR></TBODY></TABLE>
   <TABLE cellSpacing=0 cellPadding=0 width=167 align=center>
<TBODY>
<TR>
 <TD class=menu_title id=menuTitle208
 onmouseover="this.className='menu_title2';"
 onmouseout="this.className='menu_title';"
 background=image/Admin_left_04.gif
   height=28><SPAN>系统信息</SPAN> </TD></TR>
<TR>
 <TD align=right>
   <DIV class=sec_menu style="WIDTH: 165px">
   <TABLE cellSpacing=0 cellPadding=0 width=130 align=center>
    <TBODY>
    <TR>
     <TD height=20><br>版本号:verson 1.0<BR>版权所有:  <A href=
        "http://www.quickbbs.net/" target=_blank>迅捷BBS</A>
```

```
          <BR>设计制作:  <A href="http://www.etpt.net/" target=_blank>迅捷BBS</A>
          <BR>技术支持:  <A href="http://bbs.etpt.net/" target=_blank>迅捷BBS</A>
          <BR><BR></TD></TR></TBODY></TABLE></DIV></TD></TR>
</TBODY></TABLE>
</BODY>
</HTML>
```

(5) 文件 index_right.php 位于随书光盘的 ch24\manage\下，是后台管理主页面的右侧页面。具体代码如下：

```php
<?php
include "fun_head.php";
head("管理首页");
?>
<TABLE cellSpacing=0 cellPadding=0 width="100%" border=0>
  <TBODY>
  <TR>
    <TD width=20 rowSpan=2> </TD>
    <TD class=topbg align=middle width=100>论坛版块管理</TD>
    <TD width=300> </TD>
    <TD width=40 rowSpan=2> </TD>
    <TD class=topbg align=middle width=100>论坛用户管理</TD>
    <TD width=300> </TD>
    <TD width=21 rowSpan=2> </TD></TR>
  <TR class=topbg2>
    <TD colSpan=2 height=1></TD>
    <TD colSpan=2></TD></TR></TBODY></TABLE>
<TABLE cellSpacing=0 cellPadding=0 width="100%" border=0>
  <TBODY>
  <TR>
    <TD width=20> </TD>
    <TD width=400><br>
        本管理某块共分四个子模块:父模块添加、父模块管理、子模块添加、子模块管理。
        其中父模块添加和子模块添加可以实现本论坛的父模块和子模块的添加;
        父模块的管理和子模块的管理可以实现本论坛父模块和子模块的删除、编辑等功能。<BR>
        </TD>
    <TD width=40> </TD>
    <TD
      width=400><br>
      本管理某块共分两个子模块:所有用户和用户检索。
      其中所有用户按用户注册的先后顺序分页依次列出。
      用户检索是由管理员输入要查询的论坛注册用户的用户名，系统通过数据库查询出该用户的
      相关信息，并列出，而且管理员也可以在查询注册用户后直接删除该用户。<br>
      <br></TD>
    <TD width=21> </TD></TR></TBODY></TABLE>
        <TABLE height=10 cellSpacing=0 cellPadding=0 width="100%" border=0>
  <TBODY>
  <TR>
    <TD></TD></TR></TBODY></TABLE>
        <TABLE cellSpacing=0 cellPadding=0 width="100%" border=0>
  <TBODY>
  <TR>
    <TD width=20 rowSpan=2> </TD>
    <TD class=topbg align=middle width=100>安全管理</TD>
```

```
<TD width=300> </TD>
<TD width=40 rowSpan=2> </TD>
<TD class=topbg align=middle width=100>系统信息</TD>
<TD width=300> </TD>
<TD width=21 rowSpan=2> </TD></TR>
    <TR class=topbg2>
<TD colSpan=2 height=1></TD>
<TD colSpan=2></TD></TR></TBODY></TABLE>
    <TABLE cellSpacing=0 cellPadding=0 width="100%" border=0>
    <TBODY>
  <TR>
<TD width=20> </TD>
<TD
  width=400><br>
  本管理模块共分两个子模块:密码更改和帖子管理。
  其中密码更改提供了管理员更改密码的功能,但必须输入原密码和两次新密码;
  帖子管理是直接进入论坛的主界面,但与普通注册用户所不同的是,
  在论坛的每个发帖和回复后面都多了一个删除按钮,可以通过此按钮删除相关帖子或回复。
</TD>
    <TD width=40> </TD>
    <TD
  width=400 valign="top"><br />
  本模块提供了本论坛的版本号、版权所有、设计制作以及技术支持等信息。</TD>
    <TD width=21> </TD></TR></TBODY></TABLE>
<TABLE height=70 cellSpacing=0 cellPadding=0 width="100%" border=0>
  <TBODY>
  <TR>
<TD></TD></TR></TBODY></TABLE>
<TABLE height=10 cellSpacing=0 cellPadding=0 width="100%" border=0>
  <TBODY>
  <TR>
    <TD></TD></TR></TBODY></TABLE>
<BR>
    <?php
    include "bottom.php";
    ?>
```

(6) 文件 bootom.php 位于随书光盘的 ch24\manage\下，是后台管理主页面的版权页面。
具体代码如下：

```
<TABLE class=border cellSpacing=1 cellPadding=2 width="100%" align=center
border=0>
  <TBODY>
  <TR align=middle>
   <TD class=topbg height=25><SPAN class=Glow>Copyright 2012 &copy;
   <a href="http://www.quickbbs.net" target="_blank"><font color="#FFFFFF">
     迅捷 BBS</font></a>
    All Rights Reserved.</SPAN> </TD></TR>
</TBODY>
</TABLE>
```

(7) 文件 index.php 位于随书光盘的 ch24\manage\下，是后台管理的主页面。具体代码如下：

```
<?php
include "session.inc";
```

```
?>
<HTML>
<HEAD>
<TITLE>===迅捷 BBS 系统-后台管理===</TITLE>
<META http-equiv=Content-Type content="text/html; charset=gb2312">
</HEAD>
<FRAMESET id=frame border=false frameSpacing=0 rows=* frameBorder=0 cols=200,*
    scrolling="yes">
  <FRAME name=left marginWidth=0 marginHeight=0 src="index_left.php"
      scrolling=yes>
  <FRAMESET border=false frameSpacing=0 rows=53,* frameBorder=0 cols=*
      scrolling="yes">
    <FRAME name=top src="index_top.php" scrolling=no>
    <FRAME name=main src="index_right.php">
  </FRAMESET>
</FRAMESET>
```

(8) 文件 fun_head.php 位于随书光盘的 ch24\manage\下，是后台管理中右侧页面中的头文件。具体代码如下：

```php
<?php
 function head($str){
?>
<LINK href="Admin_Style.css" rel=stylesheet>
<STYLE type=text/css>
.STYLE4 {
    COLOR: #000000
}
</STYLE>
<BODY leftMargin=0 topMargin=0 marginheight="0" marginwidth="0">
<TABLE cellSpacing=0 cellPadding=0 width="100%" border=0>
  <TBODY>
  <TR>
    <TD width=392 rowSpan=2><img height=126
      src="image/adminmain01.gif" width=392></TD>
    <TD vAlign=top background=image/adminmain0line2.gif
    height=114>
      <TABLE cellSpacing=0 cellPadding=0 width="100%" border=0>
        <TBODY>
        <TR>
          <TD height=20></TD></TR>
        <TR>
          <TD><SPAN class=STYLE4>频道管理中心</SPAN></TD></TR>
        <TR>
          <TD height=8><IMG height=1
            src="image/adminmain0line.gif" width=283></TD></TR>
        <TR>
          <TD><IMG src="image/img_u.gif"
            align=absMiddle>欢迎进入管理<FONT color=#ff0000></FONT></TD></TR>
        <TR>
          <TD><IMG src="image/img_u.gif" align=absMiddle>
          <?php
          echo "当前位置: <b><font color=#ffffff>".$str."</font></b>";
          ?></TD>
```

```
        </TR>
      </TBODY></TABLE></TD></TR>
  <TR>
    <TD vAlign=bottom background=image/adminmain03.gif
     height=9><IMG height=12 src="image/adminmain02.gif"
      width=23></TD></TR></TBODY></TABLE>
      <?php
        }
?>
```

(9) 文件 father_module_add.php 位于随书光盘的 ch24\manage\下，是父模块添加页面。具体代码如下：

```
<?php
include "session.inc";
include "fun_head.php";
head("父版块添加");
include "../inc/mysql.inc";
include "../inc/myfunction.inc";
$aa=new mysql;
$bb=new myfunction;
$aa->link("");
$add_tag=@$_GET['add_tag'];
if ($add_tag==1){
$show_order=$_POST['show_order'];
$module_name=$_POST['module_name'];
    if ($show_order=="" or $module_name==""){
    echo "===对不起，您添加父版块不成功：
        <font color=red>显示序号和父版块名称全不能为空</font>! ===";
    }else{
    $query="insert into
        father_module_info(module_name,show_order)
        values('$module_name','$show_order')";
    $aa->excu($query);
    echo "===恭喜您，父版块添加成功! ===";
    }
}
?>
<table width="100%" height="389" border="0" cellpadding="0" cellspacing="0"
    bgcolor="f0f0f0">
  <tbody>
    <tr>
      <td width="20"> </td>
      <td valign="top"><br />
        <form action="?add_tag=1" method="post" name="form1" id="form1">
          <table width="408" height="87" border="0" align="center" cellpadding="0"
              cellspacing="1" bordercolor="#FFFFFF" bgcolor="449ae8">
            <tr bgcolor="#dcccccc">
              <td width="94" height="25" bgcolor="e0eef5"><div align="right">
                  显示序号:</div></td>
              <td width="306" bgcolor="e0eef5"><input type="text" size="6"
                  name="show_order" />
                  请填写一整数，如：1
              </td>
```

```
      </tr>
      <tr bgcolor="#dddddd">
        <td height="25" bgcolor="#FFFFFF"><div align="right">父版块名称:
            </div></td>
        <td bgcolor="#FFFFFF"><input type="text" size="20" name=
            "module_name" /></td>
      </tr>
      <tr bgcolor="#dddddd">
        <td height="33" colspan="2" bgcolor="e0eef5"><div align="center">
            <input name="submit" type="submit" value="提交" />
                
            <input name="reset" type="reset" value="重置" />
          </div></td>
      </tr>
    </table>
  </form>
  <br />
  <br /></td>
  <td width="20"> </td>
  </tr>
  </tbody>
</table>
<?php
    include "bottom.php";
?>
```

(10) 文件 father_module_bj.php 位于随书光盘的 ch24\manage\下, 是父模块编辑页面。具
体代码如下:

```
<?php
include "session.inc";
include "fun_head.php";
head("父版块管理==>>编辑");
include "../inc/mysql.inc";
include "../inc/myfunction.inc";
$aa=new mysql;
$bb=new myfunction;
$aa->link("");
$module_id=$_GET['module_id'];
$update_tag=@$_GET['update_tag'];
if ($update_tag==1){
$show_order=$_POST['show_order'];
$module_name=$_POST['module_name'];
    if ($show_order=="" or $module_name==""){
    echo "===对不起, 您编辑父版块不成功: <font color=red>
        显示序号和父版块名称全不能为空</font>! ===";
    }else{
    $query="update father_module_info set
module_name='$module_name',show_order='$show_order
' where id='$module_id'";
    $aa->excu($query);
    echo "===恭喜您, 编辑父版块添加成功! ===";
    }
}
```

```php
$query="select * from father_module_info where id='$module_id'";
$rst=$aa->excu($query);
$module=mysql_fetch_array($rst,MYSQL_ASSOC);
?>
<table width="100%" height="389" border="0" cellpadding="0" cellspacing="0"
   bgcolor="f0f0f0">
  <tbody>
    <tr>
      <td width="20"> </td>
      <td valign="top"><br />
        <form action="?update_tag=1&module_id=<?php echo $module_id?>"
          method="post" name="form1" id="form1">
          <table width="408" height="87" border="0" align="center" cellpadding="0"
            cellspacing="1" bordercolor="#FFFFFF" bgcolor="449ae8">
            <tr bgcolor="#dcccccc">
              <td width="94" height="25" bgcolor="e0eef5"><div align="right">
                 显示序号:</div></td>
              <td width="306" bgcolor="e0eef5"><input type="text" size="6"
                name="show_order" value="<?php echo $module['show_order']?>" />
                请填写一整数, 如: 1
              </td>
            </tr>
            <tr bgcolor="#dddddd">
              <td height="25" bgcolor="#FFFFFF"><div align="right">父版块名称:
                 </div></td>
              <td bgcolor="#FFFFFF"><input type="text" size="20" name="module_name"
                value="<?php echo $module['module_name']?>" /></td>
            </tr>
            <tr bgcolor="#dddddd">
              <td height="33" colspan="2" bgcolor="e0eef5"><div align="center">
                 <input name="submit" type="submit" value="提交" />
                      
                 <input name="reset" type="reset" value="重置" />
                 </div></td>
            </tr>
          </table>
        </form>
        <br />
      <br /></td>
    <td width="20"> </td>
    </tr>
  </tbody>
</table>
<?php
   include "bottom.php";
?>
```

(11) 文件 father_module_list.php 位于随书光盘的 ch24\manage\下, 是父模块添加显示页面。具体代码如下:

```php
<?php
include "session.inc";
include "fun_head.php";
head("父版块管理");
```

```php
include "../inc/mysql.inc";
include "../inc/myfunction.inc";
$aa=new mysql;
$bb=new myfunction;
$aa->link("");
///////////删除父版块///////////////////////////////////////
$del_tag=@$_GET['del_tag'];
if ($del_tag==1){
    $module_id=$_GET['module_id'];
    $query="delete from father_module_info where id='$module_id'";
    $aa->excu($query);
    echo "==恭喜您，删除父版块信息成功！==<br>";
}
///////////按显示顺序查询父版块信息表///////////////////////
    $query="select * from father_module_info order by show_order";
    $rst=$aa->excu($query);
    ?>
<table width="100%" height="390" border="0" cellpadding="0" cellspacing="0"
    bgcolor="f0f0f0">
  <tbody>
    <tr>
      <td width="20"> </td>
      <td valign="top"><br /><table width="80%" border="0" align="center"
        cellpadding="0" cellspacing="1" bgcolor="449ae8">
        <tr bgcolor="#cccccc">
          <td width="92" height="23" bgcolor="e0eef5"><div align="center">编号
            </div></td>
          <td width="193" bgcolor="e0eef5"><div align="center">显示序号</div></td>
          <td width="368" bgcolor="e0eef5"><div align="center">父版块名称</div></td>
          <td colspan="2" bgcolor="e0eef5"><div align="center">操作</div></td>
        </tr>
<?php
    $m=0;
    while($module=mysql_fetch_array($rst,MYSQL_ASSOC)){
    $m++;
      ?>
      <tr>
        <td height="19" bgcolor="#FFFFFF"><div align="center"><?php echo $m;?>
          </div></td>
        <td bgcolor="#FFFFFF"><div align="center">
          <?php echo $module['show_order']?></div></td>
        <td bgcolor="#FFFFFF"><div align="center">
          <?php echo $module['module_name']?></div></td>
        <td width="134" align="center"
          bgcolor="#FFFFFF"><a href="father_module_bj.php?module_id=
        <?php echo $module['id'];?>">编辑</a></td>
        <td width="142" align="center" bgcolor="#FFFFFF">
          <a href="?del_tag=1&module_id=
        <?php echo $module['id']?>">删除</a></td>
      </tr>
      <?php }?>
    </table>
    </td>
    <td width="20"> </td>
```

```
      </tr>
    </tbody>
</table>
  <?php
    include "bottom.php";
    ?>
```

(12) 文件 son_module_add.php 位于随书光盘的 ch24\manage\下，是子模块添加页面。具
体代码如下：

```php
<?php
include "session.inc";
include "fun_head.php";
head("子版块添加");
include "../inc/mysql.inc";
include "../inc/myfunction.inc";
$aa=new mysql;
$bb=new myfunction;
$aa->link("");
$add_tag=@$_GET['add_tag'];
if ($add_tag==1){
$father_module_id=$_POST['father_module_id'];
$module_name=$_POST['module_name'];
$module_cont=$_POST['module_cont'];
$user_name=$_POST['user_name'];
    if ($father_module_id=="" or $module_name=="" or $module_cont==""){
    echo "===对不起，您添加子版块不成功：<font color=red>隶属的父版块、
    子版块的名称和简介全不能为空</font>! ===";
    }else{
    $query="insert into son_module_info(father_module_id,
    module_name,module_cont,user_name)
    values('$father_module_id','$module_name','$module_cont','$user_name')";
    $aa->excu($query);
    echo "===恭喜您，子版块添加成功! ===";
    }
}
?>
<table width="100%" height="389" border="0" cellpadding="0" cellspacing="0"
  bgcolor="f0f0f0">
  <tbody>
    <tr>
      <td width="20"> </td>
      <td valign="top"><br />
        <form action="?add_tag=1" method="post" name="form1" id="form1">
          <table width="408" height="139" border="0" align="center" cellpadding="0"
            cellspacing="1" bordercolor="#FFFFFF" bgcolor="449ae8">
            <tr bgcolor="#dccccccc">
              <td width="94" height="25" bgcolor="e0eef5"><div align="right">
                隶属的父版块:</div></td>
              <td width="306" bgcolor="e0eef5"><?php $bb->
                father_module_list("");?></td>
            </tr>
            <tr bgcolor="#dddddd">
              <td height="25" bgcolor="#FFFFFF"><div align="right">子版块名称:
```

```
              </div></td>
            <td bgcolor="#FFFFFF"><input type="text" size="20" name=
              "module_name" /></td>
        </tr>
        <tr bgcolor="#dddddd">
          <td height="25" align="right" valign="middle" bgcolor=
            "#FFFFFF">简介:</td>
          <td bgcolor="#FFFFFF"><textarea name="module_cont"
            cols="42" rows="3"></textarea></td>
        </tr>
        <tr bgcolor="#dddddd">
          <td height="25" align="right" valign="middle" bgcolor=
            "#FFFFFF">版主用户名:</td>
          <td bgcolor="#FFFFFF"><input type="text" size="20" name=
            "user_name" />
            可不填。</td>
        </tr>
        <tr bgcolor="#dddddd">
          <td height="33" colspan="2" bgcolor="e0eef5"><div align="center">
            <input name="submit" type="submit" value="提交" />
                
            <input name="reset" type="reset" value="重置" />
          </div></td>
        </tr>
      </table>
    </form>
    <br />
  <br /></td>
    <td width="20"> </td>
  </tr>
 </tbody>
</table>
<?php
    include "bottom.php";
?>
```

(13) 文件 sonr_module_bj.php 位于随书光盘的 ch24\manage\下，是子模块编辑页面。具体代码如下：

```
<?php
include "session.inc";
include "fun_head.php";
head("子版块管理>>编辑");
include "../inc/mysql.inc";
include "../inc/myfunction.inc";
$aa=new mysql;
$bb=new myfunction;
$aa->link("");
$module_id=$_GET['module_id'];
$update_tag=@$_GET['update_tag'];
if ($update_tag==1){
$father_module_id=$_POST['father_module_id'];
$module_name=$_POST['module_name'];
$module_cont=$_POST['module_cont'];
```

```php
$user_name=$_POST['user_name'];
    if ($father_module_id=="" or $module_name=="" or $module_cont==""){
    echo "===对不起，您编辑子版块不成功：<font color=red>隶属的父版块、
    子版块的名称和简介全不能为空</font>！ ===";
    }else{
    $query="update son_module_info
    set father_module_id='$father_module_id',module_name='$module_name',
        module_cont
        ='$module_cont',user_name
        ='$user_name' where id='$module_id'";
    $aa->excu($query);
    echo "===恭喜您，编辑子版块添加成功！ ===";
    }
}
$query="select * from son_module_info where id='$module_id'";
$rst=$aa->excu($query);
$module=mysql_fetch_array($rst,MYSQL_ASSOC);
?>
<table width="100%" height="389" border="0" cellpadding="0" cellspacing="0"
    bgcolor="f0f0f0">
  <tbody>
    <tr>
      <td width="20"> </td>
      <td valign="top"><br />
        <form action="?update_tag=1&module_id=<?php echo $module_id?>"
          method="post" name="form1" id="form1">
        <table width="408" height="139" border="0" align="center"
            cellpadding="0"
          cellspacing="1" bordercolor="#FFFFFF" bgcolor="449ae8">
          <tr bgcolor="#dcccccc">
            <td width="94" height="25" bgcolor="e0eef5"><div align="right">
              隶属的父版块:</div></td>
            <td width="306"
          bgcolor="e0eef5"><?php $bb->father_module_list
            ($module['father_module_id']);?></td>
          </tr>
          <tr bgcolor="#dddddd">
            <td height="25" bgcolor="#FFFFFF"><div align="right">子版块名称:
              </div></td>
            <td bgcolor="#FFFFFF"><input type="text" size="20" name=
              "module_name" value="
            <?php echo $module['module_name']?>" /></td>
          </tr>
          <tr bgcolor="#dddddd">
            <td height="25" align="right" valign="middle" bgcolor=
              "#FFFFFF">简介:</td>
            <td bgcolor="#FFFFFF"><textarea name="module_cont" cols="42"
              rows="3">
            <?php echo $module['module_cont']?></textarea></td>
          </tr>
          <tr bgcolor="#dddddd">
            <td height="25" align="right" valign="middle" bgcolor=
              "#FFFFFF">版主用户名:</td>
            <td bgcolor="#FFFFFF"><input type="text" size="20" name=
```

```
                "user_name" value="<?php echo $module['user_name']?>" />
                可不填。</td>
            </tr>
            <tr bgcolor="#dddddd">
              <td height="33" colspan="2" bgcolor="e0eef5"><div align=
                "center">
                  <input name="submit" type="submit" value="提交" />
                      
                  <input name="reset" type="reset" value="重置" />
                </div></td>
            </tr>
          </table>
        </form>
        <br />
      <br /></td>
      <td width="20"> </td>
    </tr>
  </tbody>
</table>
<?php
    include "bottom.php";
?>
```

(14) 文件 son_module_list.php 位于随书光盘的 ch24\manage\下，是子模块显示页面。具体代码如下：

```
<?php
include "session.inc";
include "fun_head.php";
head("子版块管理");
include "../inc/mysql.inc";
include "../inc/myfunction.inc";
$aa=new mysql;
$bb=new myfunction;
$aa->link("");
///////////删除子版块///////////////////////////////////
$del_tag=@$_GET['del_tag'];
if ($del_tag==1){
    $module_id=$_GET['module_id'];
    $query="delete from son_module_info where id='$module_id'";
    $aa->excu($query);
    echo "==恭喜您，删除子版块信息成功！==<br>";
}
//////////////////按显示顺序查询父版块信息表//////////////
    $query="select * from father_module_info order by show_order";
    $rst=$aa->excu($query);
?>
<table width="100%" height="390" border="0" cellpadding="0" cellspacing="0"
   bgcolor="f0f0f0">
  <tbody>
    <tr>
      <td width="20"> </td>
      <td valign="top"><br /><table width="80%" border="0" align="center"
        cellpadding="0" cellspacing="1" bgcolor="449ae8">
```

```
          <tr bgcolor="#cccccc">
            <td width="74" height="23" bgcolor="e0eef5"><div align="center">
               显示序号</div></td>
            <td width="84" bgcolor="e0eef5"><div align="center">父版块名称</div></td>
            <td width="410" bgcolor="e0eef5"><div align="center">子版块名称</div></td>
            <td colspan="2" bgcolor="e0eef5"><div align="center">操作</div></td>
          </tr>
          <?php
          while($father_module=mysql_fetch_array($rst,MYSQL_ASSOC)){
          ?>
          <tr>
            <td height="19" bgcolor="#FFFFFF"><div align="center">
            <?php echo $father_module['show_order']?></div></td>
            <td colspan="4" align="left" valign="middle" bgcolor="#CCCCCC">
            <?php echo $father_module['module_name']?></td>
          </tr>
          <?php
          /////////从子版块信息表中按id顺序查询隶属该父版块的子版块的信息/////////////
          $query="select * from son_module_info where father_module_id=
               '".$father_module['id']."' order by id";
          $rst2=$aa->excu($query);
          $m=0;
          while($son_module=mysql_fetch_array($rst2,MYSQL_ASSOC)){
          $m++;
          ?>
          <tr>
            <td height="19" bgcolor="#FFFFFF"> </td>
            <td align="center" valign="middle" bgcolor="#FFFFFF"><?php echo $m?>
               </td>
            <td bgcolor="#FFFFFF"><?php echo $son_module['module_name']?></td>
            <td width="80" align="center"
              bgcolor="#FFFFFF"><a href="son_module_bj.php?module_id=
            <?php echo $son_module['id'];?>">编辑</a></td>
            <td width="80" align="center" bgcolor="#FFFFFF"><a href="?del_tag=
               1&module_id=<?php echo $son_module['id']?>">删除</a></td>
          <?php }?>
            </tr>
          <?php }?>
        </table>

        </td>
        <td width="20"> </td>
      </tr>
    </tbody>
  </table>
<?php
    include "bottom.php";
?>
```

(15) 文件 user_list.php 位于随书光盘的 ch24\manage\下，是显示所有用户的页面。具体
代码如下：

```
<?php
include "session.inc";
include "fun_head.php";
```

```php
head("所有用户");
include "../inc/mysql.inc";
include "../inc/myfunction.inc";
$aa=new mysql;
$bb=new myfunction;
$aa->link("");
///////////删除注册用户////////////////////////////////
$del_tag=@$_GET[del_tag];
if ($del_tag==1){
    $user_id=@$_GET[user_id];
    $query="delete from user_info where id='$user_id'";
    $aa->excu($query);
    echo "==恭喜您，删除注册用户信息成功！==<br>";
}
/////////////从用户信息表中查询所有用户//////////////////
    $query="select * from user_info order by id desc";
    ?>
    <table width="100%" height="390" border="0" cellpadding="0"
        cellspacing="0" bgcolor="f0f0f0">
  <tbody>
    <tr>
      <td width="20"> </td>
      <td valign="top"><br />
        <table width="80%" border="0" align="center" cellpadding="0" cellspacing="0">
          <tr>
            <td height="30" align="left"
              valign="middle"><?php $bb->page($query,@$page_id,@$add,20) ?></td>
          </tr>
        </table>
        <table width="80%" border="0" align="center" cellpadding="0"
          cellspacing="1" bgcolor="449ae8">
        <tr bgcolor="#cccccc">
          <td width="46" height="23" bgcolor="e0eef5"><div align="center">序号
            </div></td>
          <td width="213" bgcolor="e0eef5"><div align="center">用户名</div></td>
          <td width="201" bgcolor="e0eef5"><div align="center">注册时间</div></td>
          <td width="188" bgcolor="e0eef5"><div align="center">最后登录时间</div></td>
          <td width="80" bgcolor="e0eef5"><div align="center">操作</div></td>
        </tr>
<?php
    $rst=$aa->excu($query);
    $m=0;
    while($user=mysql_fetch_array($rst,MYSQL_ASSOC)){
    $m++;
        ?>
        <tr>
          <td height="19" bgcolor="#FFFFFF"><div align="center"><?php echo @$m;?>
            </div></td>
          <td bgcolor="#FFFFFF"><div align="center">
            <?php echo $user['user_name']?></div></td>
          <td bgcolor="#FFFFFF"><div align="center"><?php echo $user['time1']?>
            </div></td>
          <td align="center" bgcolor="#FFFFFF"><?php echo $user['time2']?></td>
          <td align="center" bgcolor="#FFFFFF"><a href="?del_tag=1&user_id=
```

```
          <?php echo $user['id']?>">">删除</a></td>
        </tr>
      <?php }?>
    </table>
      <table width="80%" border="0" align="center" cellpadding="0" cellspacing="0">
        <tr>
          <td height="30" align="right" valign="middle">
            <?php
            $query="select * from user_info order by id desc";
            $bb->page($query,@$page_id,@$add,20);
            ?></td>
        </tr>
      </table></td>
    <td width="20"> </td>
  </tr>
 </tbody>
</table>
<?php
    include "bottom.php";
?>
```

(16) 文件 user_js.php 位于随书光盘的 ch24\manage\下，是用户的检索页面。具体代码如下：

```
<?php
include "session.inc";
include "fun_head.php";
head("用户检索");
include "../inc/mysql.inc";
include "../inc/myfunction.inc";
$aa=new mysql;
$bb=new myfunction;
$aa->link("");
//////////删除用户/////////////////////////////////
$del_tag=@$_GET[del_tag];
if ($del_tag==1){
    $del_id=@$_GET[del_id];
    $query="delete from user_info where id='".$del_id."'";
    $aa->excu($query);
    echo "==恭喜您，删除用户信息成功，请继续！==<br>";
}
//////////////////////////////////////////////////
    $user_name=@$_POST[user_name];
?>
<table width="100%" height="390" border="0" cellpadding="0" cellspacing="0"
    bgcolor="f0f0f0">
  <tbody>
    <tr>
      <td width="20"> </td>
      <td valign="top"><br />
        <table width="70%" border="0" align="center" cellpadding="0" cellspacing=
            "1" bgcolor="449ae8">
        <tr bgcolor="#cccccc">
         <form id="form1" name="form1" method="post" action="?">
```

```
    <td height="23" bgcolor="e0eef5"><div align="center">
      <input type="text" name="user_name" size="16" value="
      <?php echo $user_name?>" />    
      <input type="submit" name="Submit" value="提交" />
    </div></td>
  </form>
  </tr>
  <tr>
  <td height="19" align="center" bgcolor="#FFFFFF">
   <?php
   if ($user_name==""){
     echo "请输入您要检索的用户名，点提交查询！";
   }else{
     $query="select * from user_info where user_name='$user_name'";
     $rst=$aa->excu($query);
     if (mysql_num_rows($rst)==0){
         echo "很抱歉，系统没有检索到您要查找的用户！";
     }else{
         $user=mysql_fetch_array($rst,MYSQL_ASSOC);
   ?>
   <table width="100%" border="0" cellspacing="2" cellpadding="0">
   <tr>
     <td width="29%" height="20" align="right" bgcolor="#dddddd">用户名:</td>
     <td width="71%" align="left" bgcolor="#dddddd"><?php echo $user
        ['user_name']?></td>
   </tr>
   <tr>
     <td height="20" align="right" bgcolor="#dddddd">登录口令:</td>
     <td align="left" bgcolor="#dddddd"><?php echo $user['user_pw']?></td>
   </tr>
   <tr>
     <td height="20" align="right" bgcolor="#dddddd">注册时间:</td>
     <td align="left" bgcolor="#dddddd"><?php echo $user['time1']?></td>
   </tr>
   <tr>
     <td height="20" align="right" bgcolor="#dddddd">最后登录时间:</td>
     <td align="left" bgcolor="#dddddd"><?php echo $user['time2']?></td>
   </tr>
   <tr>
     <td height="20" colspan="2" align="center"
       bgcolor="#dddddd"><a href=?del_tag=1&del_id=<?php echo $user['id']?>>
       删除此用户</a></td>
   </tr>
  </table>
   <?php
     }
   }
   ?>
   </td>
  </tr>
 </table>
 </td>
 <td width="20"> </td>
</tr>
```

```
  </tbody>
</table>
  <?php
    include "bottom.php";
  ?>
```

(17) 文件 user_pw_change.php 位于随书光盘的 ch24\manage\下，是管理员密码修改页面。具体代码如下：

```php
<?php
include "session.inc";
include "fun_head.php";
head("密码更改");
include "../inc/mysql.inc";
include "../inc/myfunction.inc";
$aa=new mysql;
$bb=new myfunction;
$aa->link("");
///////////更改密码//////////////////////////////////
$tijiao=$_POST[tijiao];
if ($tijiao=="提 交"){
    $pw_old=$_POST[pw_old];
    $pw_new1=$_POST[pw_new1];
    $pw_new2=$_POST[pw_new2];
    if ($pw_new1!=$pw_new2){
        echo "===您两次输入的新密码不一致，请重新输入!===";
    }else{
        $query="select * from manage_user_info where user_name='$_SESSION
            [manage_name]' and user_pw='$pw_old'";
                $rst=$aa->excu($query);
        if (mysql_num_rows($rst)==0){
            echo "===您输入的旧密码不正确，请重新输入!===";
        }else{
            $query="update manage_user_info set user_pw='$pw_new1' where
                user_name='$_SESSION[manage_name]'";
            $aa->excu($query);
            echo "===恭喜您，您的登录密码修改成功!===";
        }
    }
}
?>
<table width="100%" height="390" border="0" cellpadding="0" cellspacing="0"
    bgcolor="f0f0f0">
  <tbody>
    <tr>
      <td width="20"> </td>
      <td valign="top"><br />
        <form id="form1" name="form1" method="post" action="#">
        <table width="60%" border="0" align="center" cellpadding="0" cellspacing=
            "1" bgcolor="449ae8">
        <tr bgcolor="#cccccc">
            <td width="27%" height="23" align="right" bgcolor="e0eef5">用户名:</td>
            <td width="73%" align="left" bgcolor="e0eef5">
            <?php echo $_SESSION[manage_name]?></td>
```

```
    </tr>
    <tr>
    <td height="19" align="right" bgcolor="#FFFFFF">原口令:</td>
    <td align="left" bgcolor="#FFFFFF"><input type="text" name="pw_old"
        size="16" /></td>
    </tr>
    <tr>
     <td height="19" align="right" bgcolor="#FFFFFF">新密码:</td>
     <td align="left" bgcolor="#FFFFFF"><input type="text" name=
        "pw_new1" size="16" /></td>
    </tr>
    <tr>
     <td height="19" align="right" bgcolor="#FFFFFF">再次新密码:</td>
     <td align="left" bgcolor="#FFFFFF"><input type="text" name=
        "pw_new2" size="16" /></td>
    </tr>
    <tr>
     <td height="19" colspan="2" align="center" bgcolor="#FFFFFF">
        <input type="submit" name="tijiao" value="提 交" />
        
       <input type="reset" name="Submit2" value="重 置" /></td>
    </tr>
   </table>
   </form>
   </td>
   <td width="20"> </td>
  </tr>
 </tbody>
</table>
 <?php
   include "bottom.php";
 ?>
```

成功登录到网站后台管理系统的效果如图 24-9 所示。

选择页面右侧的【论坛版块管理】选项，即可在展开的列表中查看版块管理操作，如图 24-10 所示。

图 24-9　后台管理系统主页面

图 24-10　【论坛版块管理】列表

选择【父版块添加】选项,即可在右侧的窗口中输入显示序号和父版块名称,然后单击【提交】按钮,如图 24-11 所示。

添加成功后,即可显示成功提示信息,如图 24-12 所示。

图 24-11　添加父版块　　　　　图 24-12　添加父版块成功提示信息

刷新论坛的主页面,即可看到新添加的父版块,如图 24-13 所示。

在后台管理主页面的【论坛版块管理】列表中,选择【父版块管理】选项,即可进入父版块管理页面,如图 24-14 所示。用户可以编辑和删除存在的父版块。

图 24-13　查看父版块

图 24-14　编辑父版块

在后台管理主页面的【论坛版块管理】列表中,选择【子版块添加】选项,即可进入子版块添加页面,如图 24-15 所示。用户输入相关信息后,单击【提交】按钮即可。

刷新论坛的主页面,即可看到新添加的子版块,如图 24-16 所示。

选择页面右侧的【论坛用户管理】选项,即可在展开的列表中查看用户管理操作,如图 24-17 所示。

选择【所有用户】选项,即可在右侧的窗口中查看论坛的用户,如图 24-18 所示。

在后台管理主页面的【用户版块管理】列表中,选择【用户检索】选项,进入用户检索页面,输入用户名后,单击【提交】按钮,即可显示用户的具体信息,如图 24-19 所示。

在后台管理主页面中,选择页面右侧的【安全管理】选项,即可在展开的列表中管理密码和帖子操作,如图 24-20 所示。

图 24-15 添加子版块

图 24-16 查看添加的子版块

图 24-17 【论坛用户管理】列表

图 24-18 【所有用户】信息页面

图 24-19 用户检索页面

图 24-20 【安全管理】列表

选择【密码更改】选项，即可在右侧的页面中修改用户的密码，如图 24-21 所示。

用户名:	aaa
原口令:	
新密码:	
再次新密码:	

提 交　　　重 置

图 24-21　更改用户密码页面